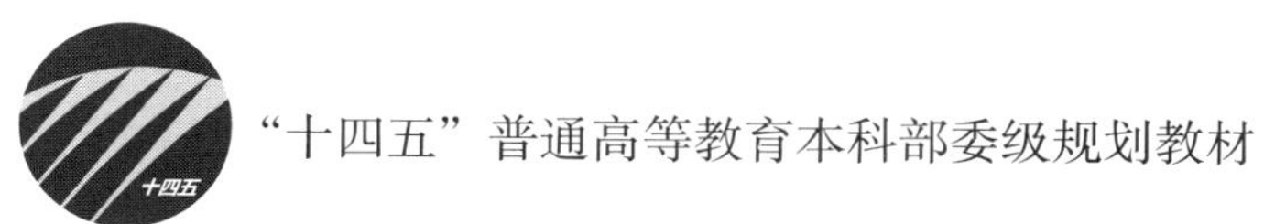

"十四五"普通高等教育本科部委级规划教材

服装制作工艺——提高篇

王瑞芹　主编

王丽霞　文家芹　刘辉　臧莉静　副主编

中国纺织出版社有限公司

内 容 提 要

本书是校企合作模式下开发的新形态立体教材，结合产业用人需求，选取企业真实案例，采用任务引领的编写体例。本书共分六个学习单元，包括男女马甲、男女西服、旗袍以及时尚变化款的制作工艺。任务与任务之间有各自的独立性，又有一定的关联性，符合企业生产实际。每个任务从款式图、款式说明、裁剪、缝制工艺工程分析及工艺流程、缝制工艺操作过程、质量检验标准六个方面进行详细阐述。学生不仅可以掌握服装制作技术，还可以对新产品开发、工序分析和工艺流程编排有全面的了解。

本书图文并茂，视频讲解相结合，工艺图清晰、立体、形象，视频清楚、生动。重、难点的知识点、技能点配有微课、技能拓展等数字化资源，视频资源可通过扫描书中二维码在线观看学习。本书是顺应信息化教学发展潮流，线上线下相结合的教材新模式。

本书既可作为高等职业教育本科、高职高专服装专业教材，也可以作为职业院校学生技能大赛参考书、服装从业人员的业务参考书及培训教材。

图书在版编目（CIP）数据

服装制作工艺．提高篇 / 王瑞芹主编；王丽霞等副主编．-- 北京：中国纺织出版社有限公司，2023.8

“十四五”普通高等教育本科部委级规划教材

ISBN 978-7-5229-0711-6

Ⅰ．①服… Ⅱ．①王… ②王… Ⅲ．①服装－生产工艺－高等学校－教材 Ⅳ．① TS941.6

中国国家版本馆 CIP 数据核字（2023）第 117636 号

责任编辑：宗 静　　特约编辑：朱静波　　责任校对：王蕙莹
责任印制：王艳丽

中国纺织出版社有限公司出版发行
地址：北京市朝阳区百子湾东里 A407 号楼　邮政编码：100124
销售电话：010—67004422　传真：010—87155801
http：//www.c-textilep.com
中国纺织出版社天猫旗舰店
官方微博 http：//weibo.com/2119887771
三河市宏盛印务有限公司印刷　各地新华书店经销
2023 年 8 月第 1 版第 1 次印刷
开本：787 × 1092　1/16　印张：13.5
字数：275 千字　定价：59.80 元

前言

随着现代服装产业向智能化、数字化生产转型，服装业正向多样化、高级化、个性化方向发展，以新形势下党和国家对职业教育本科院校教材建设的要求，从服装院校教学及服装企业实际用人需求出发，以立德树人为根本，基于服装行业工程技术人员、服装企业样衣工艺师的工作过程，体现工学结合，强调工匠精神，实施行动导向教学。培养学生服装工程技术岗位能力，反映现代高等职业教育服装教学理念和行业前沿技术。突出职业能力培养体现工学结合，倡导行动导向的教学模式。突出双元制培养主体，依托代表性的合作企业，每个学习单元都以企业典型生产订单为本提出学习任务，围绕任务阐述理论知识和操作技能，任务采集企业的真实案例，理论内容和技能深入浅出，图文并茂，可操作性强，本书在编写过程中力求做到以下几点：

第一，理论知识先进化。

按工作流程将普适性与现代技术融入实训操作项目中。内容多元化呈现，多种导航索引，读者在教材中扫描二维码，即可以同步进行线上视频学习，资源丰富，技术含量高，可视性强。

第二，实训项目任务化。

充分利用联合办学的条件与企业联合开发实训项目，突出双主体教学，考虑教法和学法，优化企业典型任务综合编写教材，突出实训项目操作步骤，有效达成实训目标。

第三，配套资源立体化。

随着信息技术发展和服装产业向科技转型发展的需要，教材中融入服装产业新技术，新工艺、新规范。对重要的知识点、技能点，拍摄了教学视频，扫描二维码实现线上线下混合学习新模式。

本教材由河北科技工程职业技术大学服装工程系王瑞芹主编，王丽霞、文家芹、刘辉、臧莉静副主编。全书内容共六个单元。其中第一单元由河北科技工程职业技术大学服装工程系刘辉编写，第二单元由王瑞芹编写，第三单元任务一、任务二分别由岳海莹、文家芹、王瑞芹编写，第四单元任务一、任务二分别由王瑞芹、王丽霞、贡利华编写，第五单元任务一、任务二分别由王瑞芹、王丽霞编写，第六单元任务一、任务二分别由臧莉静、王瑞芹、陈立芹（际华3502职业装有限公司高级定制服务部首席工艺师）编写。

本书由河北科技工程职业技术大学服装工程系主任范树林教授主审。同时，在撰写过程中得到了中国纺织出版社有限公司宗静女士的无私帮助，在此深表感谢。由于编者水平有限，书中疏漏之处在所难免，希望广大读者予以批评、指正。

王瑞芹

2023年5月

配套微课资源索引

续表

序号	微课名称	页码
31	平驳领女西服——后整理扦缝领口、袖口、袖缝、驳口拱针	99
32	平驳领女西服——后整理整烫	99
33	戗驳头女西服——西服后开衩的制作(局部缝制)	140
34	戗驳头女西服——制作前的准备工作	140
35	戗驳头女西服——前身制作	140
36	戗驳头女西服——前身里料制作	140
37	戗驳头女西服——前门襟止口制作	140
38	戗驳头女西服——后身面、里料制作	140
39	戗驳头女西服——后身开衩制作	140
40	戗驳头女西服——衣身组合工艺	140
41	戗驳领女西服——做领子	140
42	戗驳领女西服——绱领子1	140
43	戗驳领女西服——绱领子2	140
44	戗驳领女西服——制作袖面料	140
45	戗驳领女西服——制作袖里料	140
46	戗驳领女西服——勾缝袖口、手针扦袖口	140
47	戗驳领女西服——机缝绱袖面	140
48	戗驳领女西服——机缝绱袖里	140
49	戗驳领女西服——装垫肩	140
50	戗驳领女西服——手工扦下摆	140
51	戗驳领女西服——钉扣和整烫	140
52	青果领女西服——制作衣身	140
53	青果领女西服——绱领里	140
54	青果领女西服——绱领面	140
55	青果领女西服——身片面料与里料结合	140
56	连身立领的制作——衣身面料组合	140
57	连身立领的制作——衣身里料组合	140
58	连身立领的制作——做领子	140
59	连身立领的制作——身片面料与里子结合	140
60	男西服——大袋盖制作工艺	188

续表

续表

目录

学习单元一　基本型女马甲缝制工艺

课前导学：以服装企业生产项目为依托，提出学习任务，服装生产任务单见表1-1。

学习任务一：女马甲局部缝制工艺——双明线口袋

学习任务二：基本型女马甲成衣缝制工艺

表1-1　服装生产任务单

<table>
<tr><td>客户名称</td><td>×××</td><td>款号</td><td>×××</td><td>款名</td><td>女马甲</td><td rowspan="4">成衣主要规格表
号型：165/84A　单位：cm
<table><tr><td>部位</td><td>后长</td><td>胸围</td><td>肩宽</td><td>背长</td></tr><tr><td>尺寸</td><td>48</td><td>90</td><td>36</td><td>38</td></tr></table>注：未标注尺寸的部位，可根据订单要求、款式图及样板确定。

工艺要求：
1. 面料裁剪纱向正确，经纬纱垂平，达到丝缕平衡，符合成本要求。
2. 针距为3cm，14～15针，缉线要求宽窄一致，缝型正确，无断线、脱线、毛漏等不良现象。
3. 缝份倒向合理，衣缝平整；毛边处理光净整洁，方法得当。
4. 工艺细节处理得当，衣面与衣里缝线松紧适宜，层次关系清晰。
5. 具体缝型、工艺方法，根据订单要求及款式图及样板确定。
6. 纽扣、线等辅料符合订单要求。
7. 后整理：烫平冷却后挂装，不可烫脏、渗胶等。
8. 装箱方法：单色单码</td></tr>
<tr><td>产量</td><td>×××</td><td>面料</td><td>×××</td><td>工期</td><td>×××</td></tr>
<tr><td colspan="6">款式图：
正面　背面</td></tr>
<tr><td colspan="3">款式特征：
1. 女马甲基本型。
2. 衣身：前、后身收腰省；门襟4粒扣。设有两个板兜，前摆呈斜角摆。
3. 衣领：V字形领口。
4. 与西服配套穿着时，前、后身衣片面料与西服相同。胸围余量较小，穿着贴身合体</td><td colspan="3">外观造型要求：
1. 整体：工艺设计符合造型要求，辅料配置合理，服装里外整洁。
2. 衣身：胸腰松量适中；肩部服帖，有活动量，无不良折痕；底摆不起吊，不外翻。
3. 领口：松紧适中，止口平顺。
4. 口袋：工艺精致美观，左、右对称</td></tr>
</table>

依据服装加工方式，设计梳理本单元学习技能，见表1-2。

表1-2　本单元应掌握的技能和学习目标

职业面向	技能点	学习目标		
		知识目标	能力目标	素质目标
1. 样衣制作人员 2. 裁剪人员 3. 生产班组长 4. 模板操作人员	女马甲款式变化及对应的工艺方法	熟知女马甲款式、选料及工艺方法	熟悉女马甲款式风格特点及常规工艺特点	1. 培养学生依据标准文件设计工艺方法。 2. 培养学生与其他人合作完成项目任务。 3. 培养学生独立完成女马甲裁剪、排板、成衣制作的能力。 4. 培养学生具有胜任企业技术部助理的工作。 5. 培养爱岗敬业的工作作风和吃苦耐劳的工作精神
	女马甲的局部缝制工艺技法	女马甲的局部缝制工艺技法	能够熟练使用常规缝纫设备，运用现有制作工艺技能，完成口袋的制作，并能够结合款式不同设计工艺方法，编写工艺流程	
	女马甲成衣缝制工艺技法	女马甲成衣缝制工艺技法	能够熟练掌握各种机缝技法进行马甲成衣的缝制	

课中探究：围绕学习任务，进行技能学习

学习任务一　女马甲局部缝制工艺——双明线口袋

一、款式图

双明线口袋款式图，如图1-1所示。

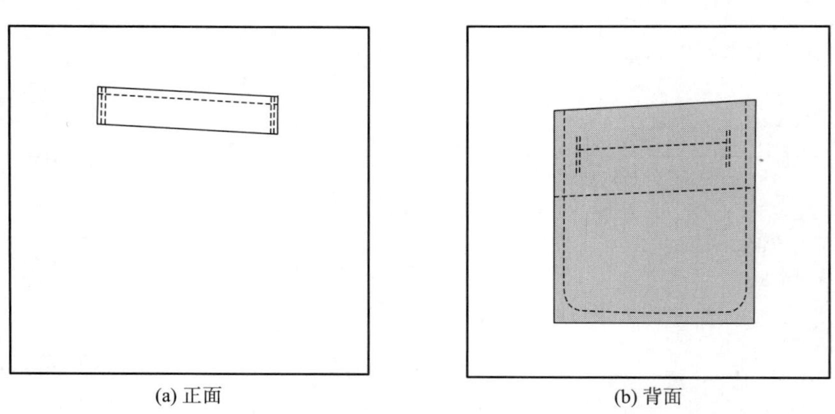
(a) 正面　(b) 背面

图1-1　双明线口袋款式图

二、款式说明

双明线口袋的袋牙是整片面料裁剪，对折双层使用。两侧缉明线，比较适合棉、麻等薄型面料，在西服、马甲中运用比较广泛，既美观，又结实。

三、裁剪

1. 面料的裁剪

面料的裁剪，包括身片、挡口布、袋牙（袋口布），如图1–2所示。

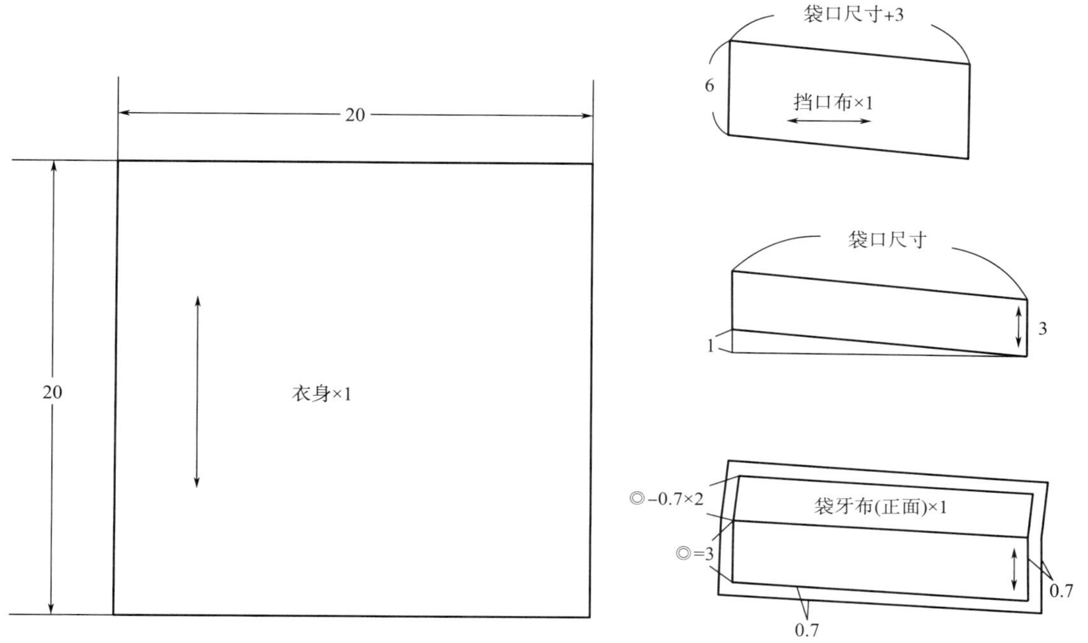

图1–2 面料裁剪

2. 里料的裁剪

里料（袋布）的裁剪，包括袋布A、袋布B，如图1–3所示。

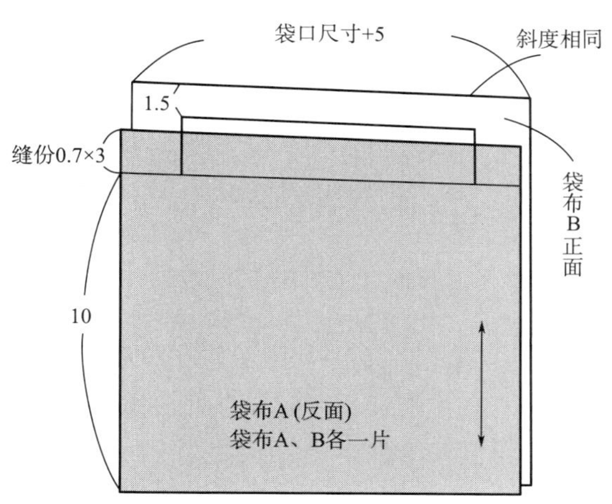

图1–3 里料裁剪

3. 衬料的裁剪

衬料的裁剪，如图1–4所示。

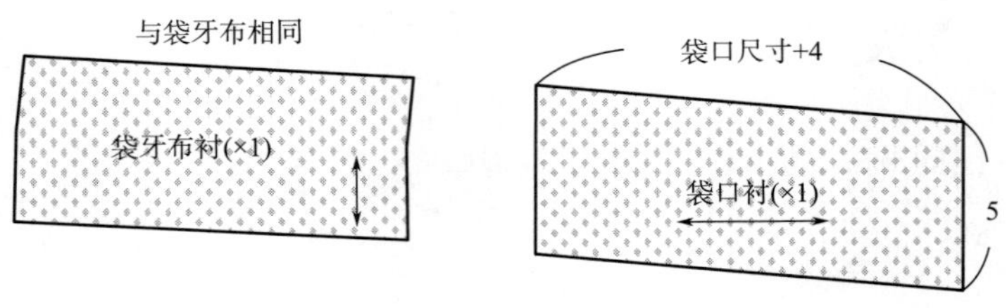

图1-4 衬料裁剪

四、缝制工艺工程分析及工艺流程

女马甲双明线挖袋缝制工艺工程分析及工艺流程，如图1-5所示。工序记号说明见表1-3。

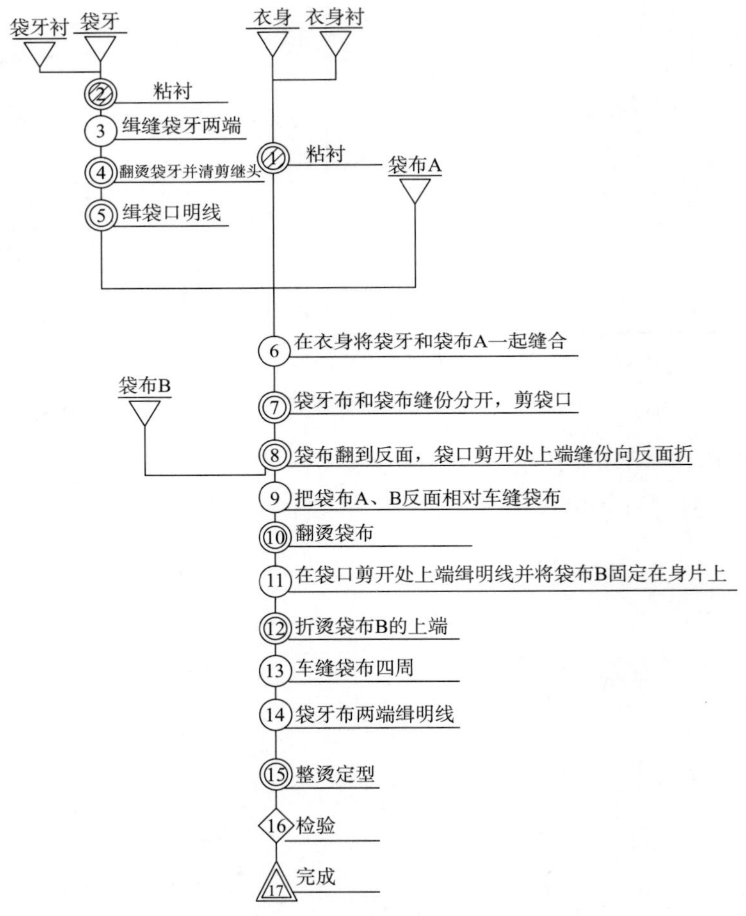

图1-5 女马甲双明线挖袋缝制工艺工程分析及工艺流程

五、缝制工艺操作过程

1. 粘衬

在衣身反面的口袋位置粘垫衬，袋牙粘衬，并且折烫袋牙，如图1-6所示。

表1-3　工序记号说明

工序	记号	内容
加工工序	○	平缝机加工过程
	⊘	特种机加工过程
	◎	熨斗、手工加工过程
	◎（斜线）	整烫机、黏合机加工过程
检查工序	◇	品质检查过程
	▽	裁片、部件停滞过程
停滞工序	△（双线）	完成品停滞过程

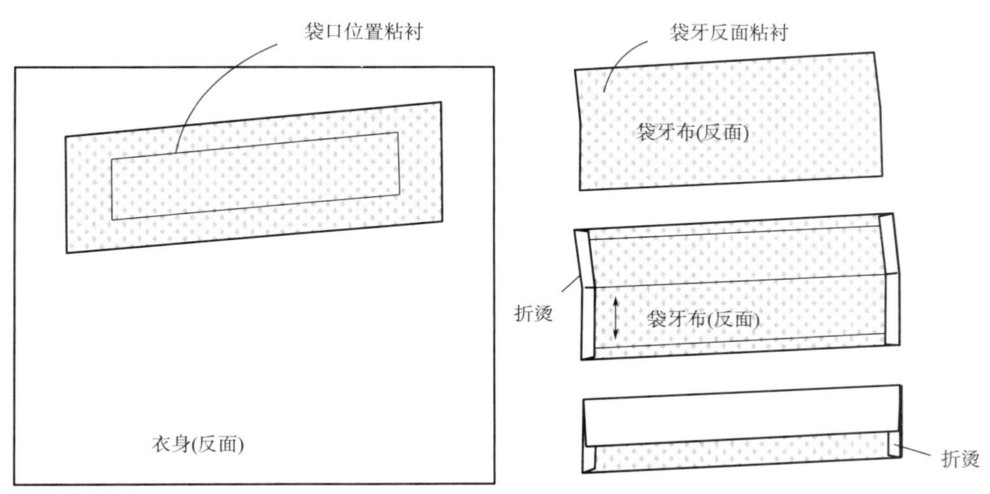

图1-6　粘衬

2．绱袋牙布

（1）绱袋牙布，将袋牙布和袋布A按净印线缝合，如图1-7所示。

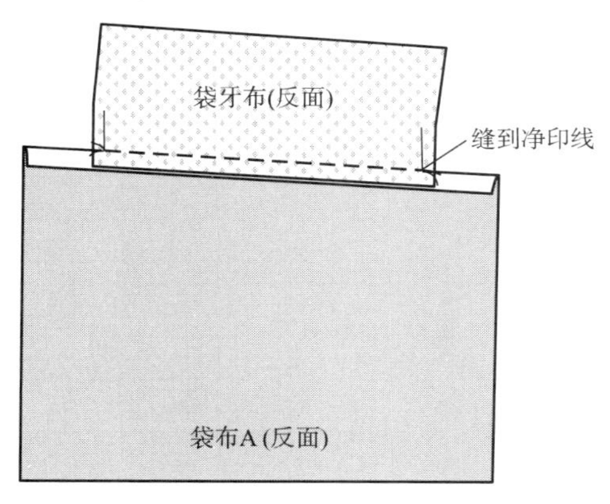

图1-7　绱袋牙布

（2）将袋牙布绱在身片袋口的位置上，按净印线缝合，首尾回针。挡口布与绱口袋位置比齐，绱在身片上，两线相距1～1.4cm，两端缩缝0.2cm首尾打回针，如图1-8所示。

（3）将袋牙布和挡口布的缝份分开，从中间剪开，距两端1cm处剪三角，剪口处留一根纱，如图1-9所示。

（4）劈烫绱袋牙缝线，并整烫袋牙，把袋布翻下来熨平，距离袋牙上口0.5cm压缝明线，如图1-10所示。

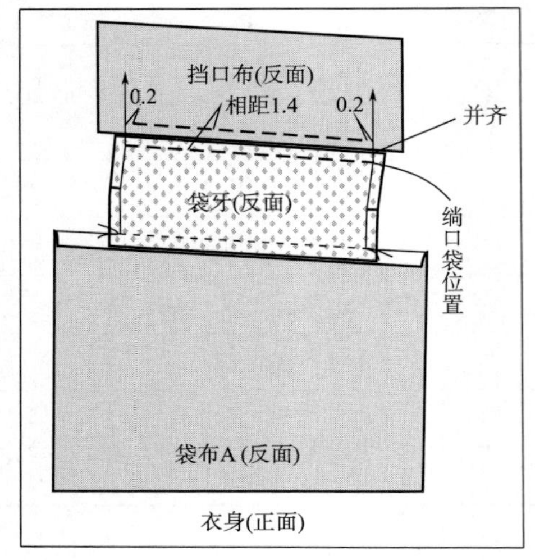

图1-8　缃袋牙挡口布

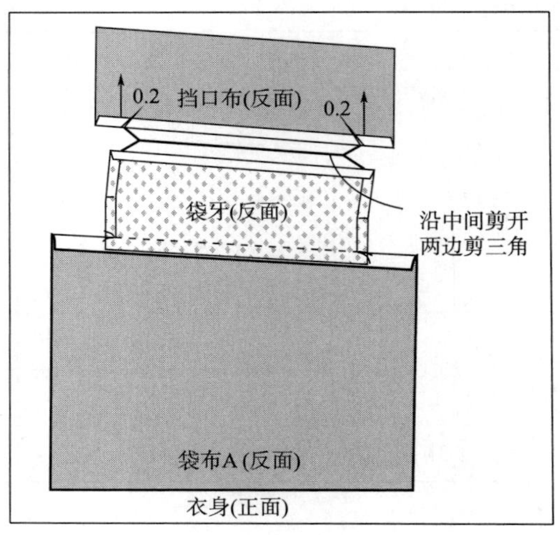

图1-9　剪三角

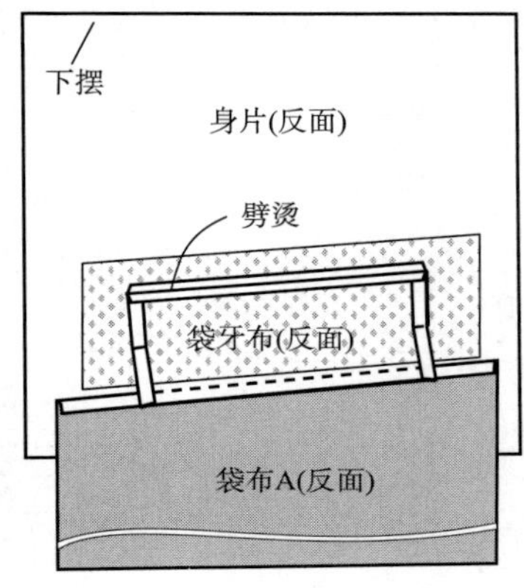

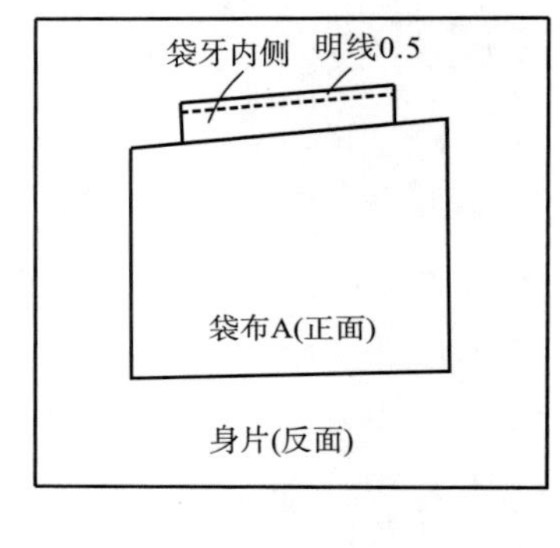

图1-10　劈烫缃袋牙缝线

（5）从正面掀起身片，靠边压缝缃袋牙缝份与袋布A固定，如图1-11所示。

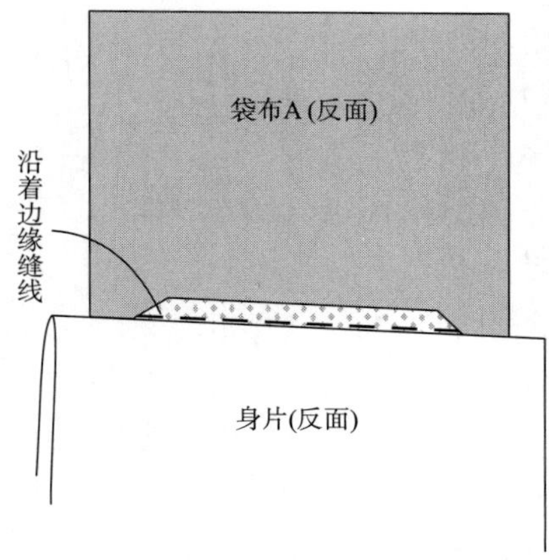

图1-11　固定袋布A

（6）挡口布向里翻折，绱挡口布缝份劈缝。再把袋布B与袋布A比齐，如图1-12所示。

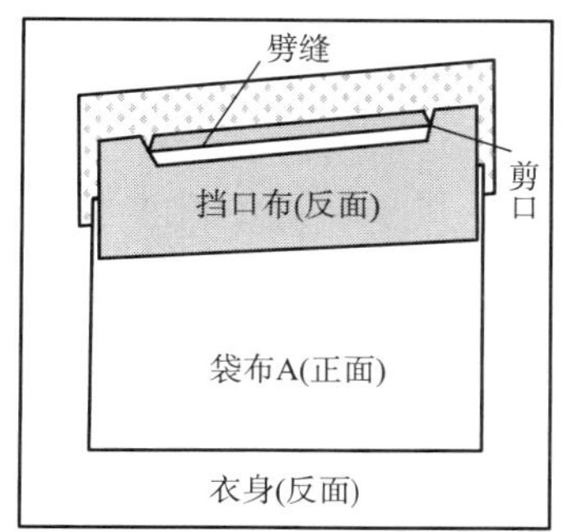

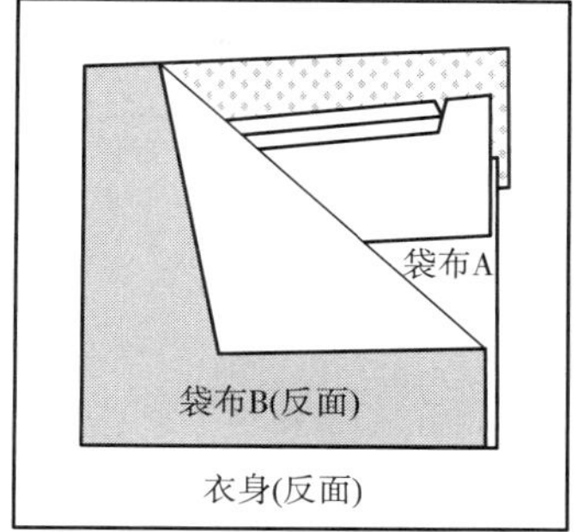

图1-12　绱挡口布缝份劈缝

（7）从身片的正面，在袋口处透过袋布B缉明线，并把挡口布缝在袋布B，如图1-13所示。

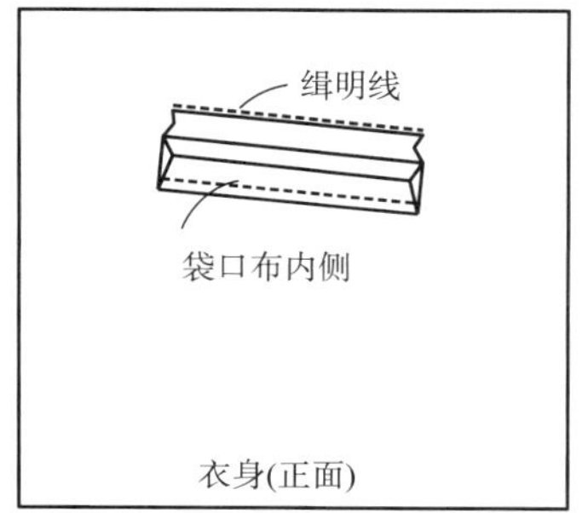

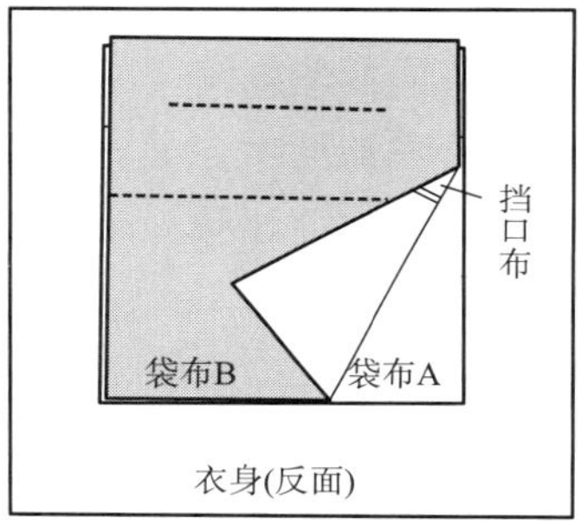

图1-13　缝挡口布

（8）把袋布A、B正面相对，比齐摆正，车缝袋布周围，如图1-14所示。

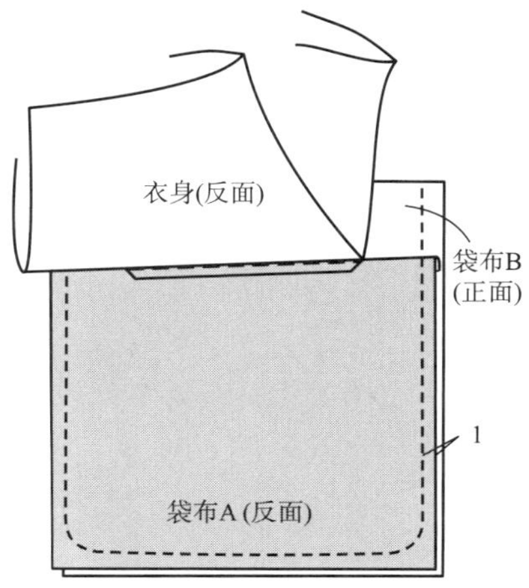

图1-14　车缝袋布周围

（9）在袋牙的两端缉双道明线，打回针要清楚、结实、美观，如图1-15所示。

（10）袋布反面完成图，如图1-16所示。

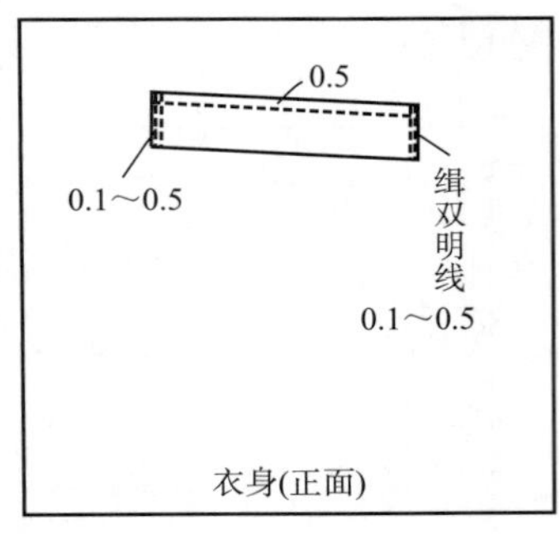

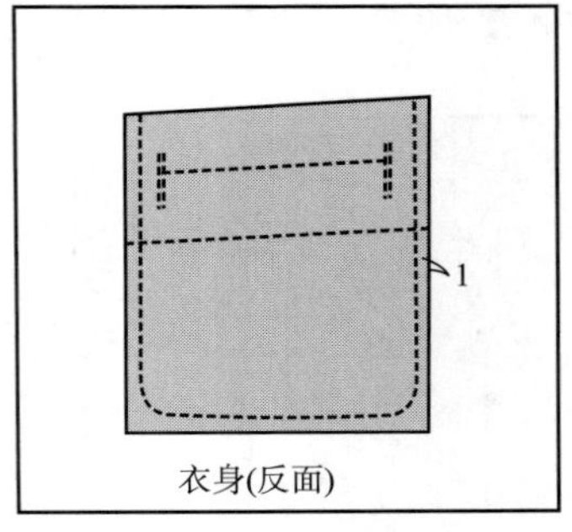

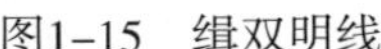

图1-15　缉双明线　　　　图1-16　袋布反面完成图

六、质量检验标准

1. 尺寸规格要求

（1）裁片大小符合局部制作要求。

（2）袋位大小、口袋的斜度符合局部制作要求。

（3）袋布大小符合局部制作要求。

（4）袋口两边的明线宽度相同，并符合制作要求。

2. 缝制工艺要求

（1）口袋缝制工序正确、完整，无丢工漏序等现象。

（2）袋口两端要顺直，不能歪斜。

（3）口袋明线手尾回针牢固，无毛茬。

3. 其他要求

（1）口袋平服、外形美观。

（2）线迹顺直，针距适当，无跳线现象。

（3）整烫平整，无烫焦、变形现象。

（4）整体干净整洁、无污渍。

学习任务二　基本型女马甲成衣缝制工艺

一、款式图

基本型女马甲款式图，如图1-17所示。

二、款式说明

基本型女马甲不受流行的约束，各种体型和各种年龄层次的女性都能穿用。长至腰部的马甲，单排扣或是双排扣，有领或者无领，装有纽扣，前摆为斜角，可以在两侧加上束带及带卡，还可以根据流行与爱好自由决定。基本型女马甲面料选择毛料、棉、化纤、皮革等，也可使用与套装相同的面料，作为三件套装穿着。

图1-17　基本型女马甲款式图

三、裁剪

1. 面料的裁剪

衣身前、后片面料的裁剪，如图1-18所示。

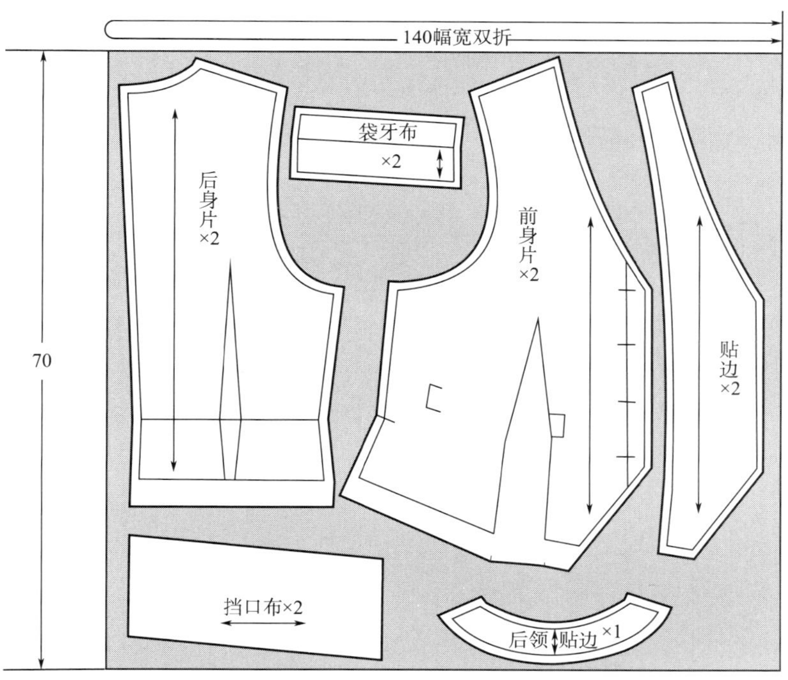

图1-18　面料裁剪

后身片用面料裁剪，后领口贴边连裁，袋口布要对齐衣身的纱向裁剪，缝份可适当减少，挡口布也要用面料裁剪。

2. **里料的裁剪**

衣身前、后片里料的裁剪，如图1–19所示。

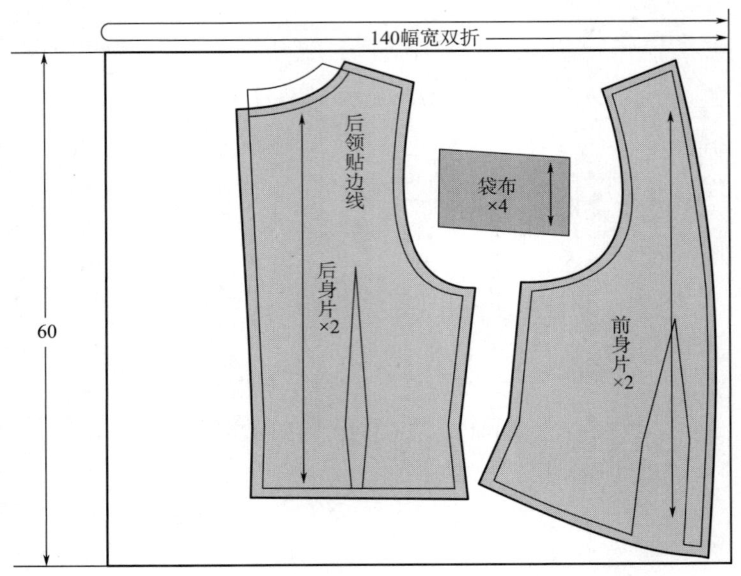

图1–19　里料裁剪

后身里料的领口可以按后身面料样板裁剪，也可直接按后领贴边线向外放出1cm缝份进行裁剪。后中心线、侧缝多放出0.2cm裕量。

3. **衬料的裁剪**

衬料的裁剪，如图1–20所示。

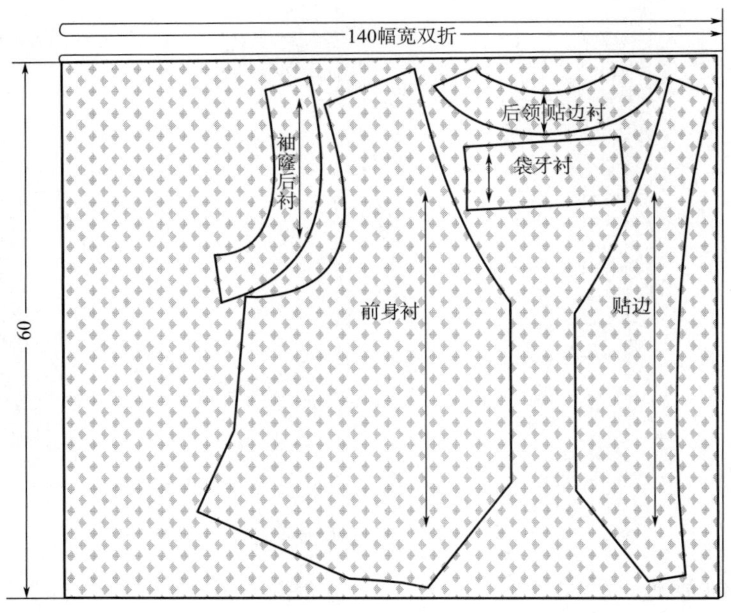

图1–20　衬料裁剪

衬料样板是在净样板基础上向外放出0.7cm，粘衬过多，胶粒溶解后，容易渗透到身片的正面。

四、缝制工艺工程分析及工艺流程

女马甲缝制工艺工程分析及工艺流程，如图1-21所示。

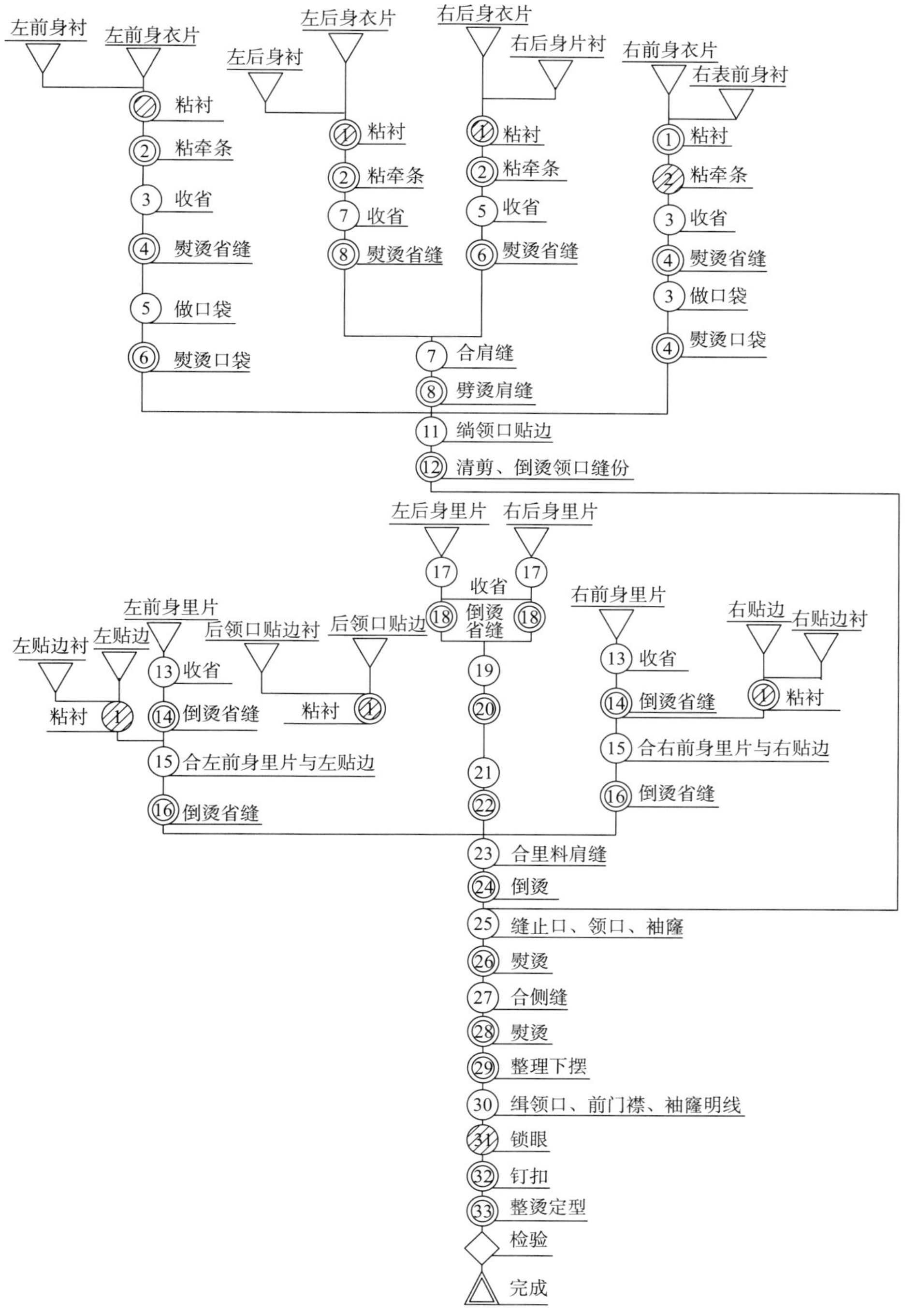

图1-21　女马甲缝制工艺工程分析及工艺流程

五、缝制工艺操作过程

1. 粘衬

前门襟、前身片、后领贴边、袖窿处粘牵条，如图1-22所示。

2. 收前身省缝

省量大的时候，缝份清剪剩下1cm左右，省缝劈缝熨烫，如图1-23所示。

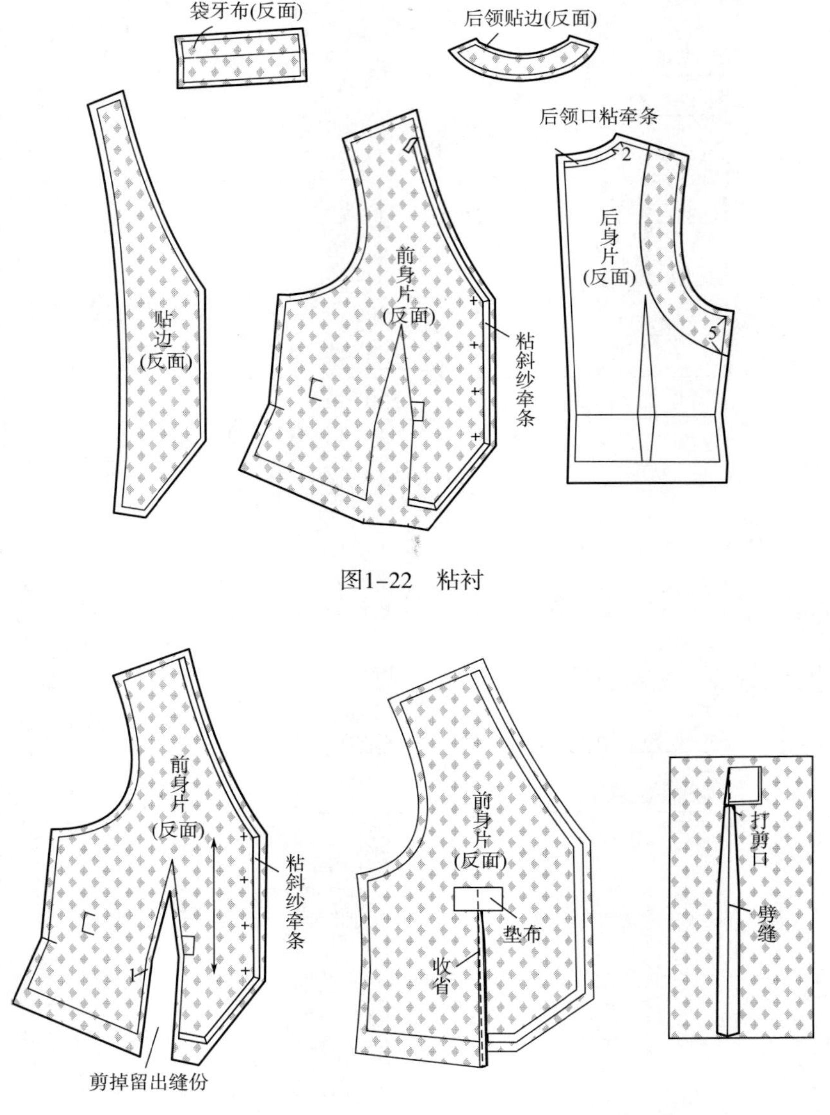

图1-22 粘衬

图1-23 收前身省缝

3. 收后身省缝

按净印缝合，后身省缝倒向后中线。缝合后中线，缝份劈缝熨烫，如图1-24所示。

4. 做口袋

略（参考局部缝制）。

5. 缝合面料肩缝

缝合前身与后身面料的肩缝，缝份劈缝，如图1–25所示。

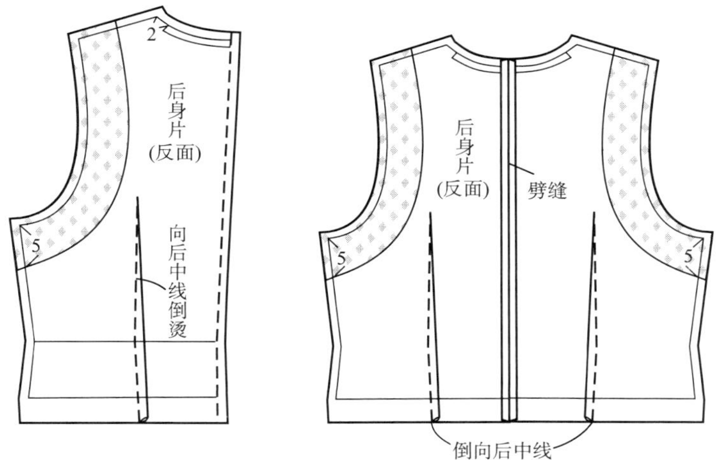

图1–24　收后身省缝

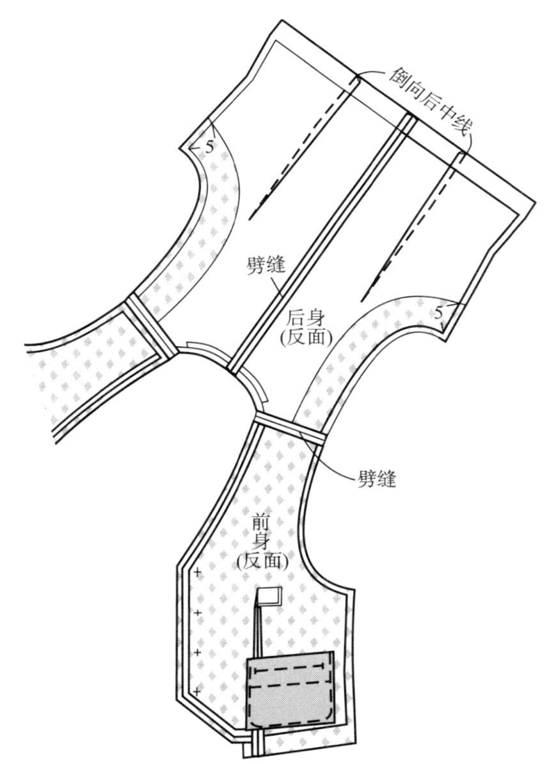

图1–25　缝合面料肩缝，缝份劈缝

6. 缝合前衣身里料

前身里与贴边缝合，缝至净印线向上2cm，缝份倒向侧缝线，收前身里的省缝，倒向前中线，如图1–26所示。

7. 缝合后衣身里料

按画线收省，缝份倒向后中线，缝合后中缝，缝份倒向右侧，缝合后中缝时先在净印处绷缝，然后距净印线0.2cm车缝，缝份按净印线扣烫。绱后领贴边，在里料上打剪口，如图1–27所示。

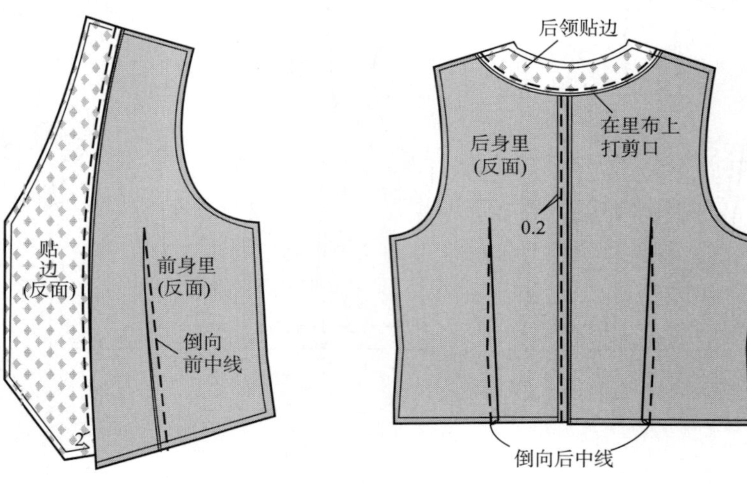

图1–26 缝合前身里料

图1–27 缝合后身里料

8. 缝合里料肩缝

合前、后衣身里料肩缝，贴边劈缝，里料向后身烫倒，如图1–28所示。

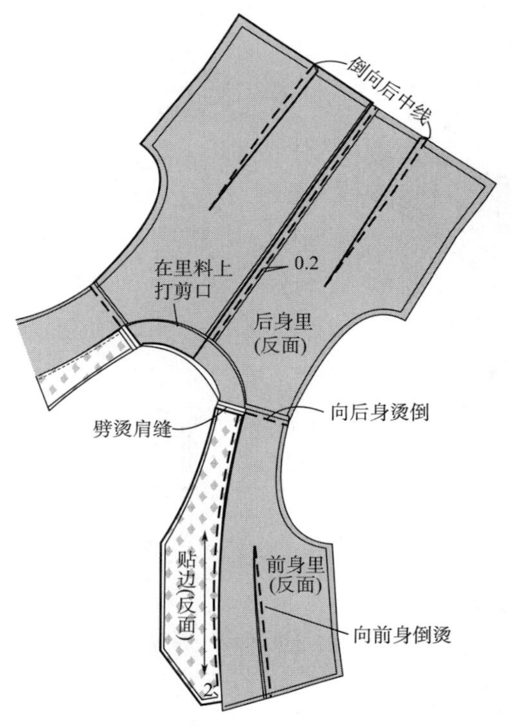

图1–28 合前、后衣身里料肩缝，贴边劈缝，里料向后倒

9. **车缝前门襟、领口与袖窿**

把面料、里料衣身反面朝外比齐，从右身贴边开始，经过前门襟、领口、左身前门襟到左身贴边车缝一周。车缝袖窿时，从侧缝净印线起针，首尾回针。车缝时都要从净印线往外0.2cm车缝。在弧线部位的缝份要打剪口，这样翻到正面才能平服。弧度较大的地方，剪口相隔1cm左右，弧度较小的地方，则可以间隔大一些，剪口要打到距缝线0.2cm的地方，如图1–29所示。

10. **整理前门襟、领口、袖窿**

从后衣身的面料与里料之间把前衣身从肩线处拉出来，将衣身翻到正面，使前门襟与袖窿都吐0.1cm的止口，用熨斗整烫，如图1–30所示。

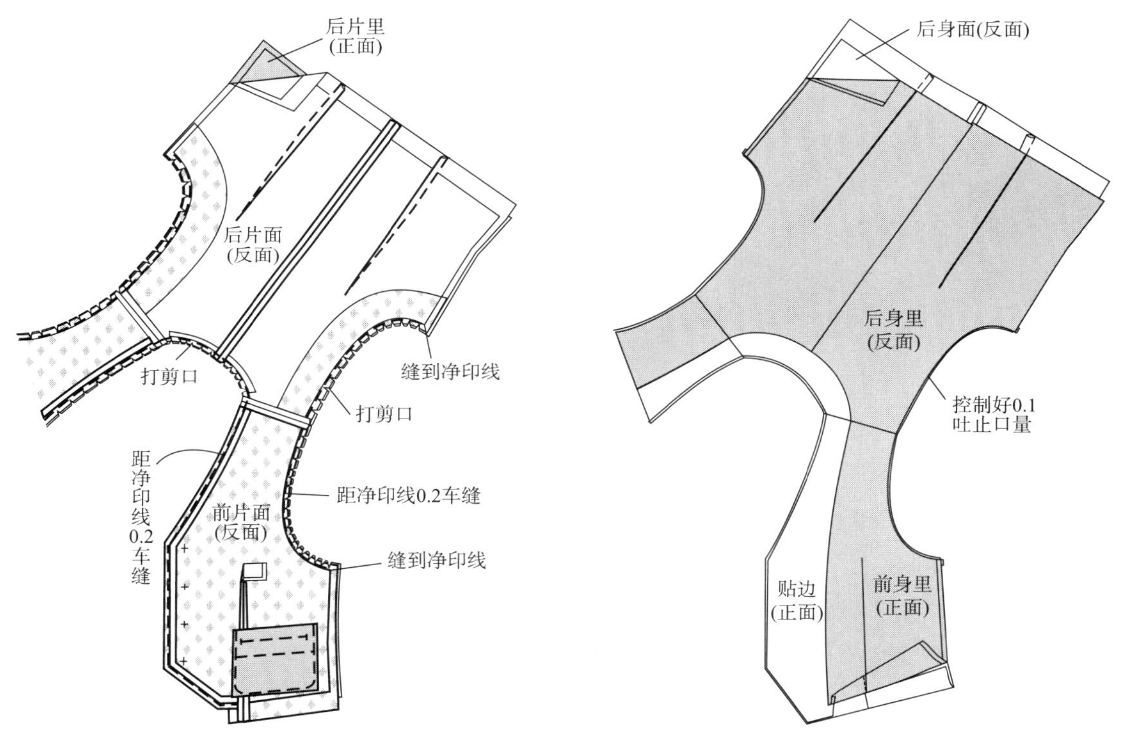

图1–29　车前门襟、领口与袖窿　　　图1–30　整理前门襟、领口、袖窿

11. **缝合侧缝**

衣身前片、后片面料的正面相对，车缝侧缝。侧缝的上端为了不使袖窿错位，首先用针固定，其次从袖窿净印线开始合侧缝，首尾回针，缝份劈缝。将衣身里料前片、后片正面相对，先沿净印线绷缝，再距净印线0.2～0.3cm车缝，缝至底边，缝份倒向后中线，如图1–31所示。

12. **处理底边**

衣身里、面底边缲缝或者机缝，如图1–32所示。

13. **锁圆头扣眼、钉纽扣**

衣身锁圆头扣眼、钉纽扣。

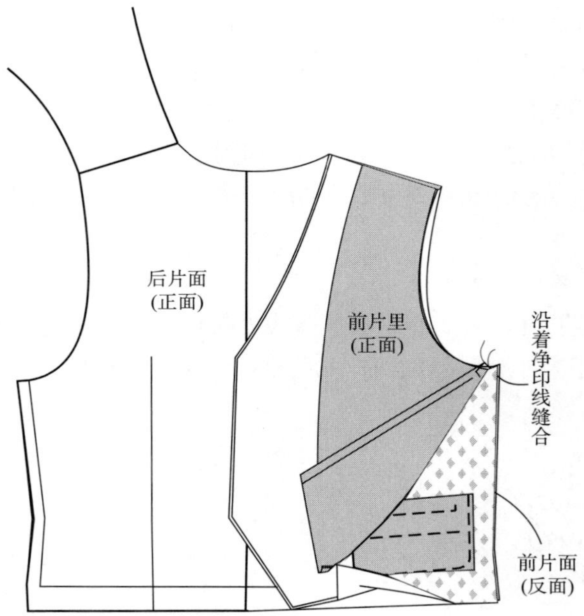

图1-31　缝合侧缝

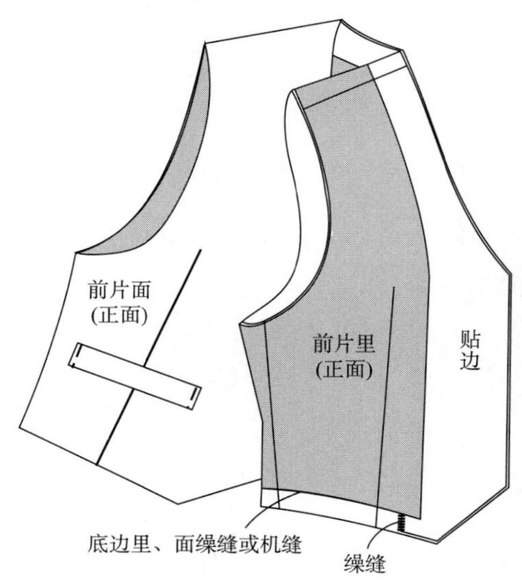

图1-32　处理底边

六、质量检验标准

1. 主要部位尺寸规格要求

（1）马甲的衣长、胸围、肩宽，要符合成品要求。

（2）两肩宽窄要一致，要符合成品要求。

（3）袖窿开深要一致；腰省的长短要一致，位置要对称。

（4）袋位高低要一致，袋口宽窄要一致，要符合成品要求。

2. **缝制工艺要求**

（1）马甲缝制工序正确、完整。

（2）领口、袖窿、下摆不能反吐，勾领口、袖窿要圆顺。

（3）手巾袋明线美观，首尾回针牢固，无毛茬、毛露现象。

（4）手巾袋两端要顺直，不能歪斜。

（5）下摆角大小一致，吃势均匀，无反翘。

（6）后背缝顺直、平服，无褶皱、绷紧等现象。

3. **其他要求**

（1）外观：胸部要饱满、服帖；直口要顺直；下摆要服帖，无起翘。

（2）线迹：线迹顺直，针距适当，无跳线现象。

（3）整烫：整烫平整，无烫焦、变形现象。

（4）整洁：整体干净整洁，无污渍、线头等。

课后延学：根据学习任务，完成实训操作

实训任务一：女马甲口袋制作实训练习（按制单要求协作完成）

实训任务二：女马甲成衣制作实训练习（按制单要求协作完成）

本单元微课资源（扫二维码观看视频）

1. 女马甲——制作前后身面料（粘牵条、收省、合后中、左口袋、合肩缝）

2. 女马甲——制作前后身里料（绱贴边、收省、合后中、合肩缝）

3. 女马甲——前后身面料与里料结合

学习单元二　男马甲缝制工艺

课前导学：以服装企业生产项目为依托，提出学习任务，服装生产任务单见表2-1。

学习任务一：男马甲局部缝制工艺——单明线挖袋

学习任务二：带领条男马甲成衣缝制工艺

学习任务三：无领条男马甲成衣缝制工艺

表2-1　服装生产任务单

客户名称	×××	款号	×××	款名	男马甲
产量	×××	面料	×××	工期	×××

款式图：

正面　　背面

款式特征：

1. 男马甲基本型。
2. 与男西服配套穿着，前身片面料与西服相同，后片面料为里料。胸围余量较小，穿着贴身合体。
3. 四开身结构，V字形领口，单排五粒扣，前摆呈斜角摆，下摆侧缝开衩，前身可以设计为两个、三个或四个挖袋，前、后身收腰省，后中线破缝，后腰束腰带

外观造型要求：

1. 整体：工艺设计符合造型要求，辅料配置合理，服装里外整洁。
2. 衣身：胸腰松量适中；前、后身服帖，无不良折痕；下摆不起吊，不外翻。
3. 门襟及领口：松紧适中，止口平顺。
4. 口袋：左、右对称，比例得当，无不良皱褶，精致美观

成衣主要规格表

号型：175/92A　　单位：cm

部位	后长	胸围	肩宽	背长
尺寸	56	100	40	44

注：未标注尺寸的部位，可根据订单要求、款式图及样板确定。

工艺要求：

1. 面料裁剪纱向正确，经纬纱垂平，达到丝缕平衡，符合成本要求。
2. 针距为3cm，14~15针，缉线要求宽窄一致，缝型正确，无断线、脱线、毛漏等不良现象。
3. 缝份倒向合理，衣缝平整，毛边处理光净整洁，方法得当。
4. 领口、门襟、贴边、开衩、腰带工艺细节处理得当，缝线松紧适宜，层次关系清晰，线迹美观。
5. 具体缝型、工艺方法，根据订单要求及款式图及样板确定。
6. 纽扣、线等辅料符合订单要求。
7. 后整理：烫平冷却后挂装，不可烫脏、渗胶等。
8. 装箱方法：单色单码

依据男马甲款式风格及结构特点，设计梳理本单元学习技能，见表2-2。

表2-2　本单元应掌握的技能和学习目标

<table>
<tr><th rowspan="2">职业面向</th><th rowspan="2">技能点</th><th colspan="3">学习目标</th></tr>
<tr><th>知识目标</th><th>能力目标</th><th>素质目标</th></tr>
<tr><td rowspan="3">1. 模板操作人员
2. 裁剪人员
3. 样衣制作人员
4. 生产班组长</td><td>男马甲口袋制作</td><td>熟知男马甲口袋部件构成</td><td>能够熟练使用常规缝纫设备，以一个单元技能为基础，编写工艺流程及操作方法，完成口袋的制作</td><td rowspan="3">1. 培养学生依据标准文件设计工艺方法。
2. 培养学生与他人合作完成项目任务。
3. 培养学生独立完成男马甲裁剪、排板、成衣制作的能力。
4. 培养学生要胜任企业技术部助理的工作。
5. 培养爱岗敬业的工作作风和吃苦耐劳的工作精神</td></tr>
<tr><td>男马甲成衣排板裁剪</td><td>熟悉面料、辅料裁剪、排板原则与方法</td><td>能够进行单件服装排板；能够进行多号型套裁排板；能够正确使用面料、辅料</td></tr>
<tr><td>男马甲成衣制作</td><td>正确解读男马甲款式</td><td>能够熟练运用相关机缝、手缝技法进行男马甲成衣缝制，能够依据面料性能、纸样结构正确选择工艺技法</td></tr>
</table>

课中探究：围绕学习任务，进行技能学习

学习任务一　男马甲局部缝制工艺——单明线挖袋

一、款式图

男马甲单明线挖袋正背面款式图，如图2-1所示。

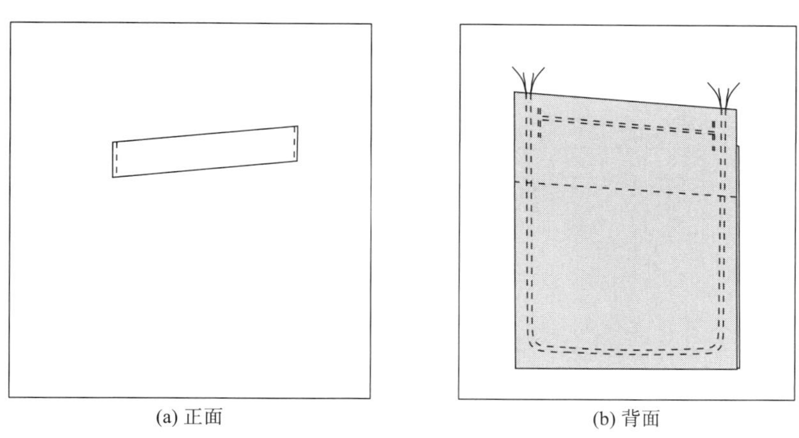

图2-1　男马甲单明线挖袋正背面款式图

二、款式说明

口袋有功能性的一面，也有装饰性的一面。单明线挖袋多用于马甲、西服、大衣等服装上。作为西服胸袋时，称作手巾袋，手巾袋主要起装饰和点缀作用，多用在西服、大衣的左前胸部位。手巾袋的两端可以缉双明线也可缉单明线，还可以用手缭缝或打结。西服手巾袋袋口呈倾斜状，它的前端稍低并与前中线平行，后端稍高于前端向并略向袖窿处斜出。近年来在一些中式服装中也常用到这种口袋。

三、裁剪

单明线挖袋的规格设置如图2-2所示。

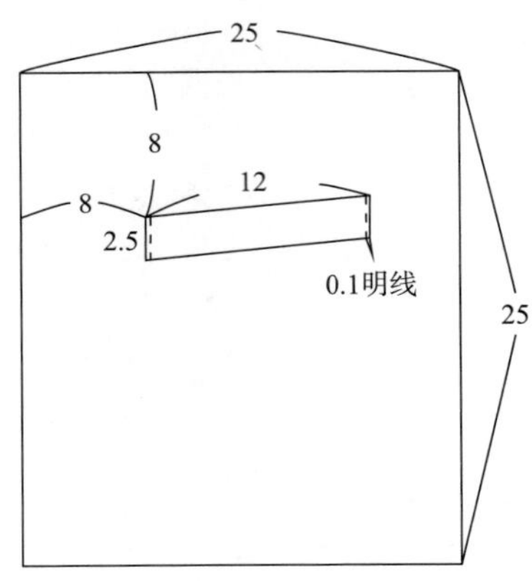

图2-2 款式规格设置

1. 面料的裁剪

制作男马甲挖袋，需要裁剪的裁片有：身片、袋口布（袋牙）、挡口布、袋布及衬料。男马甲挖袋面料的裁剪，如图2-3所示。

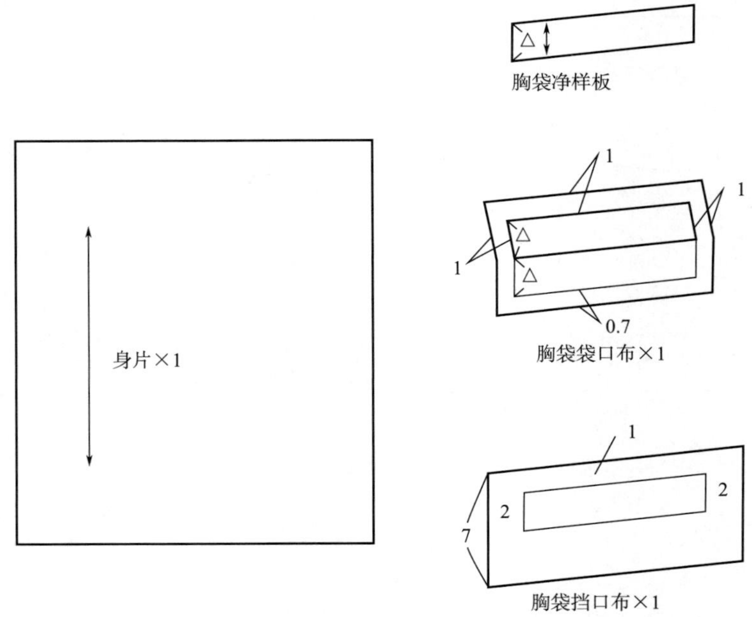

图2-3 面料裁剪

2．里料（袋布）的裁剪

里料的裁剪，如图2–4所示。

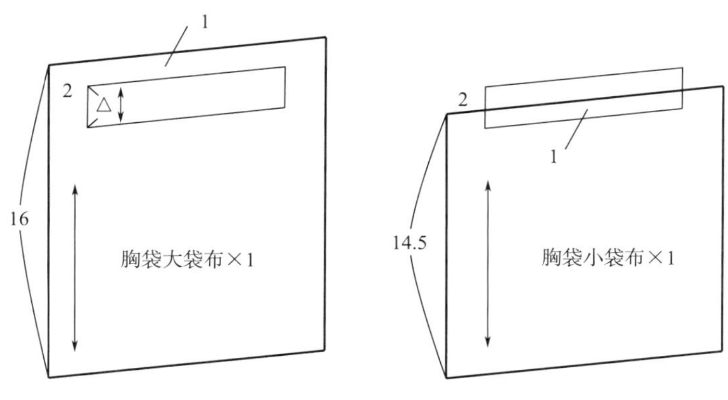

图2–4　里料裁剪

3．衬料的裁剪

衬料的裁剪，如图2–5所示。

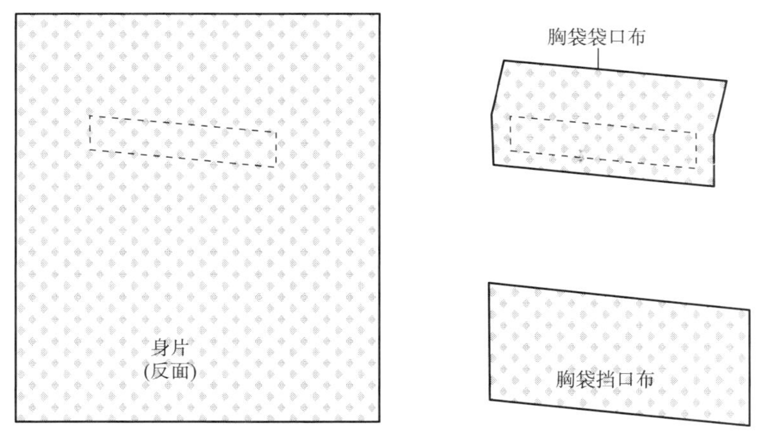

图2–5　衬料裁剪

四、缝制工艺工程分析及工艺流程

男马甲口袋缝制工艺工程分析及工艺流程，如图2–6所示。

五、缝制工艺操作过程

1．粘衬

挡口布、袋口布和身片反面进行粘衬，要确认正反面、袋口方向，参考前面衬料裁剪，如图2–5所示。

2．制作袋口布

按手巾袋样板画净印，两端开剪口整理折烫袋口布，剪去不需要的部分。把袋口布的

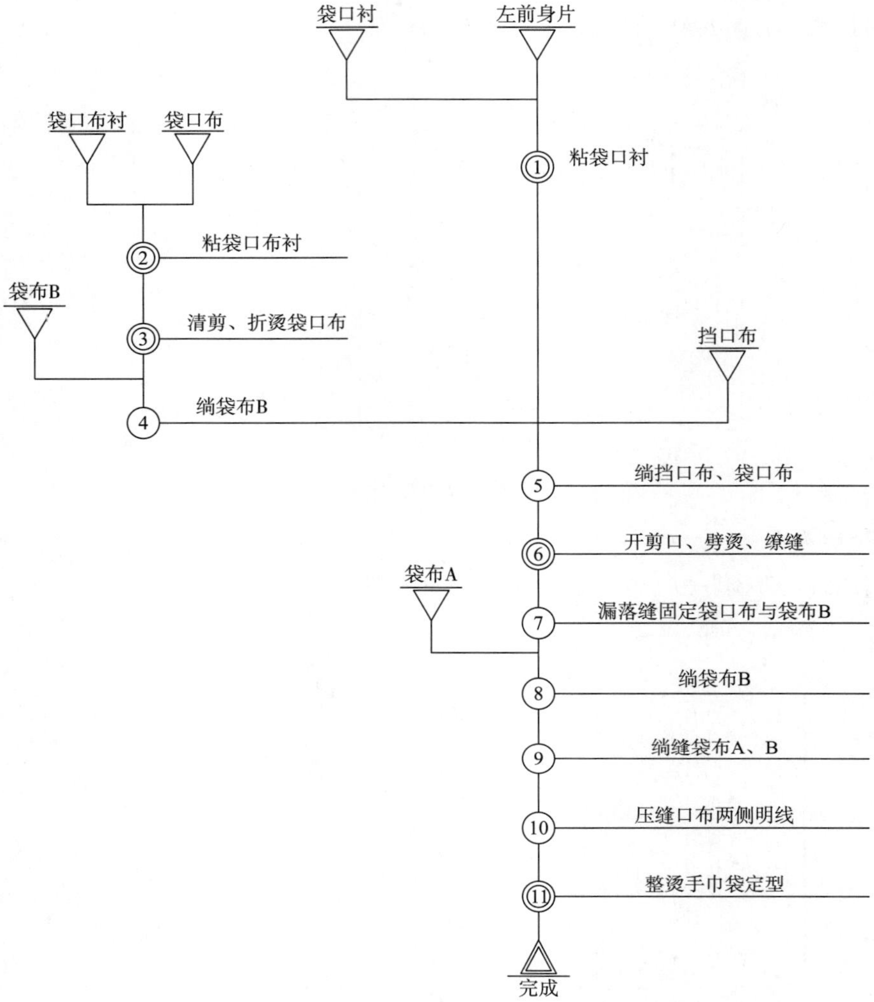

袋口衬
左前身片
① 粘袋口衬
袋口布衬
袋口布
② 粘袋口布衬
袋布B
③ 清剪、折烫袋口布
挡口布
④ 绱袋布B
⑤ 绱挡口布、袋口布
⑥ 开剪口、劈烫、缲缝
袋布A
⑦ 漏落缝固定袋口布与袋布B
⑧ 绱袋布B
⑨ 绱缝袋布A、B
⑩ 压缝口布两侧明线
⑪ 整烫手巾袋定型
完成

图2-6　男马甲口袋缝制工艺工程分析及工艺流程

左、右两侧按净样线扣烫，并折烫袋口布的上口边，如图2-7所示。

图2-7　制作袋口布

3. **袋口布与小袋布缝合**

胸袋小袋布与袋口布缝合，如图2–8所示。

4. **挡口布与大袋布缝合**

扣烫挡口布下口，挡口布放在胸袋大袋布上，压缝明线0.1cm，如图2–9所示。

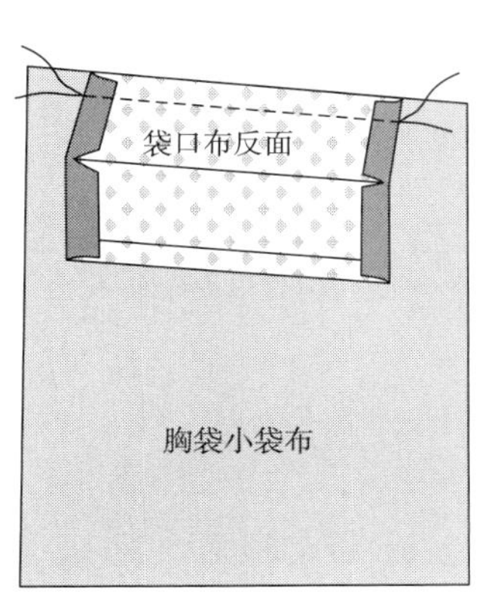

图2–8　袋口布与小袋布缝合

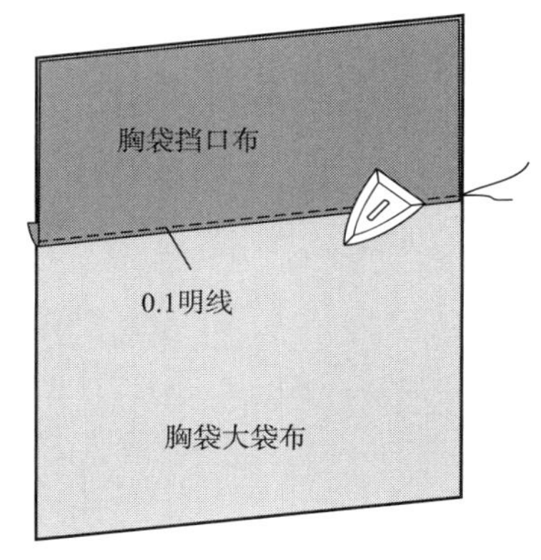

图2–9　挡口布与大袋布缝合

5. **缉袋口布与挡口布**

对齐标记点，两线相距1.4cm，注意缉挡口布那道线两端缩进去0.3cm，如图2–10所示。

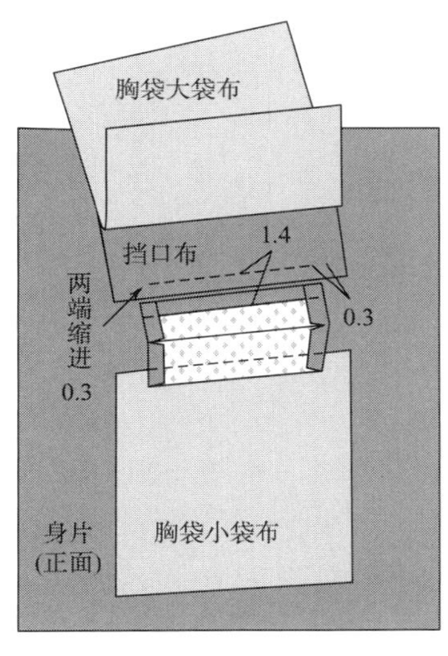

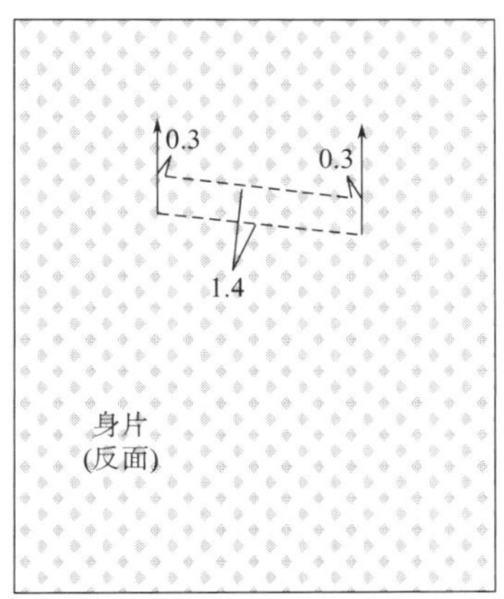

图2–10　缉袋口布与挡口布

6. **开袋口、翻烫袋口布**

将袋口布、挡口布的缝份掀开，从两缝线中间向两端开口，剪至距两端1cm处向两缝线的端点斜打剪口，剪口距缝线端点必须保留2～3根纱不剪断，如图2–11（a）所示。把袋口布翻到衣身的反面，劈烫缝份，如图2–11（b）所示。整理小袋布与袋口布，如图2–11（c）所示。将袋口布与小袋布缝份固定，如图2–11（d）所示。

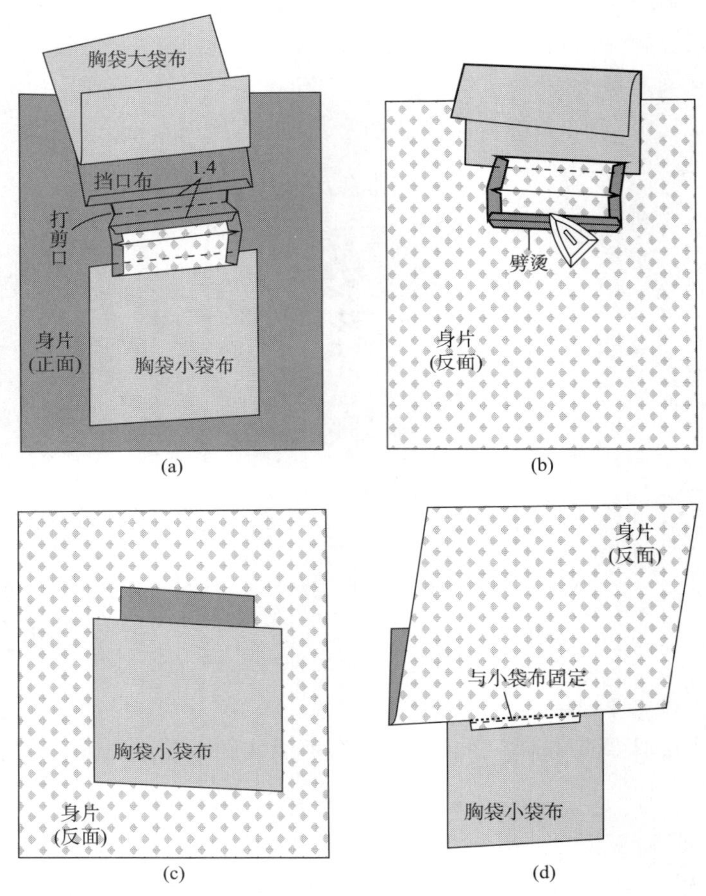

(a) (b) (c) (d)

图2-11　开袋口、翻烫袋口布

7. 劈烫挡口布、挡口布压明线

把挡口布翻到衣身的反面，劈烫挡口布缝份，如图2-12（a）所示。盖上胸袋大袋布，如图2-12（b）所示。翻到衣身正面，用明线固定挡口布与胸袋大袋布，如图2-12（c）所示。衣身反面效果如图2-12（d）所示。

(a)

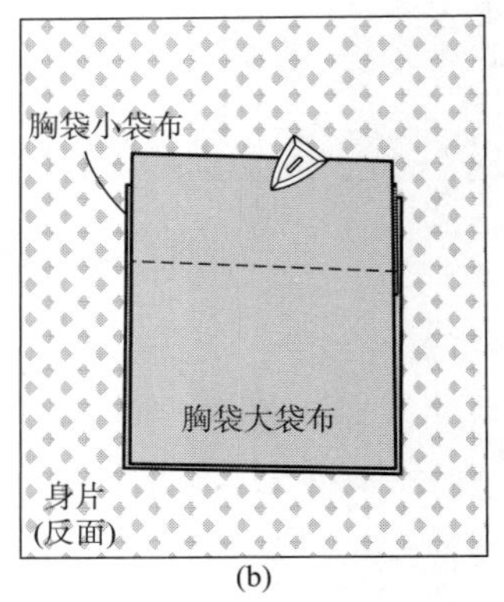

(b)

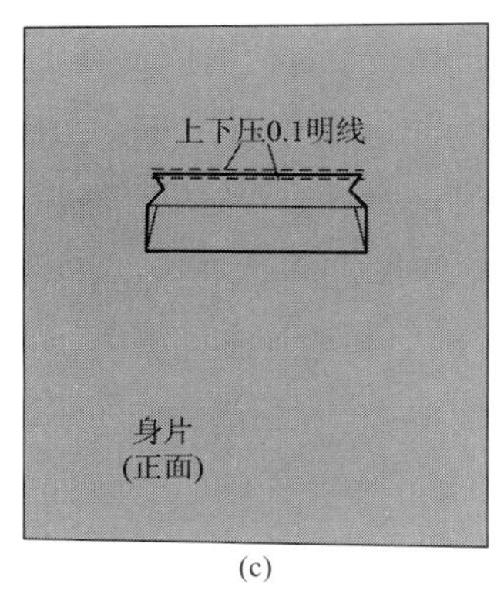

(c)

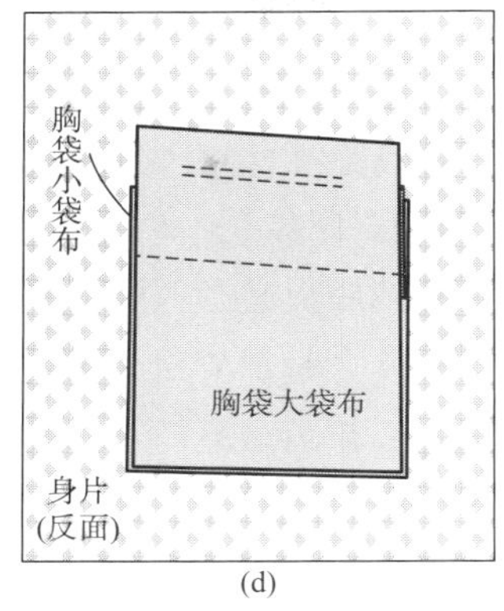

(d)

图2-12 劈烫挡口布、挡口布压明线

8. **袋口布两端压明线**

在袋口布两端压0.1cm明线，切记把两端的三角塞进袋口布内外层中间，如图2-13所示。

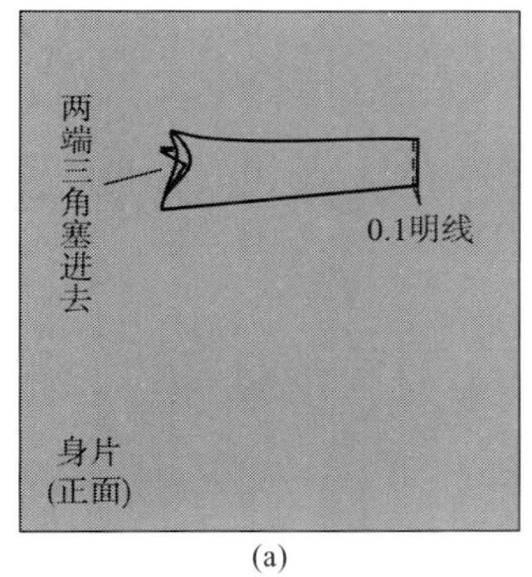

(a)

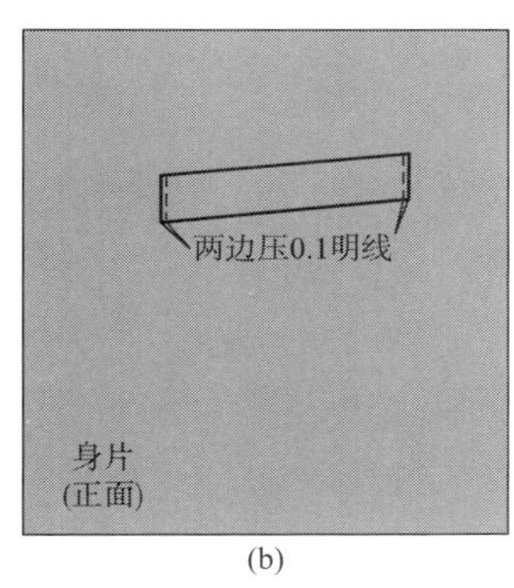

(b)

图2-13 袋口布两端压明线

9. **车缝袋布**

在袋布周围压明线，然后整烫，如图2-14所示。

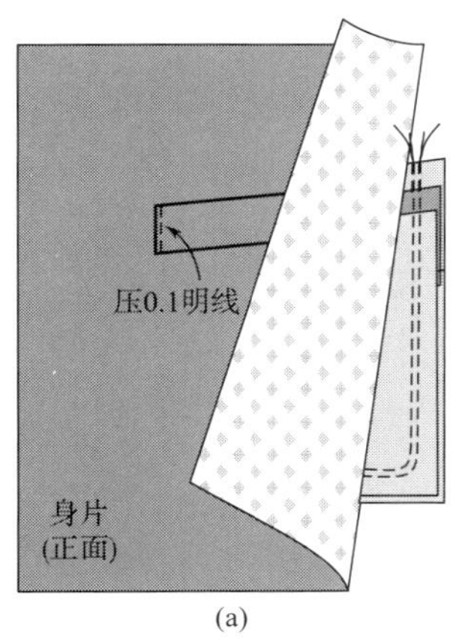

(a)

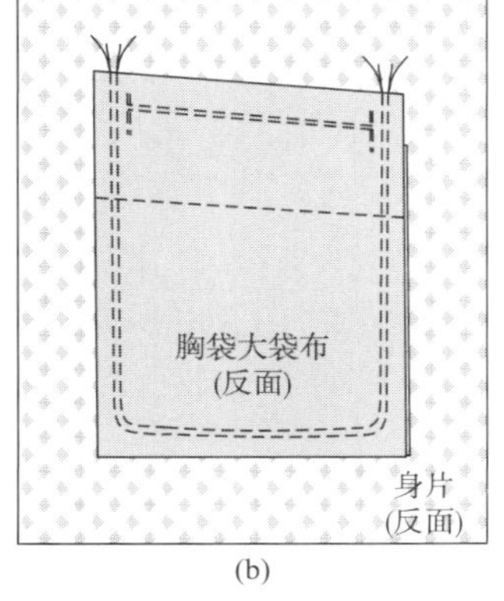

(b)

图2-14 车缝袋布

六、质量检验标准

（1）裁片各部位规格尺寸符合局部制作要求。

（2）袋口位置准确无误。袋口封口牢固，袋口两端开剪处不能有毛漏，纱向与大身必须一致，袋口布正面不能有眼皮。

（3）袋口布和袋布的斜势必须匹配合适。

（4）袋口布与身片缝合时，缝份必须烫平，缝子顺直，不留眼皮。

（5）挡口布要平整，长短适宜。

（6）车缝袋布时拐角要圆顺。

（7）缝迹针码大小合适，线迹顺直美观，松紧适度。

（8）制作工序完整，符合常规工艺要求，外观平服，无水渍、污渍、褶皱、线头。

课后延学：根据学习任务，完成实训操作

实训任务一：男马甲标准口袋制作实训练习（按制单要求协作完成）

实训任务二：拓展技能——写休闲男马甲口袋制作流程

学习任务二　带领条男马甲成衣缝制工艺

一、款式图

带领条男马甲款式图，如图2-15所示。

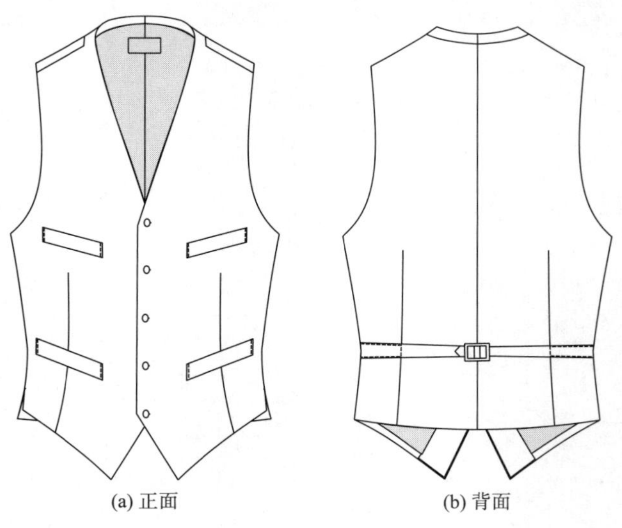

(a) 正面　　(b) 背面

图2-15　带领条男马甲款式图

二、款式说明

男马甲又称“西服马甲”，通常与男西服配套穿着。在正装男西服三件套中，前身片的面料与西服面料相同，后身片面料为里料。其款式特点：男马甲的胸围余量较小，穿着贴身合体，四开身结构；V字形领口，单排五粒扣，前摆呈斜角摆，下摆侧缝开衩，前身可以设计为两个、三个或四个挖袋；前、后身收腰省，后中线破缝，后腰束腰带。

三、裁剪

制作男马甲需要裁剪的裁片有：前身片面里料、后身片面里料、门襟贴边、袋口布、垫布（挡口布）、袋布、腰带及衬料，详见图示。

1. 面料的裁剪

男马甲面料的裁剪，如图2-16所示。

2. 里料的裁剪

男马甲里料的裁剪，如图2-17所示。

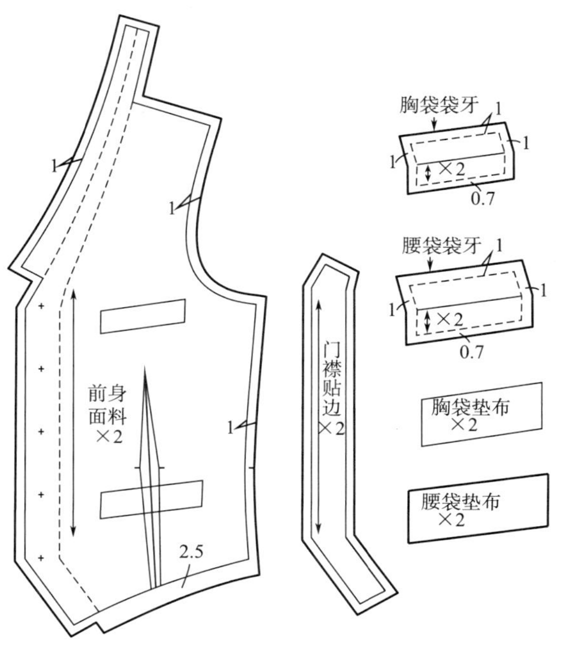

图2-16　面料裁剪

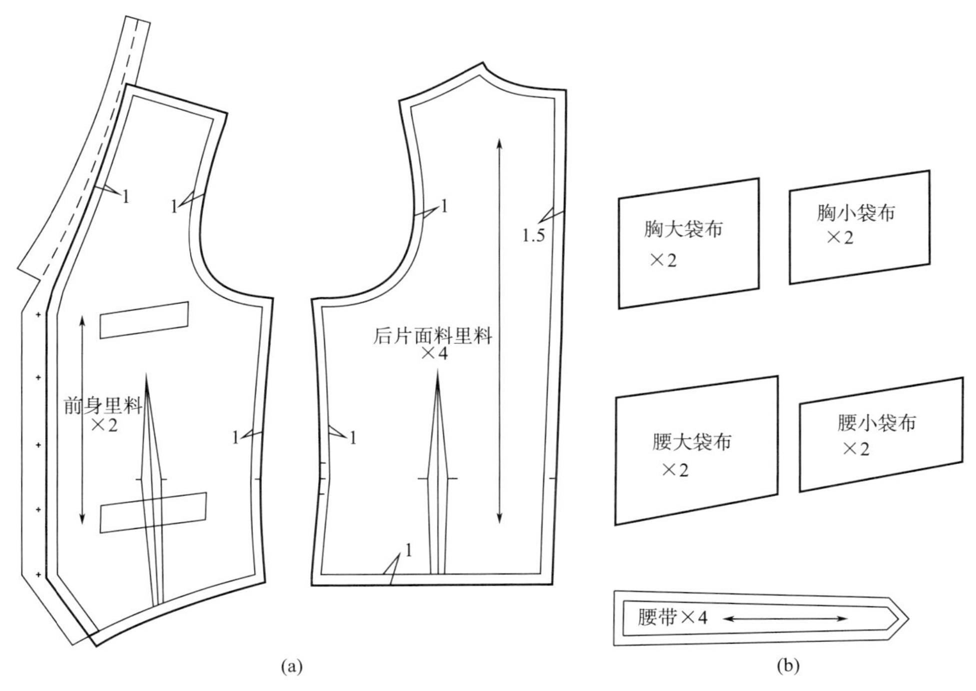

图2-17　里料裁剪

3. 衬料的裁剪

男马甲衬料的裁剪，如图2-18所示。

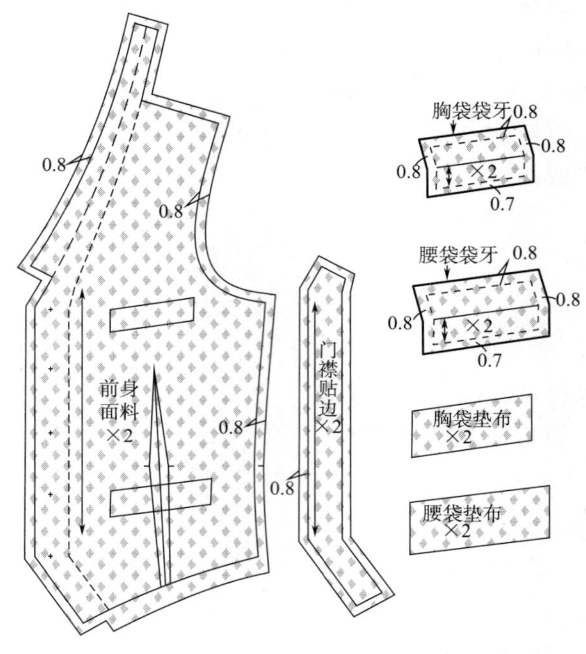

图2-18　衬料裁剪

四、缝制工艺工程分析及工艺流程

男马甲缝制工艺工程分析及工艺流程如图2-19所示。

五、缝制工艺操作过程

1. 检查裁片

（1）面料：前身两片，贴边两片，袋牙布四片，袋垫布四片。

（2）里料：前身里两片，后身里四片，后腰带左、右片，大、小袋布各四片。

（3）衬料：前身衬两片，袋牙衬四片，胸袋垫布、腰袋垫布、门襟贴边衬各两片。

2. 粘衬

粘衬的部位有前身片、门襟贴边、袋口布（袋牙布）、胸袋垫布、腰袋垫布，如图2-18所示的衬料裁剪。

3. 作缝制标记（根据不同面料的需要，选择打线丁、画粉线等）

前片作标记的部位有：省位，袋位，腰围线，扣位，开衩终止处，前片下摆折边可选择打线丁的方法，正、反面效果如图2-20所示。后片里料作标记的部位主要有省位，后片里料可选择画粉线。

4. 制作前身

（1）收左、右前衣片省缝，收省时，用剪刀沿省道中线剪开省道，剪至距省尖6cm（详见图2-20），下面垫一块本色面料垫布缉缝，垫布长出省尖1cm。如果是薄型料，不用剪开省缝，可加比省道略长的垫布处理。省道要缉顺直，缉省尖要尖顺，上下线松紧要一致，如图2-21所示。

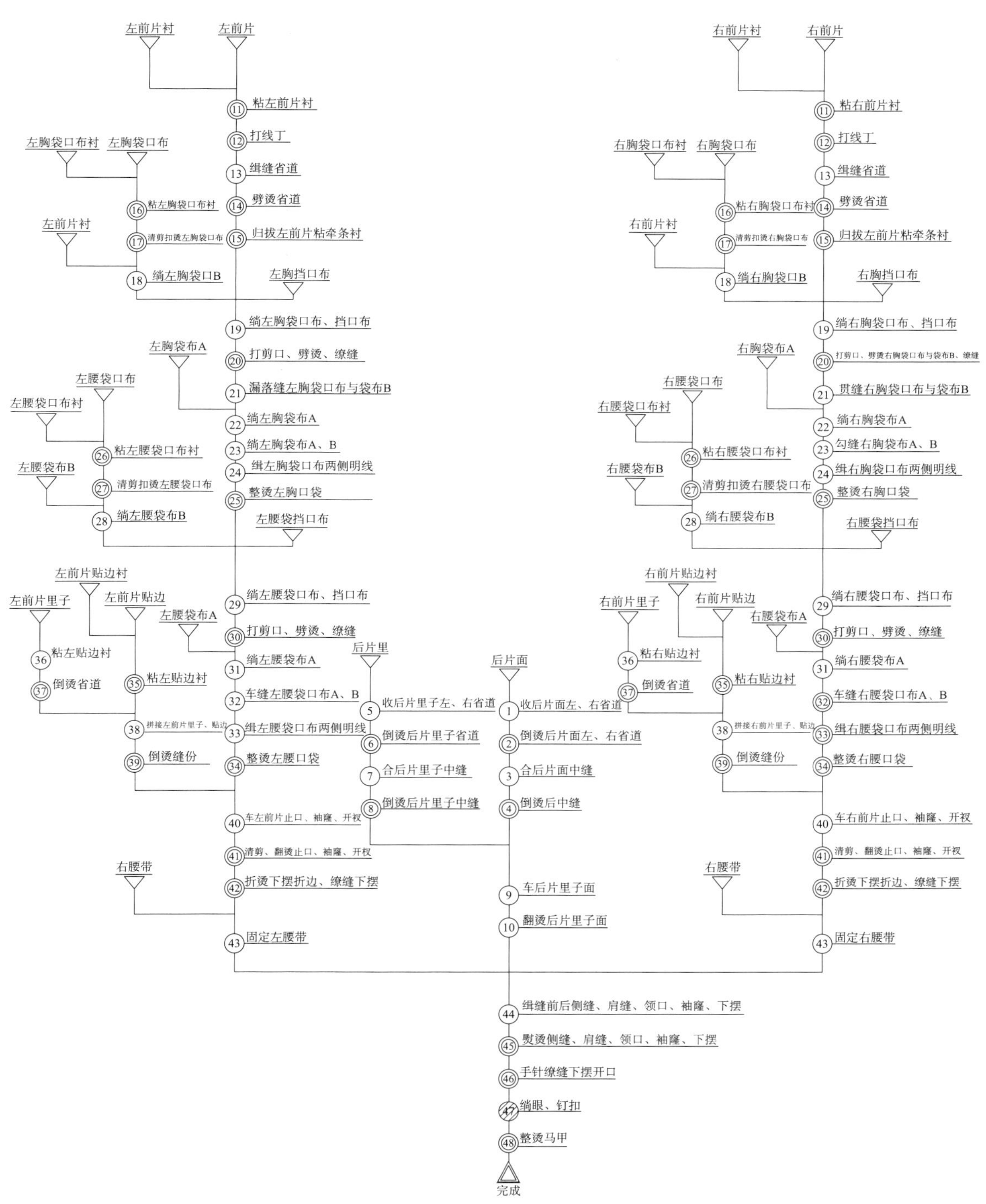

图2-19　男马甲缝制工艺工程分析及工艺流程

（2）劈烫左、右前身省缝，省缝与垫布交界处打剪口，省尖处的熨烫注意层次，一定要熨烫平展定型，如图2-22所示。

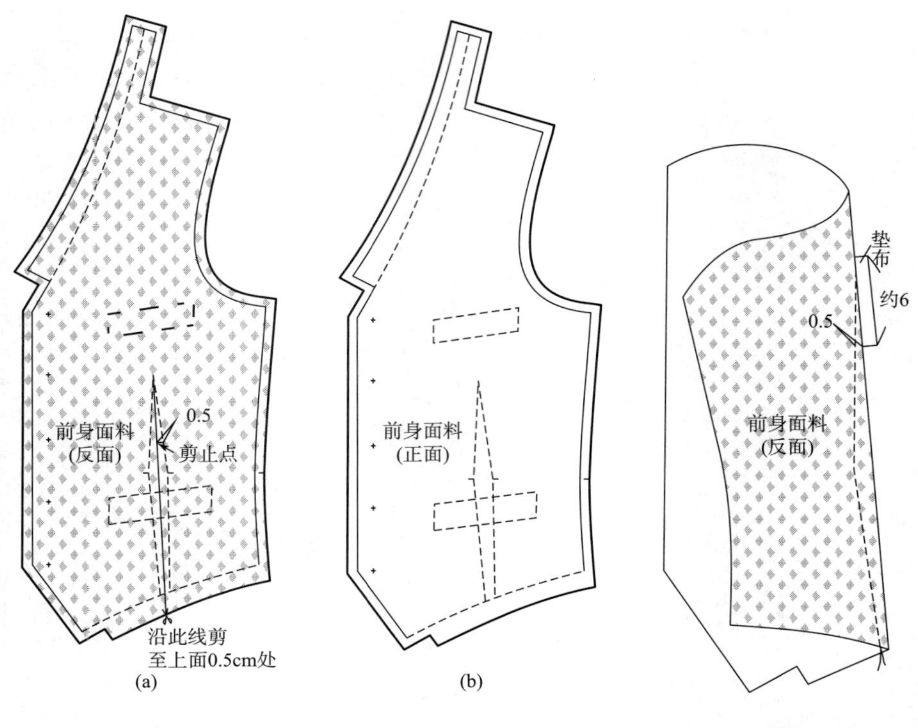

图2-20　作缝制标记　　　　图2-21　收前衣片省缝

（3）归拔前片并粘牵条。袖窿及领口处适当归烫，腰节处拔开，向外推0.3cm。沿净印线粘烫止口牵条衬，粘牵条衬时，前领口V字形部位牵条略带紧，止口处平敷，下端尖角处略带紧，如图2-23所示。

（4）挖口袋。按照本单元任务一中单明线口袋的制作方法，将左、右对称的四个口袋挖好。男马甲可挖四个口袋，也可挖三个口袋或两个口袋。其制作方法与单明线挖袋相同。

（5）绱门襟贴边，如图2-24所示。

①把贴边与前身片止口正面相对比齐，按止口净样外0.1～0.2cm车缝贴边直至贴边底边终止处。

②翻烫贴边，如图2-25所示。

a. 清剪缝份，贴边清剪至0.4cm，身片清剪至0.7cm。然后按缝线印折烫

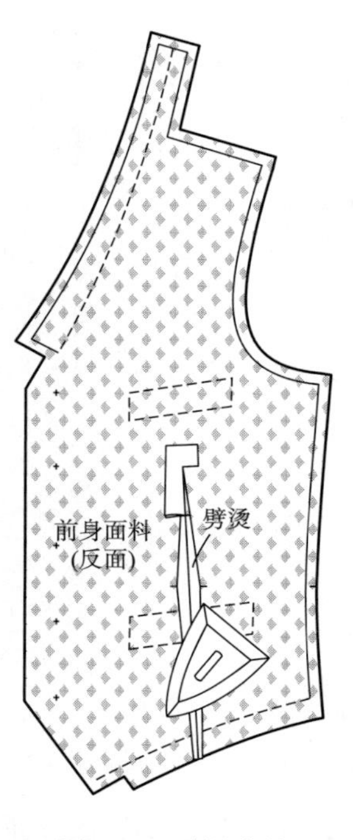

图2-22　劈烫省缝

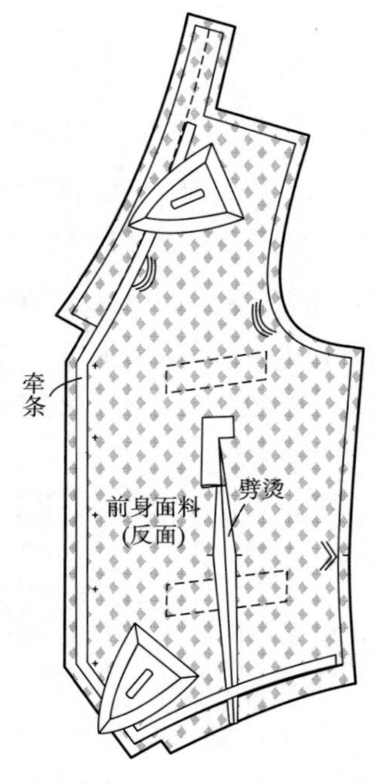

图2-23　归拔前片、粘牵条衬

缝份，翻向正面熨烫止口，止口吐0.1cm。领口与下摆的折边按净印折烫弧顺。摆衩处打剪口熨烫。

b. 用手针绷住贴边，把贴边上口与前领口贴边下口用手针缭缝，前身贴边底边处用手针缭缝固定在底边折边上。

（6）前身面料、里料缝合。

①收里料省道并倒烫，如图2-26所示。

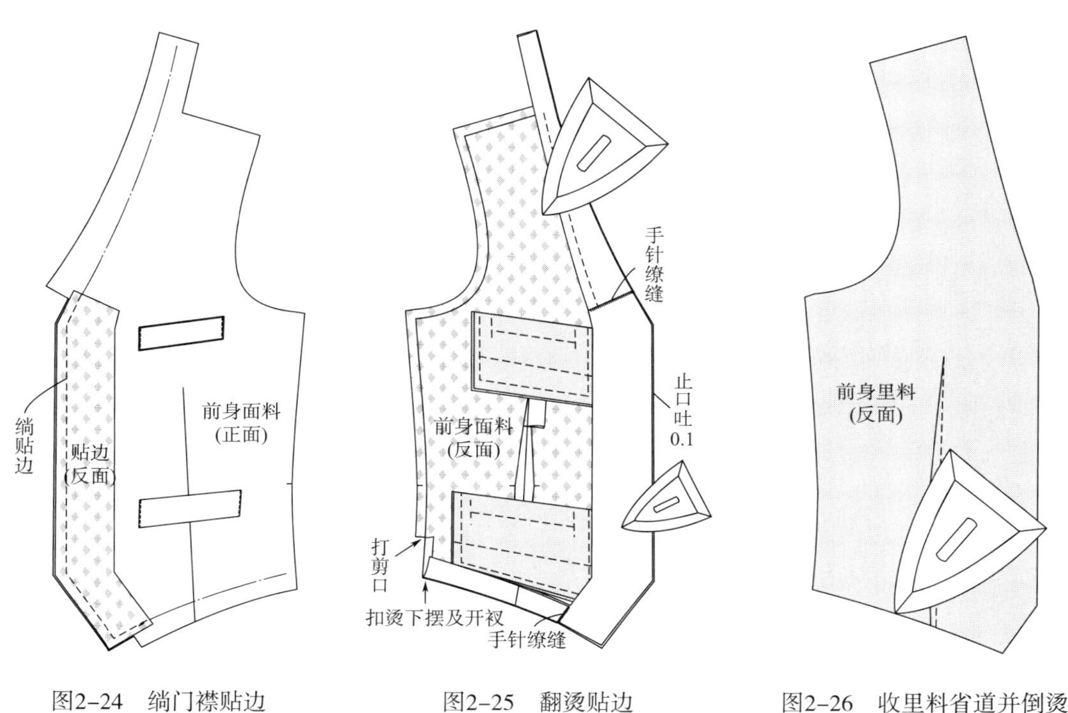

图2-24　绱门襟贴边　　图2-25　翻烫贴边　　图2-26　收里料省道并倒烫

②绱前片里料。

a.首先将前衣片里料放在下面与前衣片面料正面相对，按0.8cm的缝份缉缝袖窿。接着，清剪袖窿缝份至0.5cm，拐弯处打剪口，按净印倒烫缝份，然后翻出表面，袖窿处面料均匀吐止口0.1cm。

b.门襟处对齐标记点进行机缝。或者是扣烫里子底边和前门的缝份，用手针绷缝，然后，手针缭缝。在开衩处将里料打剪口，并将缝份扣净烫平，最后用手针将里料与面料开衩缭缝，如图2-27所示。侧缝的缝份可涂少许糨糊，将里料和面料的侧缝缝份粘住。

5. 制作后身

（1）后身片面料、里料收省并缉缝后中线。

①收后身片面料、里料左、右省缝。按样板所画的省缝大小缉缝省道，省尖要缉尖缉顺，左、右省尖要高低一致。并用熨斗将省向后中心倒烫，如图2-28所示。

②缝合后中线。面料、里料共四片，都采用里料制作。后片里子正面相对，由于是无袖结构，按净样线缉缝后中缝，然后将缝份倒烫，如图2-28所示。

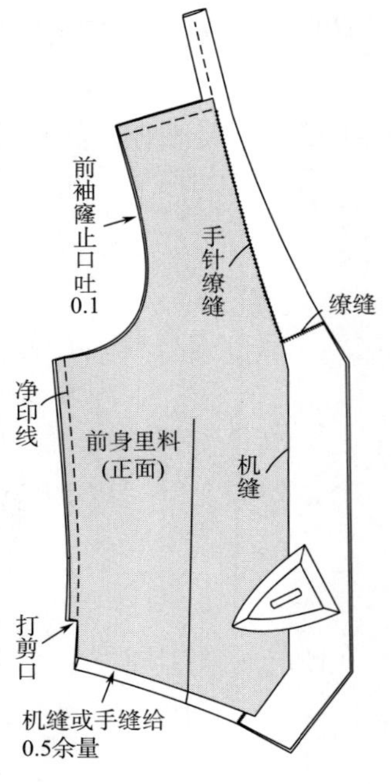

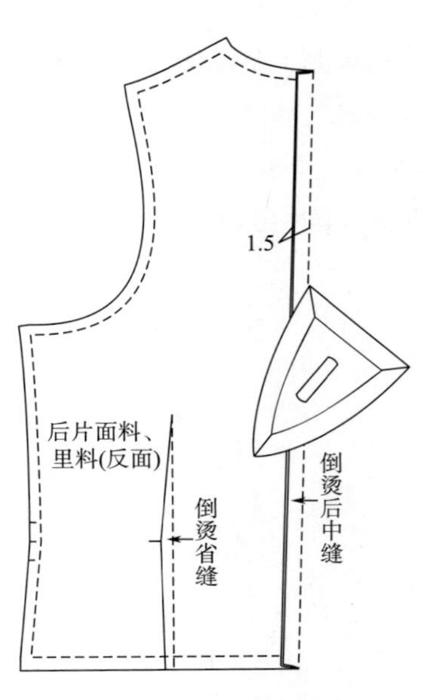

图2-27 绱前片里料　　图2-28 收省与缝合后中线

（2）制作腰带、绱腰带。

①按净样线车缝腰带，翻向正面熨烫整理，如图2–29所示。

②绱腰带，对齐标记点用大头针固定，压缝腰带，缝至省缝处，整理熨烫，如图2–30所示。

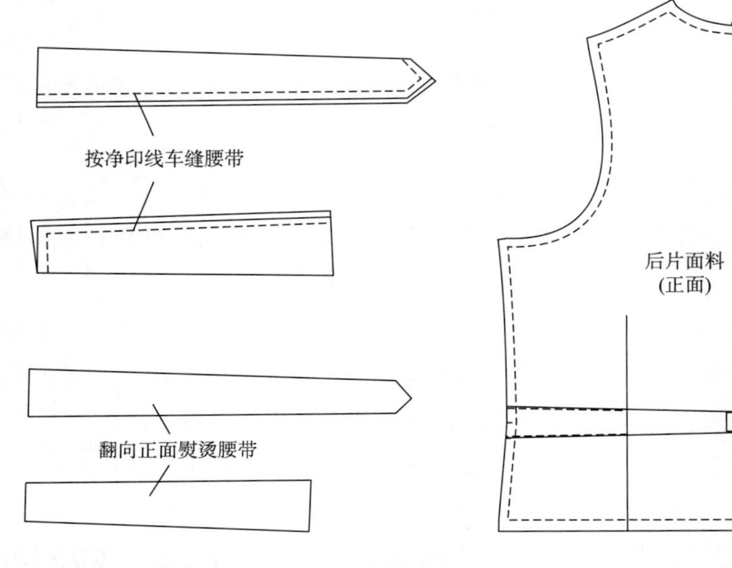

图2–29 车缝腰带并翻向正面熨烫整理　　图2–30 绱腰带

（3）缉缝后衣片面料、里料的袖窿及下摆。

①缉缝袖窿与底边折边。将后衣片面料和里料正面相对车缝袖窿和后下摆，在缝合过

程中要保证后片面料的余量。缉好后袖窿弧度大的地方打剪口，按缉线将袖窿的缝份扣烫圆顺。

②翻烫里料。从领口处翻出里料，熨烫袖窿和底边，后身面止口吐0.1cm。领口的里、面各向反面扣烫1cm缝份，如图2-31所示。

6. **前身与后身缝合**

（1）缉缝侧缝和肩缝。后身片反面朝外，把左、右前衣身装进后衣身里面之间，侧缝和肩缝处的四片缝份对齐，缝合肩缝与侧缝。注意分清后身片里料和面料要与前身对应。前、后身下摆开衩处长短要一致，开衩处向内缝进0.1cm避免毛漏。面料、里料的侧缝松紧一致顺直。肩缝顺直，松紧适宜，颈侧点与肩点对位正确，如图2-32所示。

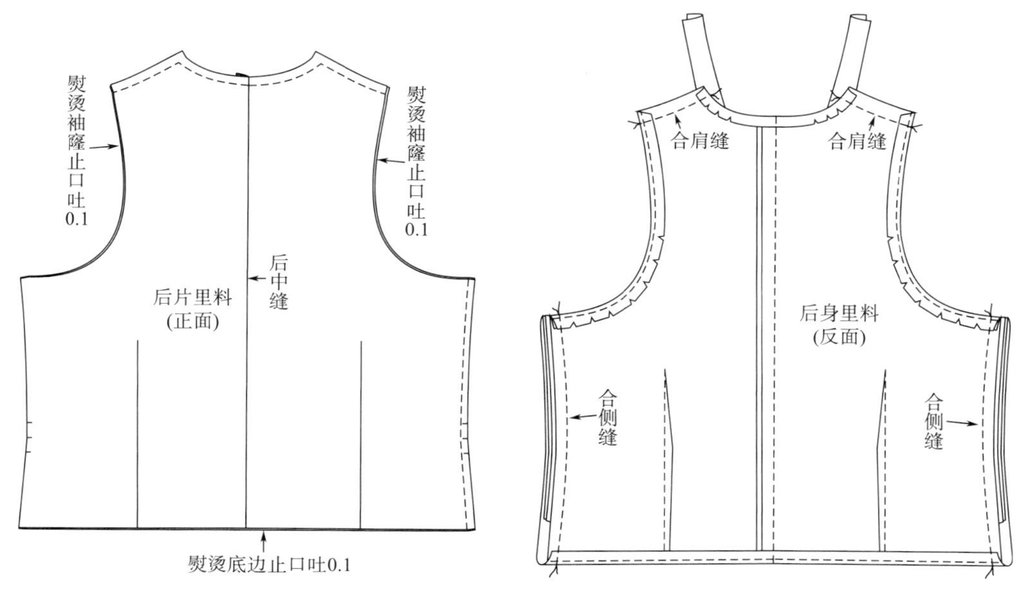

图2-31 翻烫里料

图2-32 缉缝侧缝和肩缝

（2）前片翻出，正面朝外。

①从领窝处翻出，使整个马甲正面朝外，整理熨烫侧缝及肩缝。

②拼合后领条并劈烫，扣烫后身片领口的缝份。

③开衩处打结。

④缭后领口：先粗缝后领口缝份于领条上，此时，可以试穿观察，进行修正。然后，用手针仔细缭缝，将面料、里料后领口与领条缝住，要缝得均匀、结实，如图2-33所示。

⑤门襟止口拱针缝，避免止口倒吐。

7. **锁眼、钉扣**

按照线丁的位置，左襟锁横圆头眼五个，扣位与眼位平齐，在右襟钉扣五个。锁眼直径大约为1.5cm，如图2-34所示。

8. **整烫**

整烫之前将绷缝线拆掉，准备好熨烫工具进行熨烫。控制好温度，熨烫时垫上湿布先轻

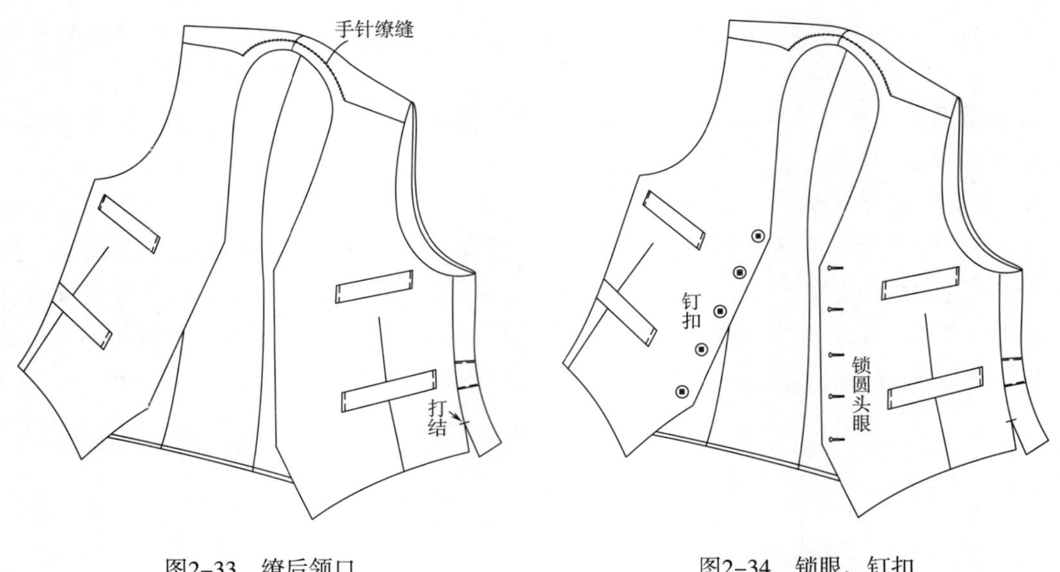

图2-33　缭后领口

图2-34　锁眼、钉扣

烫，然后定型烫。

熨烫的程序是先里后面。熨烫面料的顺序是门襟止口、袋、省、胸部、侧缝、领口、袖窿、下摆。

学习任务三　无领条男马甲成衣缝制工艺

一、款式图

无领条男马甲款式图，如图2-35所示。

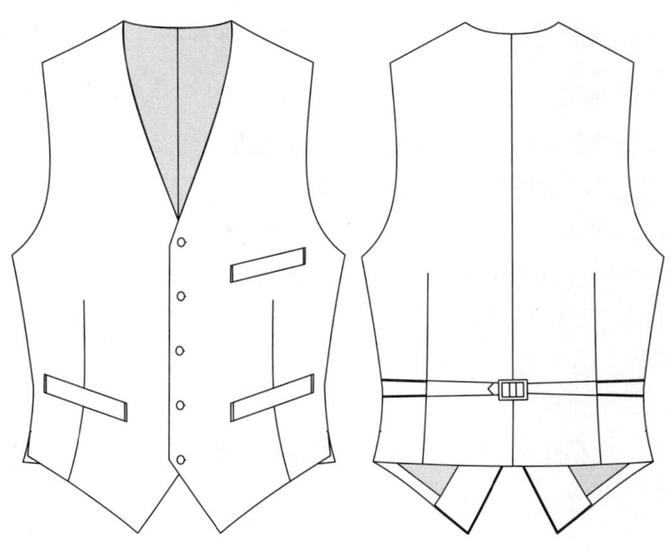

图2-35　无领条男马甲款式图

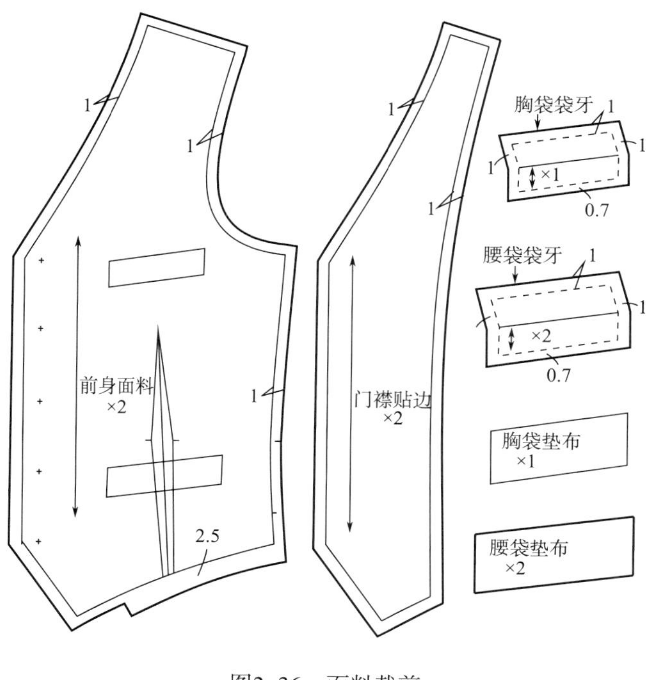

图2-36　面料裁剪

二、款式说明

无领条男马甲是与西装配套穿着的普通款式，适合各阶层的男士穿用，贴身合体。前身三个口袋，也可是开两袋或开四袋。前下摆呈尖角形，侧缝开衩。腰部收腰省、后背有破缝，后腰束腰带。这里着重介绍此款与前面马甲制作工艺不同之处。

三、裁剪

1. 面料的裁剪

无领条男马甲面料的裁剪，如图2-36所示。

2. 里料的裁剪

无领条男马甲里料的裁剪，包括前身里料、后身面料和里料、袋布、腰带布，如图2-37所示。

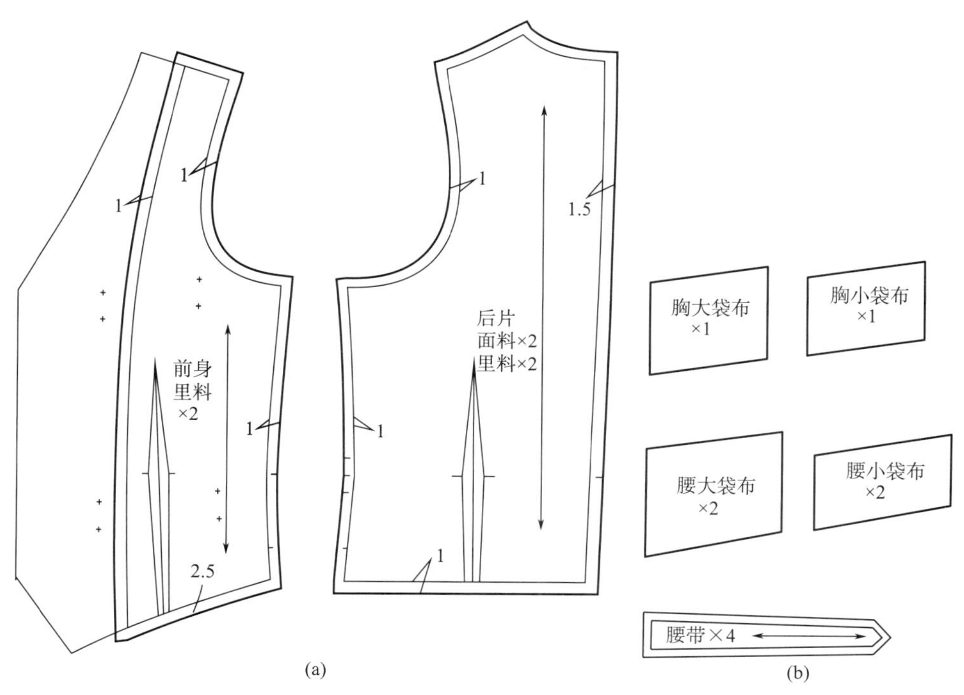

图2-37　里料裁剪

3. 衬料的裁剪

无领条男马甲衬料的裁剪，包括前身衬、门襟衬、袋牙衬、垫布衬，如图2-38所示。

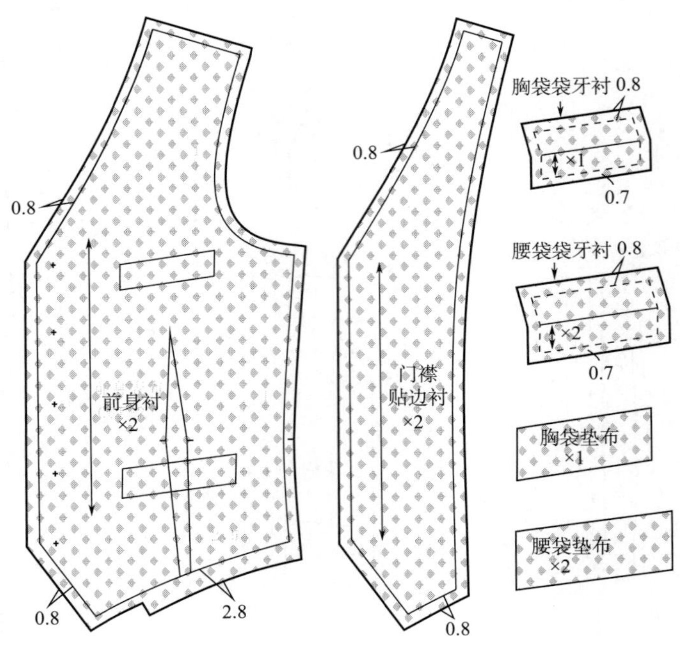

图2-38 衬料裁剪

四、缝制工艺工程分析及工艺流程

无后领条男马甲的缝制工艺工程分析及工艺流程，如图2-39所示。

五、缝制工艺操作过程

1. 制作前身

（1）前身收省、门襟粘牵条、做口袋（参考前面口袋局部缝制），如图2-40所示。

（2）前身里子收省与贴边缝合。倒烫前身里子的省道。将收好省的里子与贴边正面相对，缝合贴边与里子，一直缝至距底边折边1.5cm处，缝好后将缝份向里料倒烫，如图2-41所示。

（3）清剪前身门襟贴边止口处的缝份，以确保面料吐止口，如图2-42所示。

（4）车缝前门止口、袖窿。将贴边的止口清剪剩0.7cm缝份；将前贴边与前身面正面相对；前身面料在上，按0.7cm的缝份车缝前止口，至贴边终止点。前身面料在上，将前身面料的袖窿向里推进0.3cm，里子与面料错开0.3cm，按0.7cm的缝份车缝前袖窿，这是为了给出止口量，如图2-43所示。

（5）倒烫袖窿、门襟处的缝份。清剪止口缝份，倒烫缝份；清剪袖窿缝份至0.6cm，在袖窿拐弯处打剪口，倒向衣身熨烫缝份；折烫底边折边，以上操作步骤如图2-44所示。

（6）翻烫前身，整理熨烫门襟止口及袖窿。翻向正面整理熨烫。缝贴边的底边处；里料下摆熨烫后距离面料底边1cm，大针码绷缝，然后掏着缝面料、里料底边，再翻向正面，里料底边给0.5cm松量。确认固定里料松量，再缝开衩，翻向正面熨烫整理，如图2-45所示。

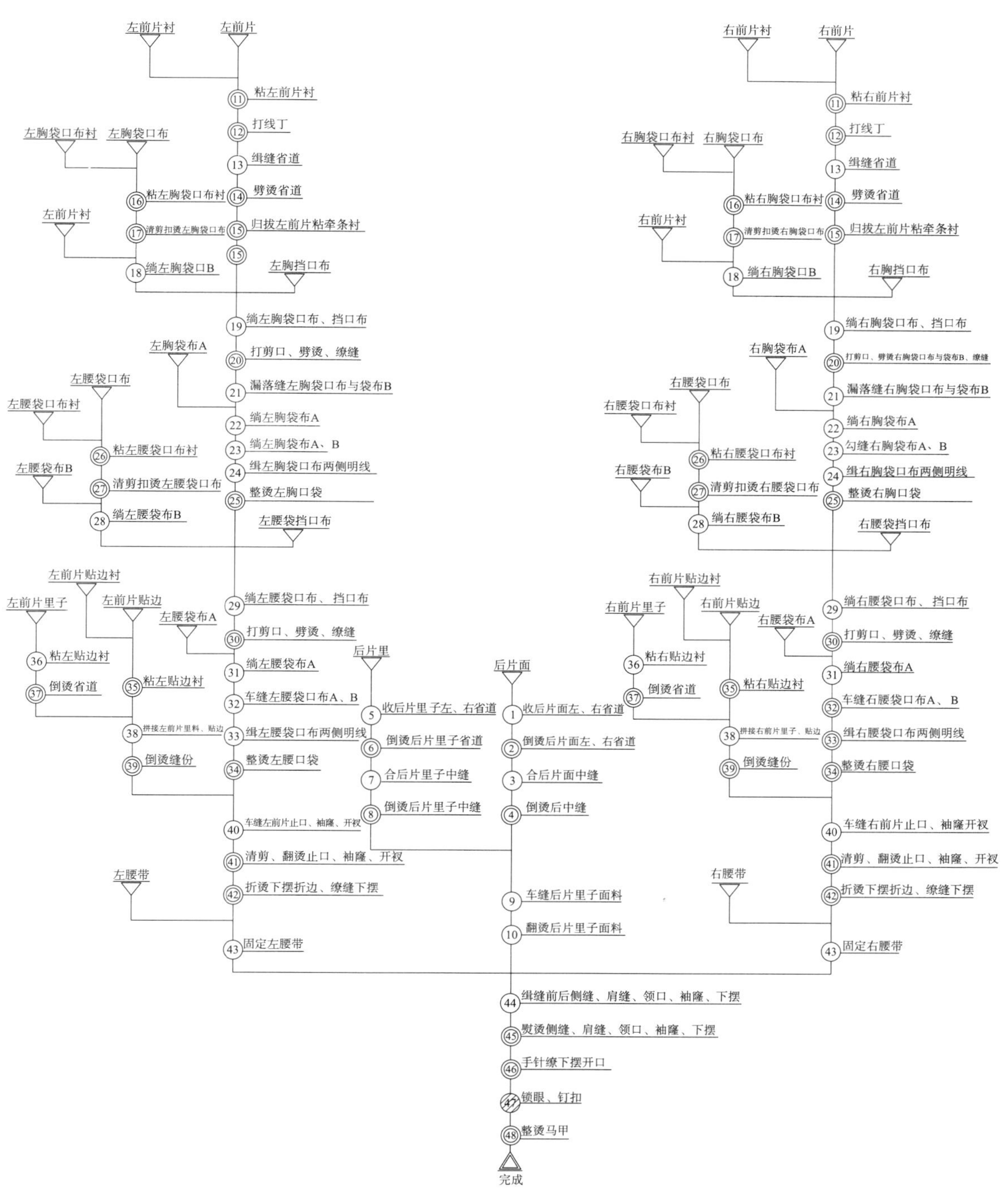

图2-39　无后领条男马甲缝制工艺工程分析及工艺流程

2. 制作后衣身

（1）缝合里料后中线，收省，并倒烫，制作腰带并翻烫，如图2-46所示。

（2）后片面料收省并倒烫；缝合面料后中线并劈烫；绱腰带并熨烫，如图2-47所示。

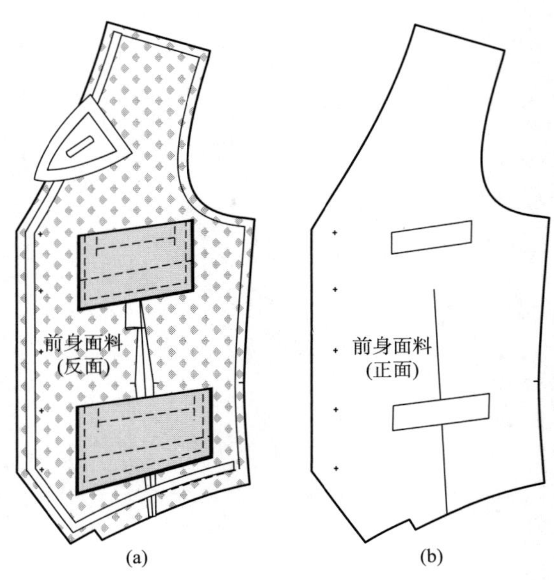

图2-40　前身收省、做口袋

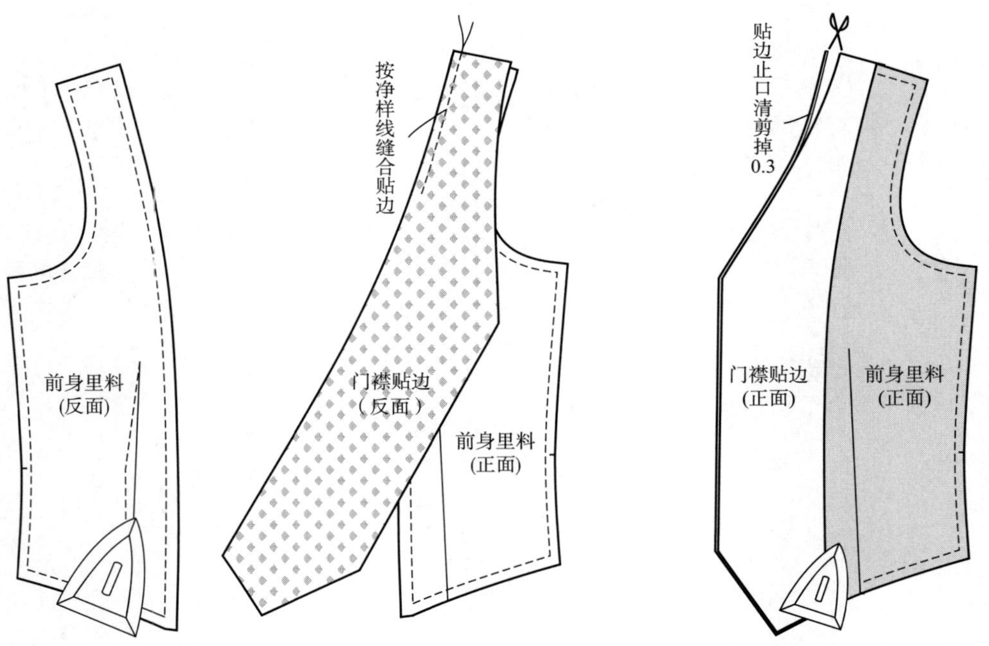

图2-41　前身里子收省与贴边缝合

图2-42　清剪前身门襟贴边止口处的缝份

（3）翻烫后身，袖窿及底边处止口吐0.2cm，如图2-48所示。

3. **前、后身缝合**

（1）将左、右前身面料正面与后身面料正面相对，塞进后身的里料之间，对位记号可

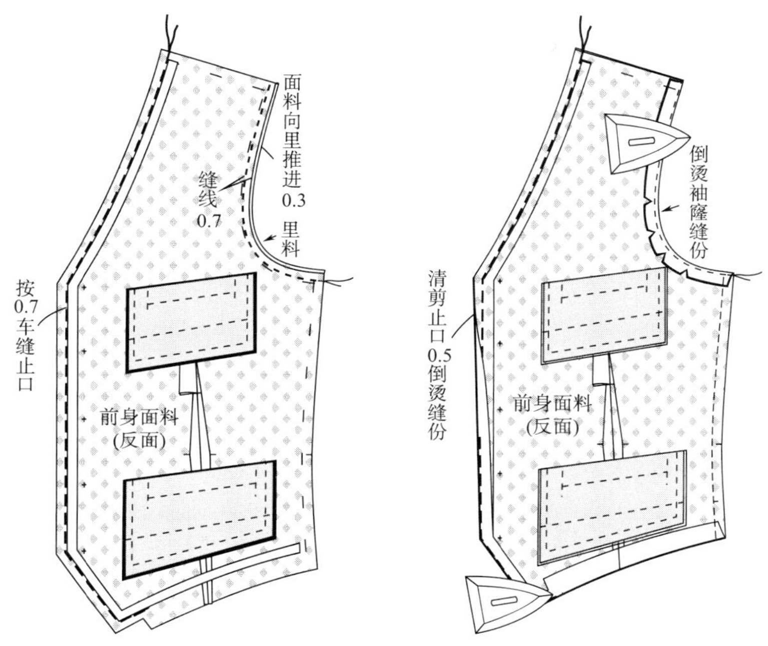

图2-43　车缝前门止口、袖窿　　　图2-44　倒烫袖窿、门襟处的缝份

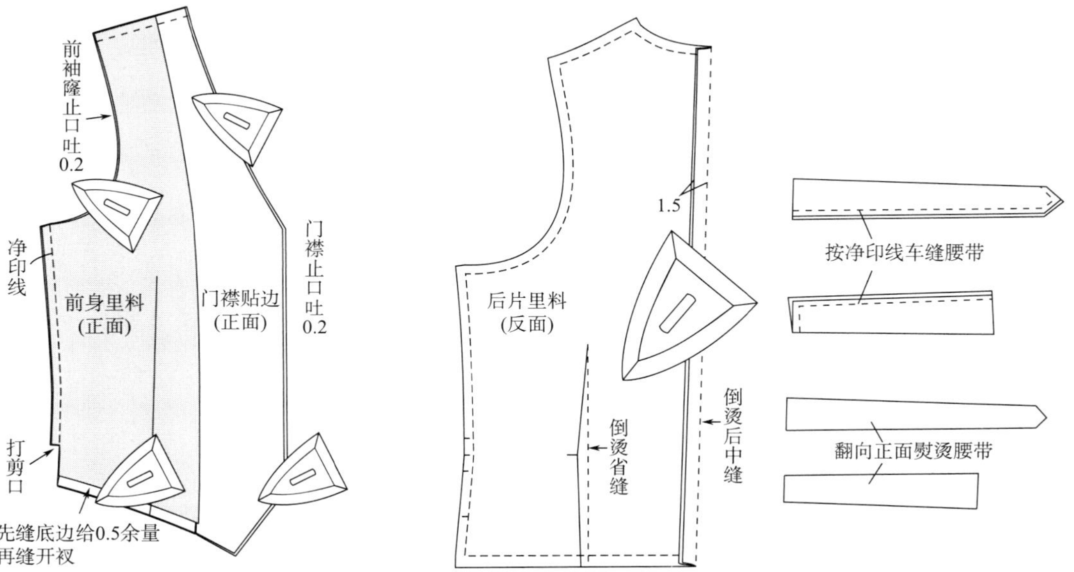

图2-45　翻烫前身、整理熨烫门襟止口及袖窿　　图2-46　缝合里料后中线，收省并倒烫，制作腰带并翻烫

借助大头针固定，注意缝份的倒向要一致，确认无误后，自左肩点沿净印线经后领口一直缝制右肩点。接着，车缝一侧的侧缝，要四层一起缝，注意腰位、开衩的对位；最后车缝另一边的侧缝，侧缝中间预留14cm，只缝住三层，两端四层一起缝，注意要打回针。从预留14cm的开口，把马甲翻向正面整理熨烫。手针缭缝侧缝的开口，如图2-49所示。

（2）前、后身缝合审核确认后翻向正面整理熨烫；门襟止口拱针；画眼位，锁眼、钉扣、开衩打结；整烫，制作完毕，如图2-50所示。

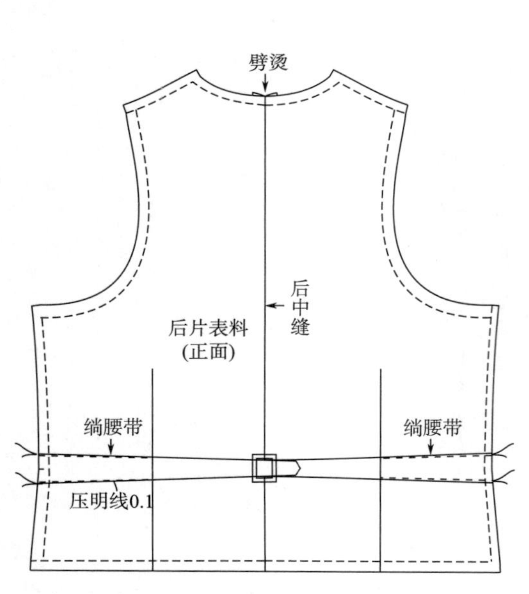

图2-47　后片面料收省并倒烫

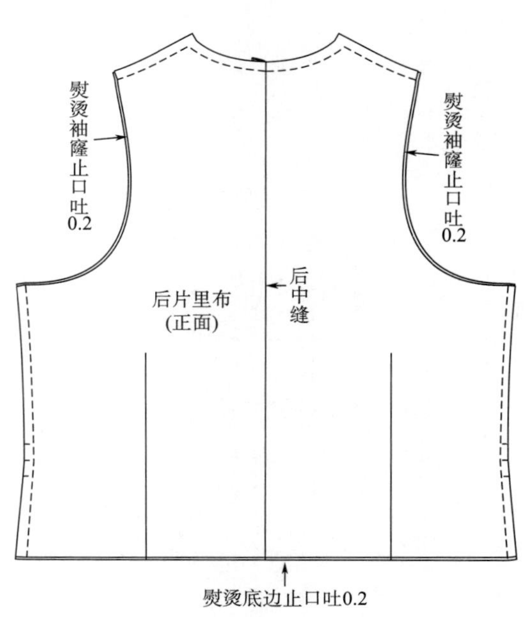

图2-48　翻烫后身、袖窿及底边处止口吐0.2

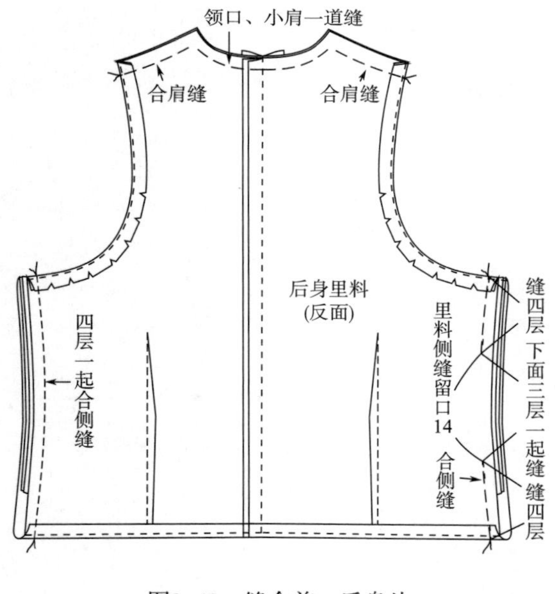

图2-49　缝合前、后身片

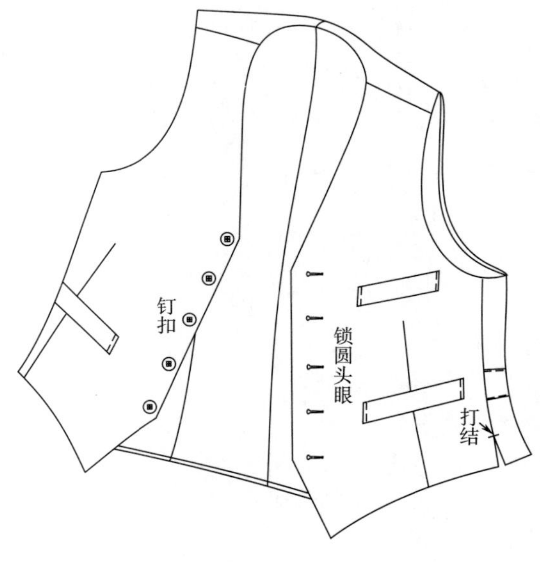

图2-50　完成图

六、质量检验标准

（1）各部位规格正确，符合款式要求。面、里、衬松紧适宜，丝缕顺直。

（2）领口圆顺、平服，不松不抽紧。

（3）袋位造型准确、对称、平服，封口明线宽窄一致，左、右袋儿误差不大于0.2cm。
（4）肩缝顺直，肩头平服，左、右小肩宽窄一致，误差不超过0.3cm。
（5）后背平服，背缝顺直，无歪斜、起皱、起吊现象。
（6）袖窿平服，不松、不抽紧、里不反吐，左、右袖窿尺寸误差不超过0. 4cm。
（7）左、右开衩高低一致，打结整齐美观，误差不大于0.3cm。
（8）左、右门襟平服、顺直、不反吐，长短一致，不豁不搅，长短误差不超过0.3cm。
（9）扣眼位均匀，不偏斜，扣位与扣眼位一致，对位准确。
（10）前、后省缝顺直，左、右对称，位置准确，长短误差不超过0.3cm。
（11）各部位整烫平服，整洁美观。

课后延学：根据学习任务，完成实训操作
实训任务一：带领条男马甲成衣制作实训练习（按制单要求协作完成）
实训任务二：无领条男马甲成衣制作实训练习（按制单要求协作完成）

本单元微课资源（扫二维码观看视频）

4. 男马甲——清剪裁片、作标记、粘牵条、省道开剪

5. 男马甲——前身面里料收省、缉门襟贴边

6. 男马甲——熨烫袋口布、缉袋口布、缉挡口布

7. 男马甲——袋口开剪、分烫缝位、缉大袋布、压明线

8. 男马甲——勾缝门襟、下摆、袖窿、开衩

9. 男马甲——制作后身：收省、合中缝、勾袖窿、勾下摆、做腰带

10. 男马甲——缝合后领口、肩缝、侧缝

11. 男马甲——后整理

学习单元三　三开身女西服缝制工艺

课前导学：以服装企业生产项目为依托，提出学习任务，服装生产任务单见表3-1。

学习任务一：三开身平驳领女西服局部缝制工艺——口袋

学习任务二：三开身平驳领女西服局部缝制工艺——袖开衩

学习任务三：三开身平驳领女西服成衣缝制工艺

表3-1　服装生产任务单

客户名称	×××	款号	×××	款名	三开身平驳领女西服
产量	×××	面料	×××	工期	×××

款式图：

正面　　背面

款式特征：

1. 前衣身：三开身结构，门襟两粒扣，圆下摆；设两个实用贴袋。
2. 后衣身：后背中缝直通底边。
3. 领子：平驳领，领面、领底各一片。
4. 袖子：合体两片袖结构，袖口开衩钉两粒扣

外观造型要求：

1. 整体：规格设计合理，辅料配置合理，造型符合要求，结构平衡，服装里外整洁。
2. 衣身：胸腰松量适中；肩部服帖，有活动量，无不良折痕；门襟不搅不豁；底摆不起吊，不外翻。
3. 衣领：松紧适中，左、右领自然过渡。
4. 衣袖：袖山与袖窿衔接平顺，袖体圆顺，袖弯适中，分割合理，无不良皱褶

成衣主要规格表

号型：165/84A　　单位：cm

部位	后中长	胸围	腰围	肩宽	袖长	袖口
尺寸	64	94	74	39	58	25

注：未标注尺寸的部位，可根据订单要求、款式图及样板确定。

工艺要求：

1. 面料裁剪纱向正确，经纬纱垂平，达到丝缕平衡，符合成本要求。
2. 针距为3cm，14～15针，缉线要求宽窄一致，缝型正确，无断线、脱线、毛漏等不良现象。
3. 衣缝边缘采用包缝，明线宽窄美观，缝份倒向合理，处理得当，衣缝平整。
4. 工艺细节处理得当，衣身面料与衣身里料缝线松紧适宜，层次关系清晰。
5. 具体缝型、工艺方法，根据订单要求及款式样板图确定。
6. 纽扣、线等辅料符合订单要求。
7. 后整理：烫平冷却后折装，不可烫脏、渗胶等。
8. 装箱方法：单色单码，挂装

依据三开身平驳领女西服款式风格及结构特点，设计梳理本单元学习技能，见表3-2。

表3-2　本单元应掌握的技能和学习目标

职业面向	技能点	学习目标		
		知识目标	能力目标	素质目标
1. 模板操作人员 2. 裁剪人员 3. 样衣制作人员 4. 生产班组长	三开身平驳领女西服口袋制作	熟知三开身平驳领女西服口袋部件构成	能够熟练使用常规缝纫设备，以一个单元技能为基础，编写工艺流程及操作方法完成口袋的制作	1. 培养学生依据标准文件设计工艺方法。 2. 培养学生与他人合作完成项目任务。 3. 培养学生独立完成三开身平驳领女西服裁剪、排板、成衣制作的能力。 4. 培养学生具有胜任企业技术部助理的工作。 5. 培养爱岗敬业的工作作风和吃苦耐劳精神
	三开身平驳领女西服成衣排板、裁剪	熟悉面料、辅料裁剪、排板原则与方法	能够进行单件服装排板；能够进行多号型套裁排板；能够正确使用面料、辅料	
	三开身平驳领女西服成衣制作	正确解读三开身平驳领女西服款式	能够熟练运用相关机缝、手缝技法进行三开身平驳领女西服成衣缝制；能够正确依据面料性能、纸样结构选择工艺技法	

课中探究：围绕学习任务，进行技能学习

学习任务一　三开身平驳领女西服局部缝制工艺——口袋

一、带里子缉明线贴袋

1. 款式图

带里子缉明线贴袋款式图，如图3-1所示。

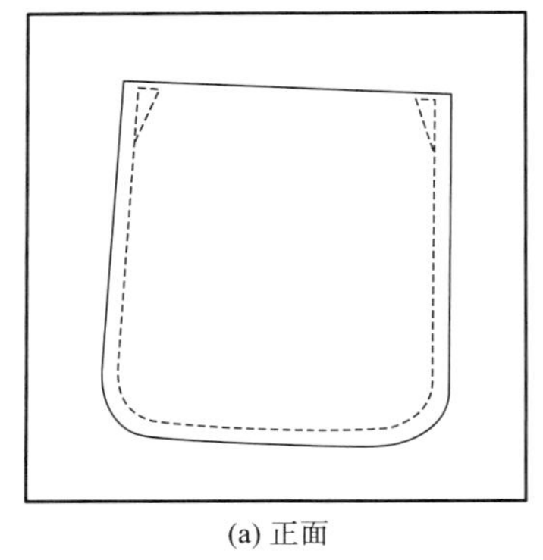

(a) 正面

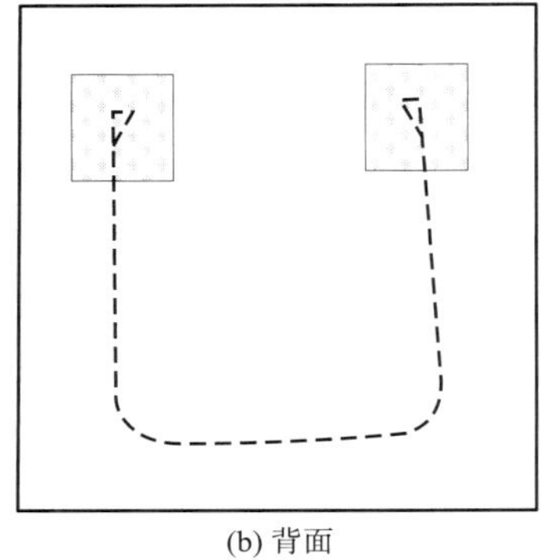

(b) 背面

图3-1　带里子缉明线贴袋款式图

2. 款式说明

贴袋属于最一般的口袋，带里子缉明线贴袋多在后侧或袋布面料、里料缝合的袋口处留口翻烫，然后手针缭缝留口处，最后缉明线，将口袋绱在身片上，其制作方法较为简单。绱口袋时，注意与身体的曲面相合，此口袋多用于西服、大衣等休闲服装。

3. 裁剪

（1）面料的裁剪，如图3–2所示。

（2）里料的裁剪，如图3–3所示。

（3）衬料的裁剪，如图3–4所示。

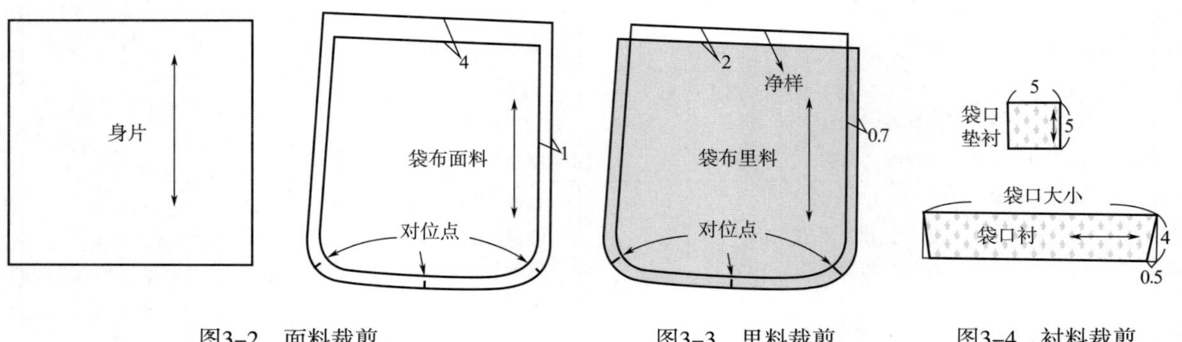

图3–2 面料裁剪　　图3–3 里料裁剪　　图3–4 衬料裁剪

4. 缝制工艺工程分析及工艺流程

带里子缉明线贴袋的缝制工艺工程分析及工艺流程，如图3–5所示。

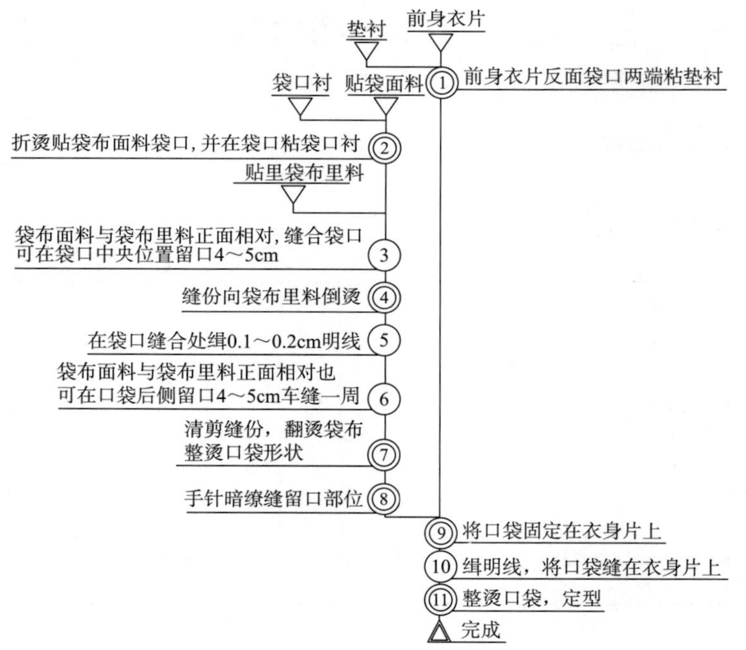

图3–5 带里子缉明线贴袋缝制工艺工程分析及工艺流程

5. 缝制工艺操作过程

（1）前身反面袋口两端粘袋口垫衬，如图3–6所示。

（2）折烫袋布面袋口，并在袋口粘袋口衬，如图3-7所示。

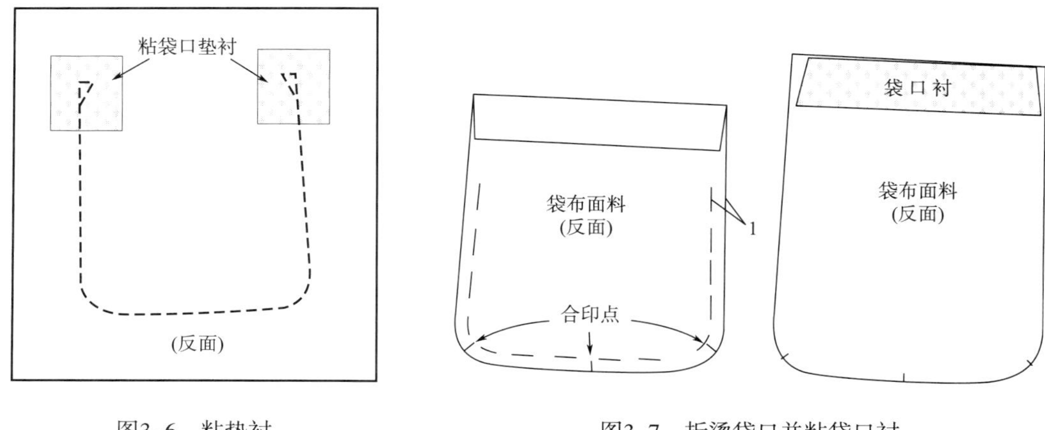

图3-6　粘垫衬　　　　图3-7　折烫袋口并粘袋口衬

（3）贴袋布面料与布里料正面相对，缝合袋口，可在袋口中央位置留口4～5 cm，如图3-8所示。

（4）缝份向袋布反面倒烫，如图3-9所示。

（5）在袋口缝合处缉0.1～0.2cm明线，或不缉明线，如图3-10所示。

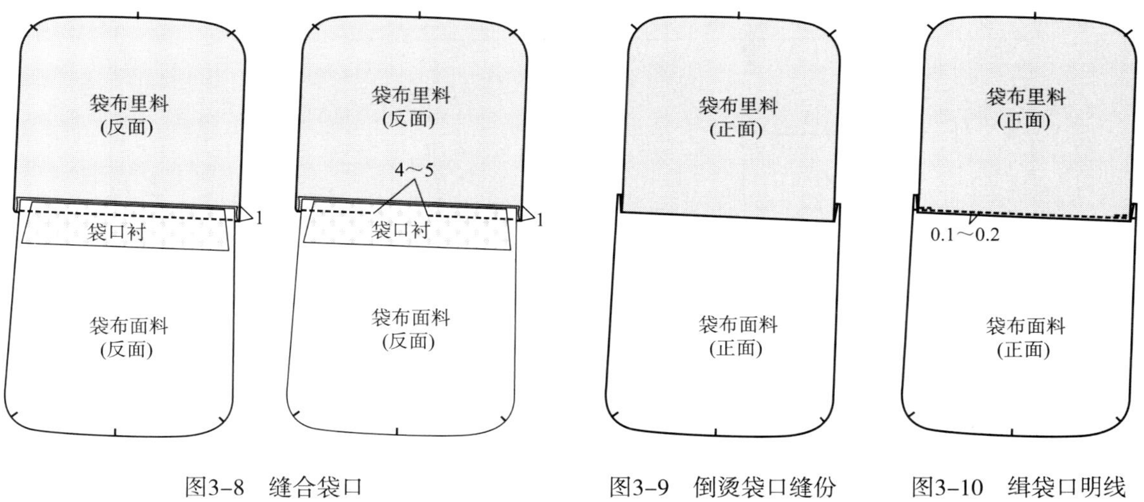

图3-8　缝合袋口　　　　图3-9　倒烫袋口缝份　　　　图3-10　缉袋口明线

（6）袋布面料与袋布里料正面相对，在口袋后侧留口4～5cm车缝一周（如果袋布面料与袋布里料在前面袋口缝合处留口了，此处就不需留口），如图3-11所示。

（7）清剪缝份，翻烫袋布，整烫口袋形状，如图3-12所示。

（8）手针暗缭缝留口部位，如图3-13所示。

（9）先用大头针定位，然后用手针大针码或用双面衬将口袋固定在衣身片上，如图3-14所示。

（10）缉明线，将贴袋缝在衣身片上，如图3-15所示。

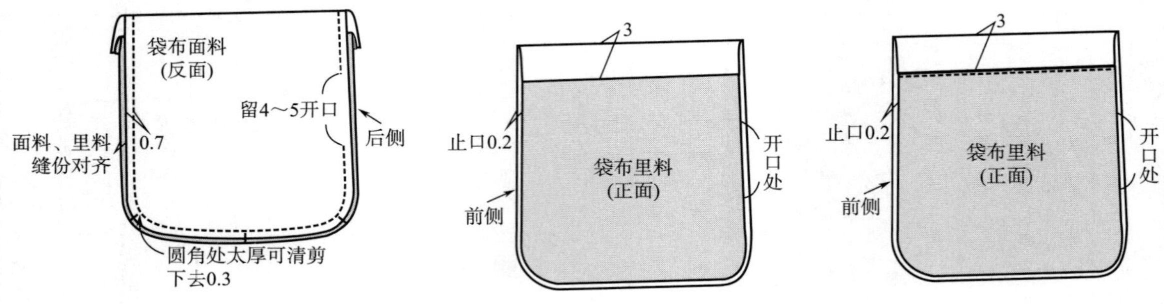

图3-11　车缝贴袋布面料与里料　　　　图3-12　整烫口袋形状

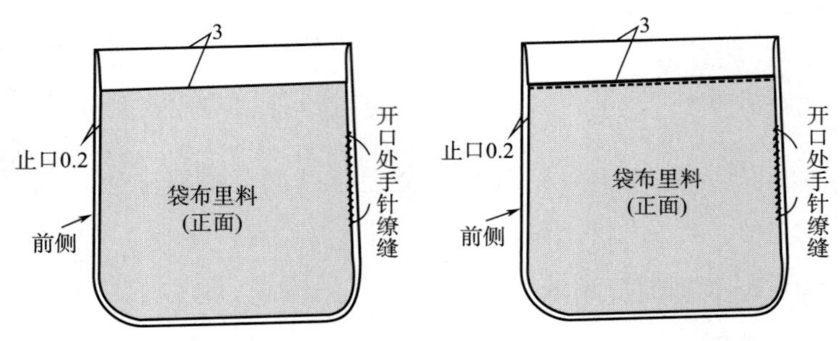

图3-13　手针暗缭缝留口部位

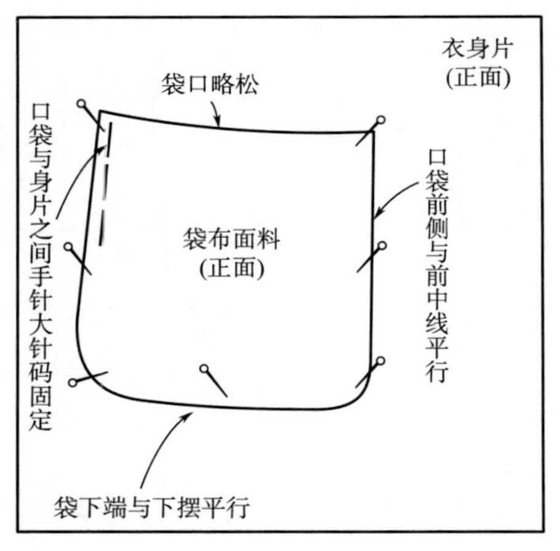

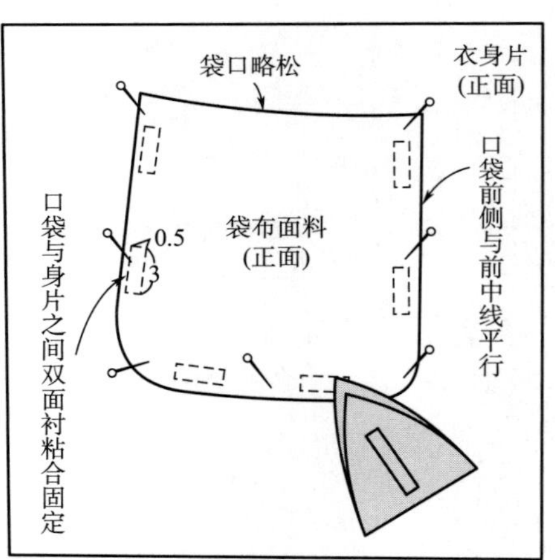

图3-14　将口袋固定在衣身片上

（11）整烫贴袋定型，如图3-16所示。

6. *质量检验标准*

（1）主要部位尺寸规格要求。

①裁片：裁片大小符合局部制作要求。

②袋位与斜度：袋位、口袋的斜度符合局部制作要求。

③袋布：袋布大小符合局部制作要求。

④明线：绱口袋明线宽度符合局部制作要求。

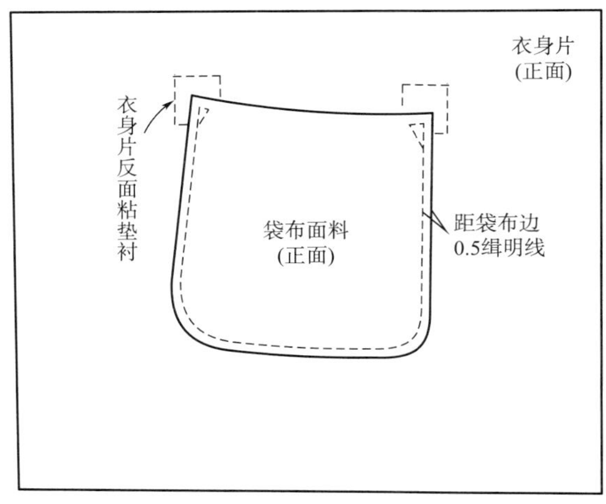

图3-15　缉明线绱口袋

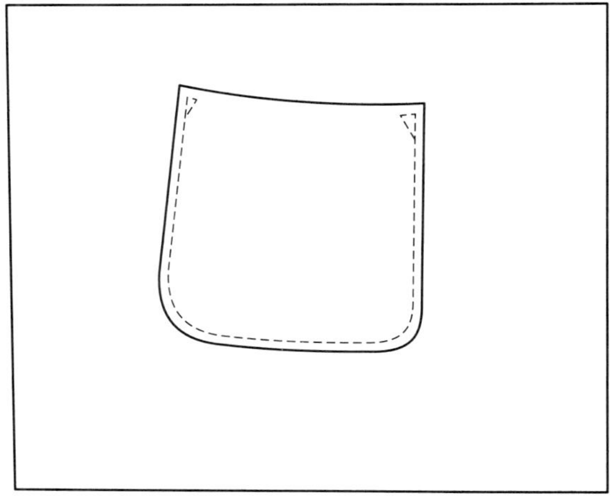

图3-16　完成图

（2）缝制工艺要求。

①口袋缝制工序正确、完整。

②袋布：袋布面料、里料车缝圆顺。

③绱口袋：绱口袋明线美观，手尾回针牢固。

（3）其他要求。

①外观：口袋平服，外形美观。

②线迹：线迹顺直，针距适当，无跳线现象。

③整烫：整烫平整，无烫焦、变形现象。

④整洁：整体干净整洁，无脏迹。

二、带里子无明线贴袋

1. 款式图

带里子无明线贴袋款式图，如图3-17所示。

2. 款式说明

带里子无明线贴袋制作方法比带里子缉明线贴袋的制作方法更复杂，制作时在口袋面的正面不留针迹，明线缉在袋布里料上，口袋内装东西时承重主要是袋布里，袋布面手针缭缝在身片上，同样要注意与身体的曲面相合。此口袋多用于羊绒类外套、大衣等高档面料的服装。

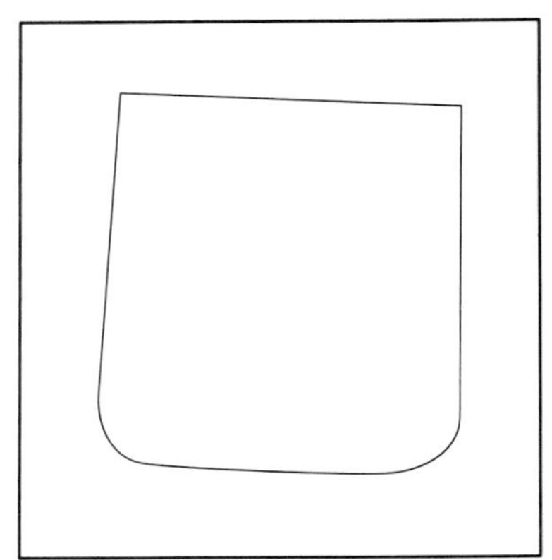

图3-17　带里子无明线贴袋款式图

3. 裁剪

（1）面料的裁剪，如图3-18所示。

（2）里料的裁剪，如图3-19所示。

（3）衬料的裁剪，如图3-20所示。

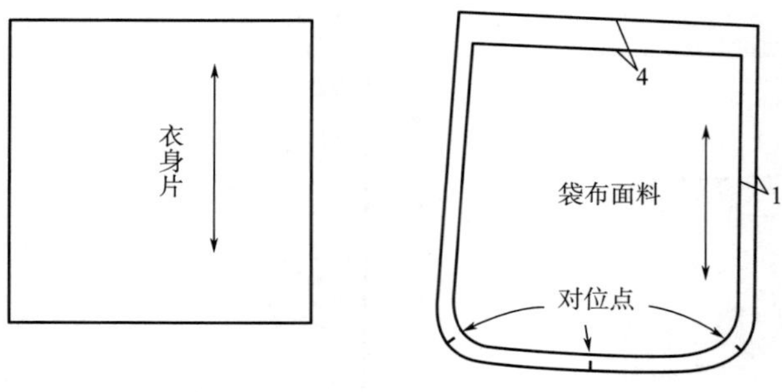

图3-18　面料裁剪

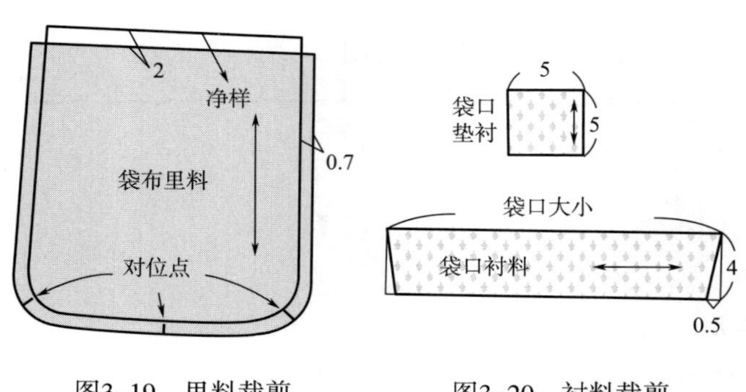

图3-19　里料裁剪　　　图3-20　衬料裁剪

4. 缝制工艺工程分析及工艺流程

带里子无明线贴袋的缝制工艺工程分析及工艺流程，如图3-21所示。

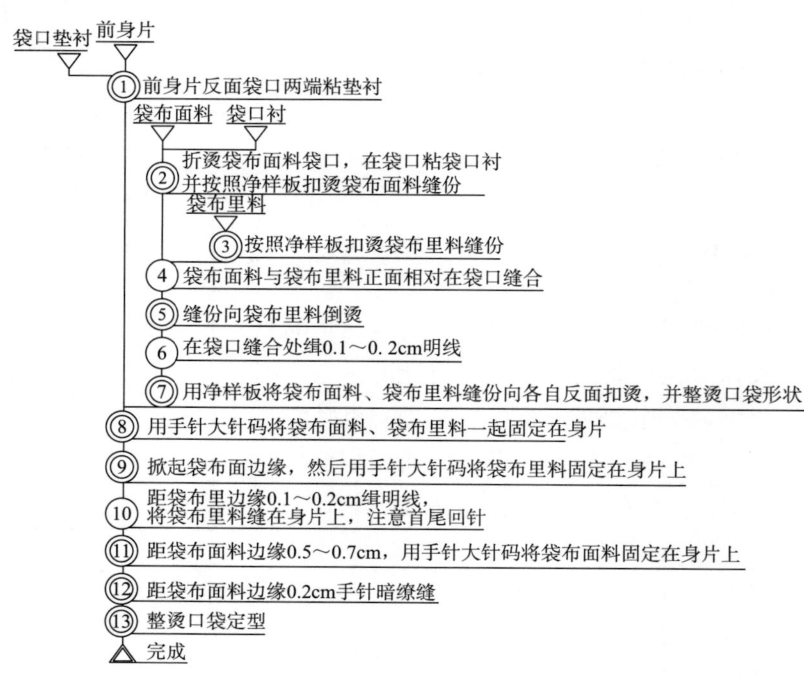

图3-21　带里子无明线贴袋缝制工艺工程分析及工艺流程

5. **缝制工艺操作过程**

（1）前身片反面袋口两端粘垫衬，如图3-22所示。

（2）折烫袋面料袋口，在袋口粘袋口衬，如图3-23所示。

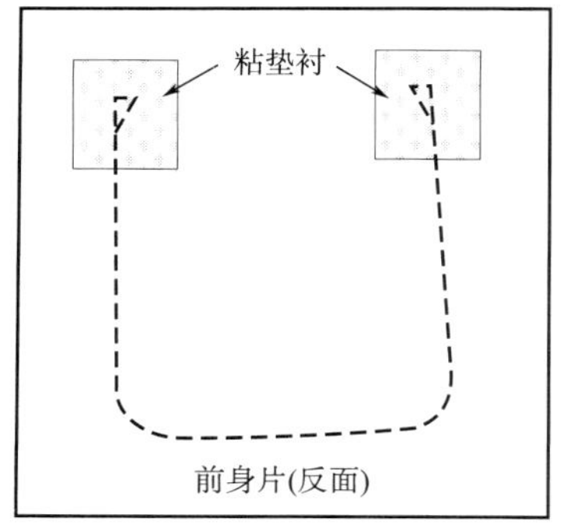

图3-22　粘垫衬

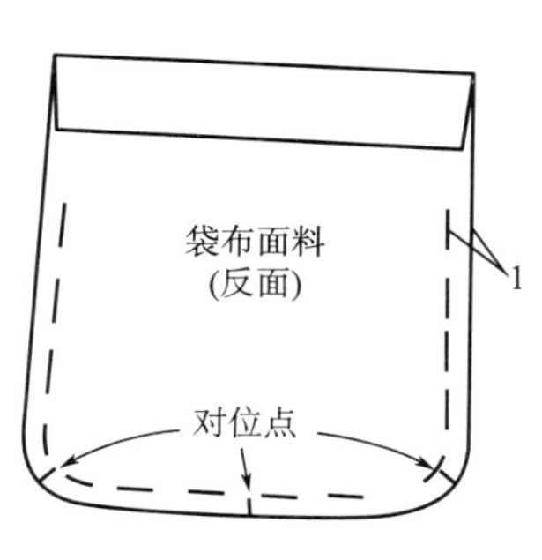

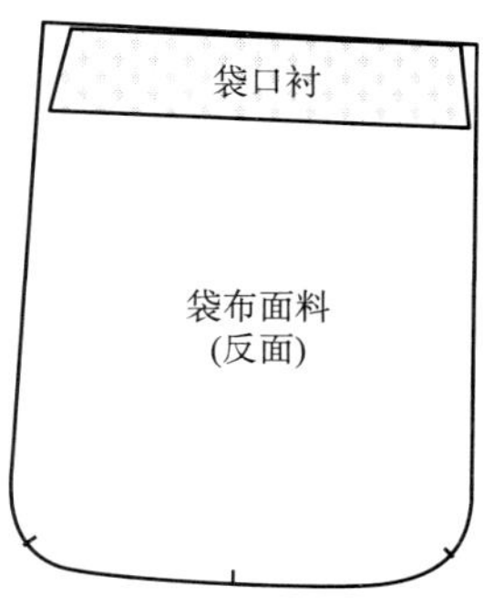

图3-23　折烫袋口并粘袋口衬

（3）按照净样板扣烫袋布面料、袋布里料缝份，如图3-24所示。

（4）袋布面料与袋布里料正面相对，在袋口缝合，如图3-25所示。

（5）缝份向袋布里料倒烫，如图3-26所示。

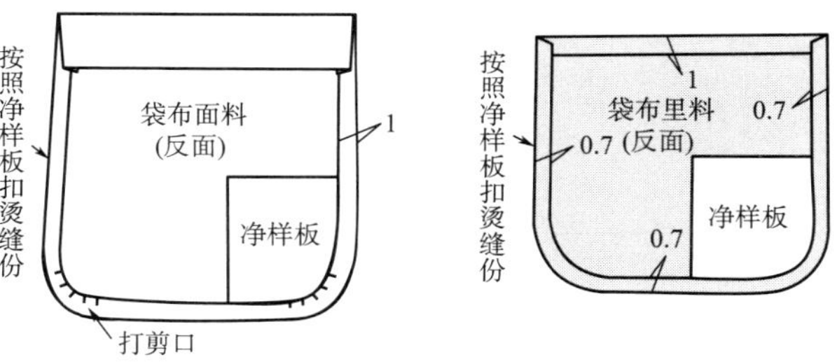

图3-24　扣烫袋布面料、袋布里料缝份

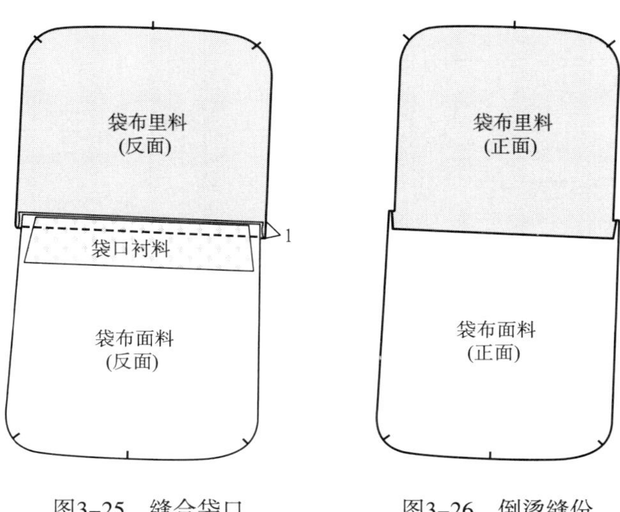

图3-25　缝合袋口　　图3-26　倒烫缝份

（6）在袋口缝合处缉0.1～0.2cm明线，也可不缉明线，如图3-27所示。

（7）用净样板将袋布面料、袋布里料缝份向各自反面扣烫，然后从正面用针将面料、里料固定，并整烫口袋形状，如图3-28所示。

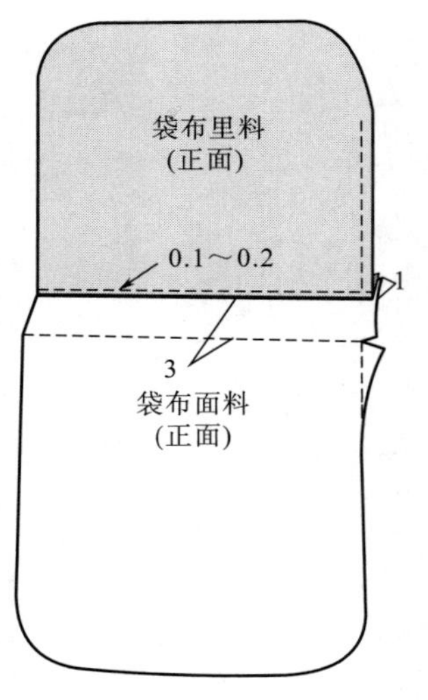

图3-27　在袋口缝合处缉明线　　图3-28　整理口袋形状

（8）用手针大针码将袋布面料、袋布里料一起固定在身片上，如图3-29所示。

（9）掀起袋布面料的边缘，然后用手针大针码将袋布里料固定在身片上，如图3-30所示。

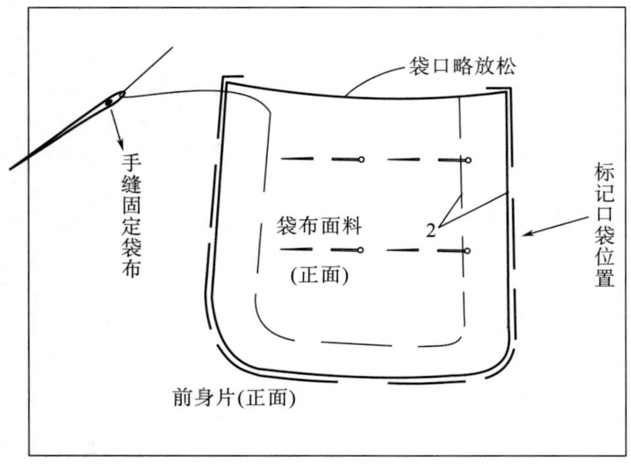

图3-29　用手针固定袋布

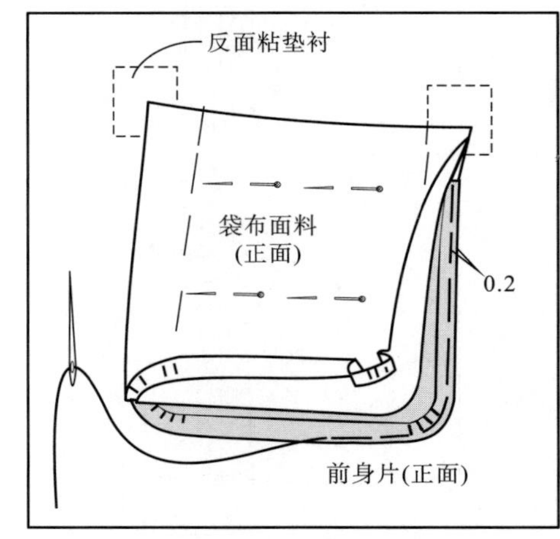

图 3 -30　用手针大针码固定袋布里料

（10）拆除手针固定袋布面料、袋布里料，距袋布里料边缘0.1～0.2cm缉明线，将袋布里料缝在前身片上，注意首尾回针，如图3-31所示。

（11）距袋布面料边缘0.5～0.7cm用手针大针码将袋布面料固定在前身片上，如图3-32所示。

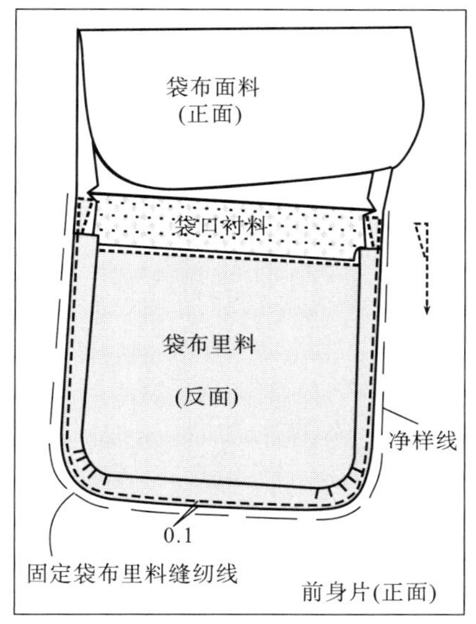

图3-31　绱袋布里

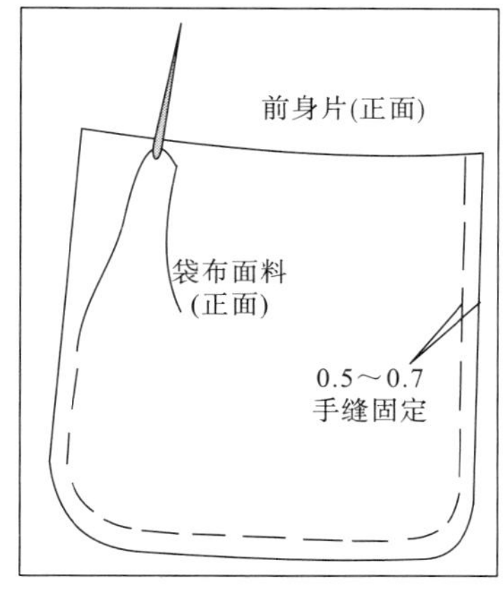

图 3 -32　用手针大针码固定袋布面料

（12）距袋布面料边缘0. 2 cm手针暗缭绱袋布面料，如图3-33所示。

（13）整烫口袋定型，如图3-34所示。

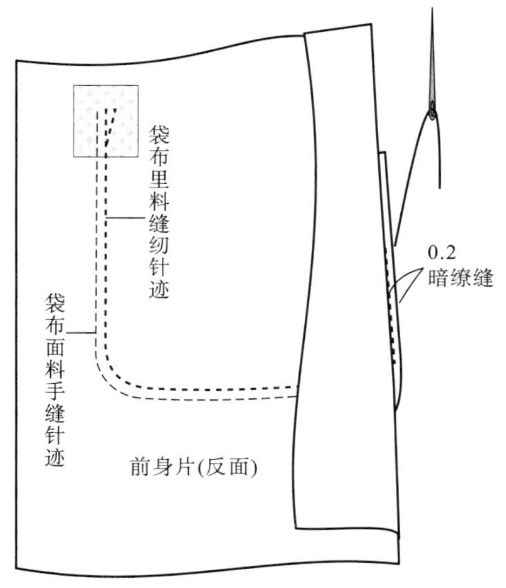

图3-33　手针暗缭缝绱袋布面料

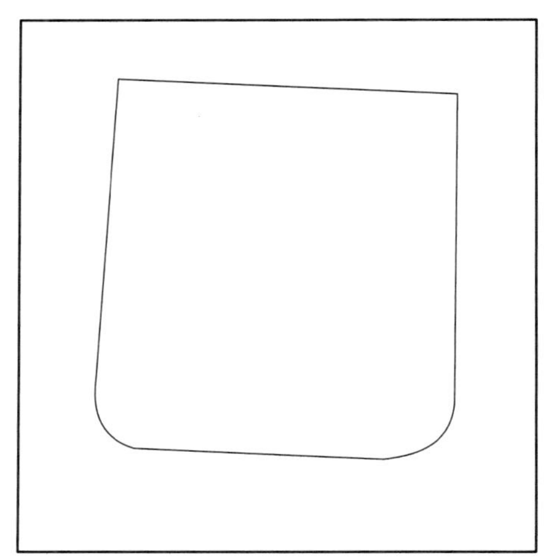

图3-34　完成图

6. **质量检验标准**

（1）主要部位尺寸规格要求。

①裁片：裁片大小符合局部制作要求。

②袋位与斜度：袋位、口袋的斜度符合局部制作要求。

③袋布：袋布大小符合局部制作要求。

（2）缝制工艺要求。

①口袋缝制工序正确、完整。

②绱口袋：袋布面料熨烫圆顺、美观，绱袋布面料手针缭缝针码细密、均匀；绱袋布里料车缝圆顺、首尾回针牢固。

（3）其他要求。

①外观：口袋平服，外形美观。

②线迹：机缝的线迹顺直，针距适当，无跳线现象。手缝的针码细密、均匀，无外露现象。

③整烫：整烫平整，无烫焦、变形现象。

④整洁：整体干净整洁，无脏迹。

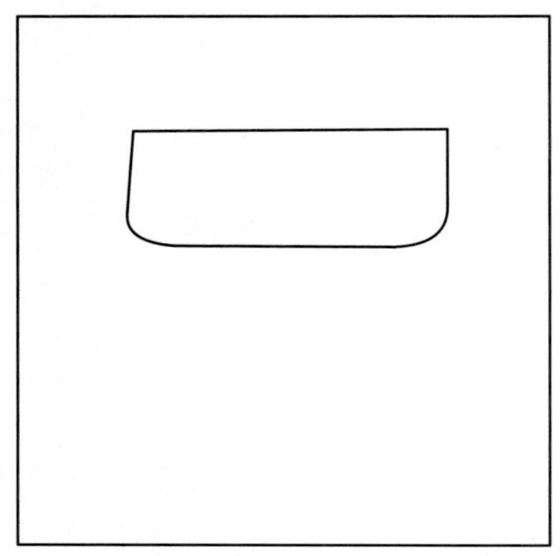

图3-35 带袋盖单袋牙挖袋款式图

三、带袋盖单袋牙挖袋

1. 款式图

带袋盖单袋牙挖袋款式图，如图3-35所示。

2. 款式说明

带袋盖单袋牙挖袋多用于连衣裙、套装上衣、外套、大衣等女式服装，根据服装设计、服装材料，带袋盖单袋牙挖袋不太张扬为好，袋盖没有缉明线，一般多用于服装款式线条柔和、面料高雅的女式服装中。

3. 裁剪

（1）面料的裁剪，如图3-36所示，包括袋盖的面料、袋牙布裁剪。

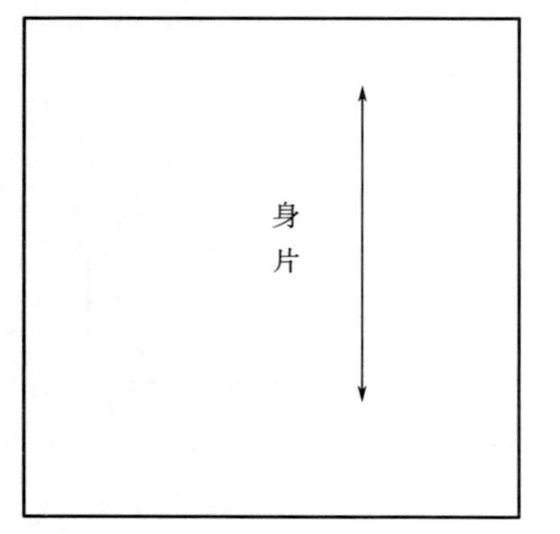

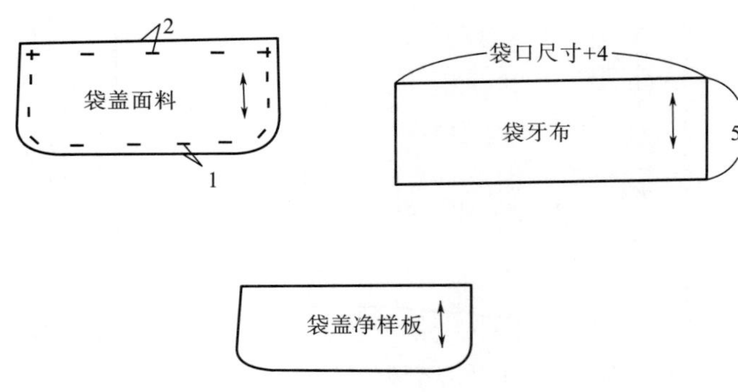

图3-36 面料的裁剪

（2）里料的裁剪，如图3-37所示，包括袋盖的里料、挡口布裁剪。

（3）衬料的裁剪，如图3-38所示，包括袋盖衬、袋牙衬、垫衬裁剪。

（4）袋布的裁剪，如图3-39所示。

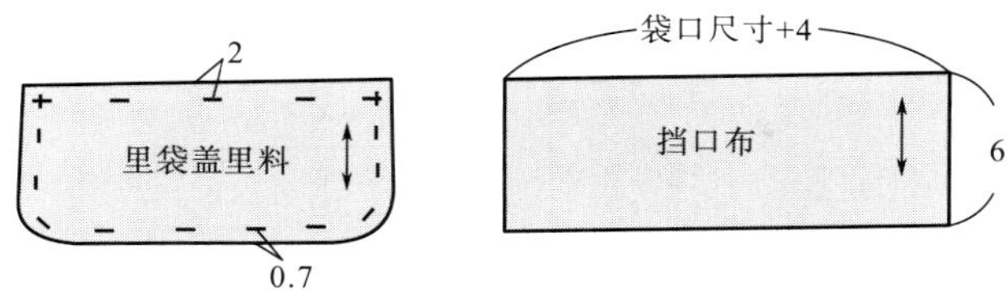

图3-37　里料的裁剪

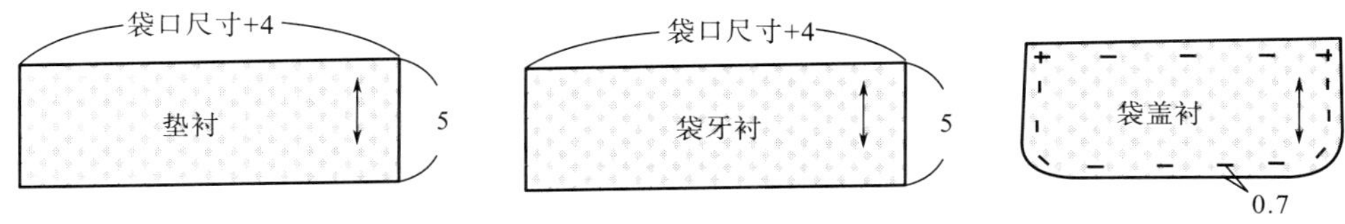

图3-38　衬料的裁剪

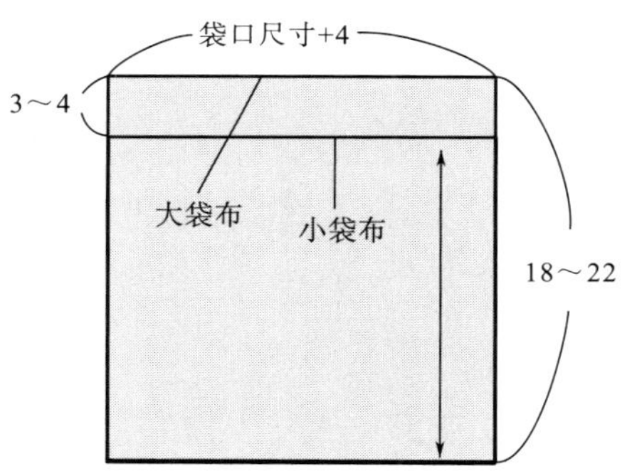

图3-39　袋布的裁剪

4. **缝制工艺工程分析及工艺流程**

带袋盖单袋牙挖袋缝制工艺工程分析及工艺流程，如图3-40所示。

5. **缝制工艺操作过程**

（1）前身反面挖袋处粘垫衬，如图3-41所示。

（2）袋盖面料粘衬，如图3-42所示。

（3）袋牙粘衬，并折烫袋牙，如图3-43所示。

（4）车缝袋盖面料、里料，缝份为0.7cm，如图3-44所示。

（5）扣烫袋盖，清剪缝份，整烫袋盖形状。

①扣烫袋盖，如图3-45所示。

②翻烫袋盖，清剪多余缝份，袋盖面止口吐0.1～0.2cm量，整烫袋盖形状，如图3-46所示。

（6）将袋牙、袋盖缝在身片上。

①将袋牙布缝在身片上，如图3-47所示。

②将袋盖缝在身片上，如图3-48所示。

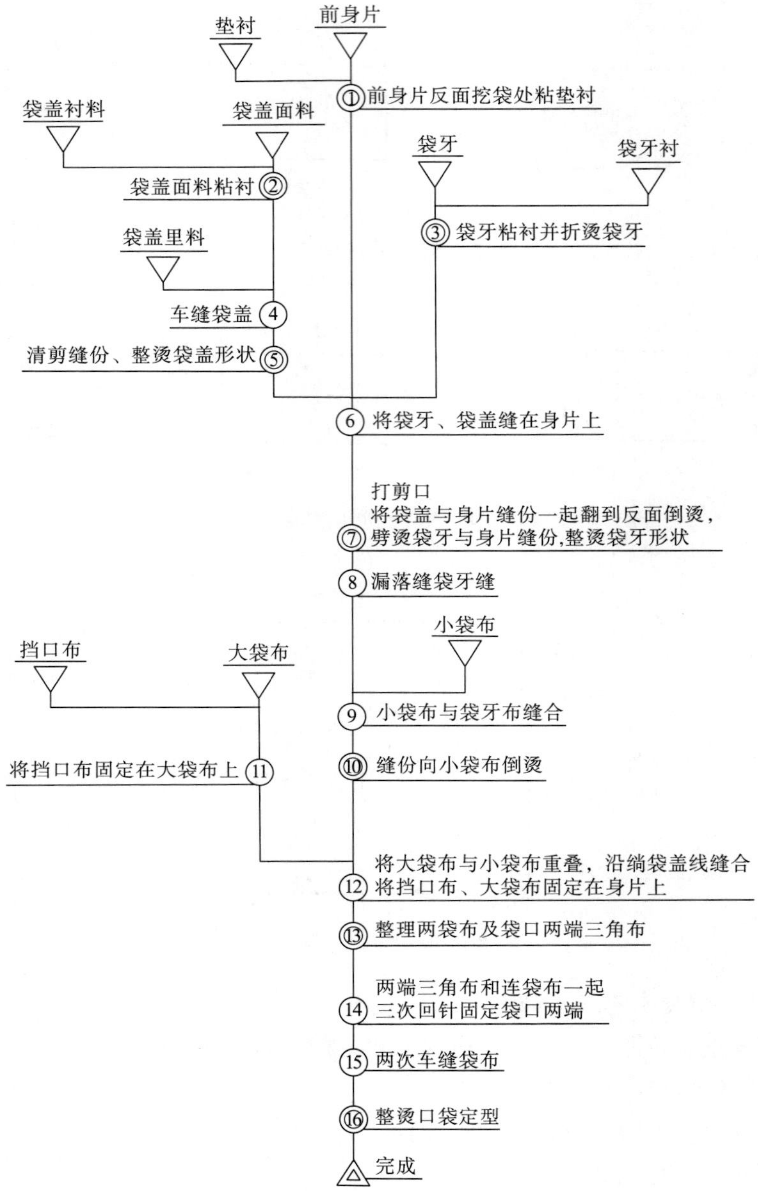

垫衬
前身片
①前身片反面挖袋处粘垫衬
袋盖衬料
袋盖面料
袋盖面料粘衬②
袋牙
袋牙衬
③袋牙粘衬并折烫袋牙
袋盖里料
车缝袋盖④
清剪缝份、整烫袋盖形状⑤
⑥将袋牙、袋盖缝在身片上
打剪口
将袋盖与身片缝份一起翻到反面倒烫，
⑦劈烫袋牙与身片缝份,整烫袋牙形状
⑧漏落缝袋牙缝
小袋布
挡口布
大袋布
⑨小袋布与袋牙布缝合
⑩缝份向小袋布倒烫
将挡口布固定在大袋布上⑪
将大袋布与小袋布重叠，沿绱袋盖线缝合
⑫将挡口布、大袋布固定在身片上
⑬整理两袋布及袋口两端三角布
两端三角布和连袋布一起
⑭三次回针固定袋口两端
⑮两次车缝袋布
⑯整烫口袋定型
完成

图3-40　带袋盖单袋牙挖袋缝制工艺工程分析及工艺流程

2
垫衬
身片
(反面)
挖袋位置

图3-41　粘垫衬

0.3

图3-42　袋盖面料粘衬

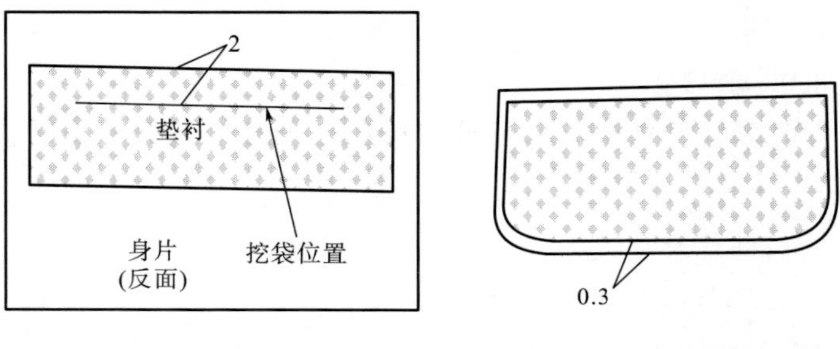

（7）打剪口，将袋盖与身片缝份一起翻到身片反面倒烫，劈烫袋牙与身片缝份，整烫袋牙形状。

①剪开袋口，如图3-49所示。

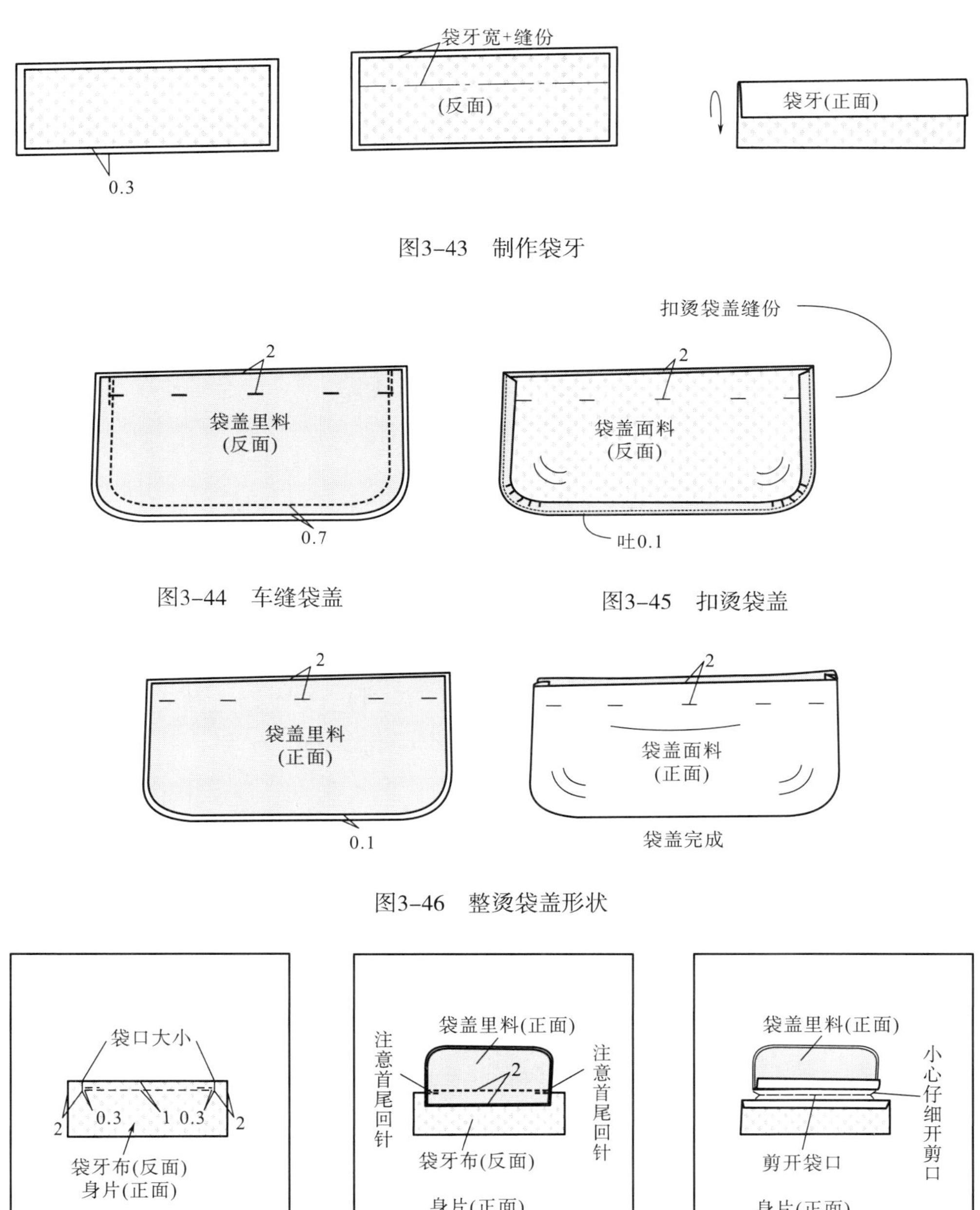

图3-43　制作袋牙

图3-44　车缝袋盖

图3-45　扣烫袋盖

图3-46　整烫袋盖形状

图3-47　缝袋牙布

图3-48　缝装袋盖

图3-49　剪开袋口

②将袋盖与身片缝份一起翻到身片反面倒烫，如图3-50所示。

③劈烫身片与袋牙缝份，如图3-51所示。

④整烫袋牙形状，如图3-52所示。

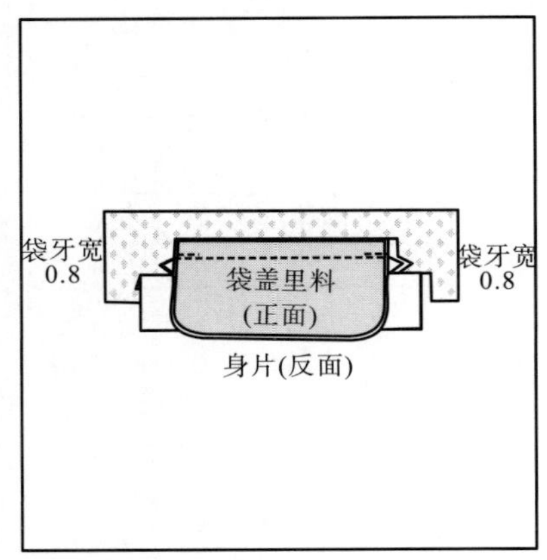

图3-50　翻面倒烫

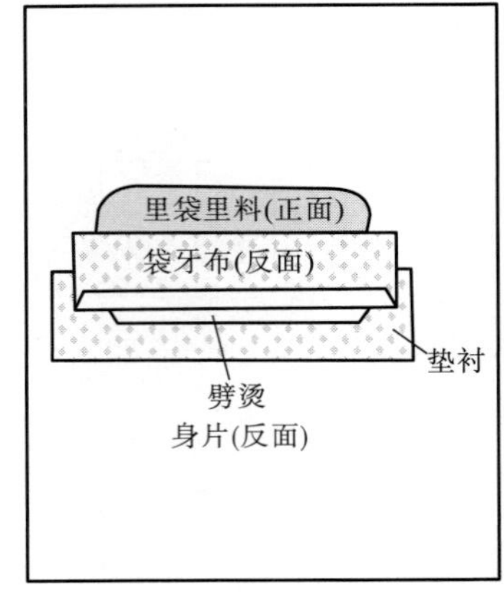

图3-51　劈烫袋牙缝份

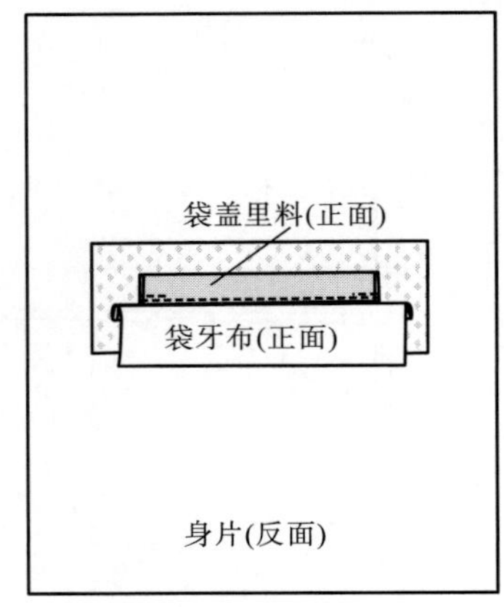

图3-52　整烫袋牙形状

（8）漏落缝袋牙缝，如图3-53所示。

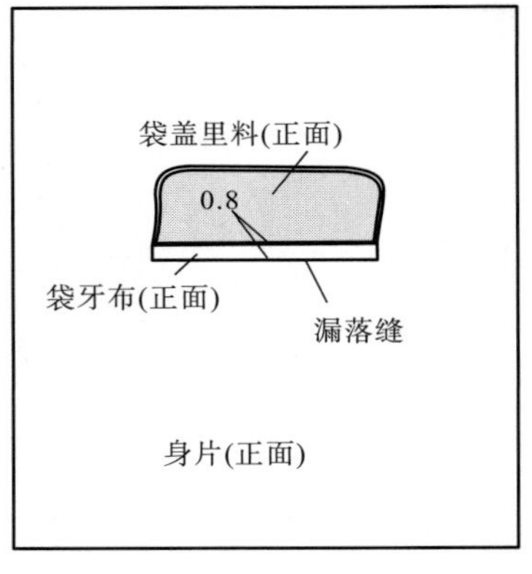

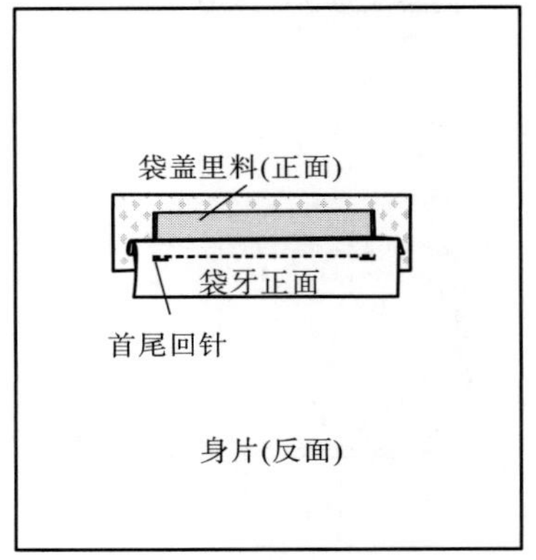

图3-53　漏落缝袋牙缝

（9）绱小袋布，小袋布与袋牙布缝合，如图3-54所示。

（10）缝份向小袋布倒烫，如图3-55所示。在小袋布上，距边可以缉0.1cm明线，如图3-56所示。

（11）将挡口布固定在大袋布上，缉挡口布明线，如图3-57所示。

（12）绱挡口布与大袋布。

①将大袋布与小袋布对齐重叠，如图3-58所示。

②沿绱袋盖线将挡口布、大袋布固定在身片上，如图3-59所示。

（13）整理两袋布及袋口两端的三角布，如图3-60所示。

（14）袋口两端三角布连袋布一起三次回针固定，如图3-60所示。

（15）两次车缝袋布，如图3-61所示。

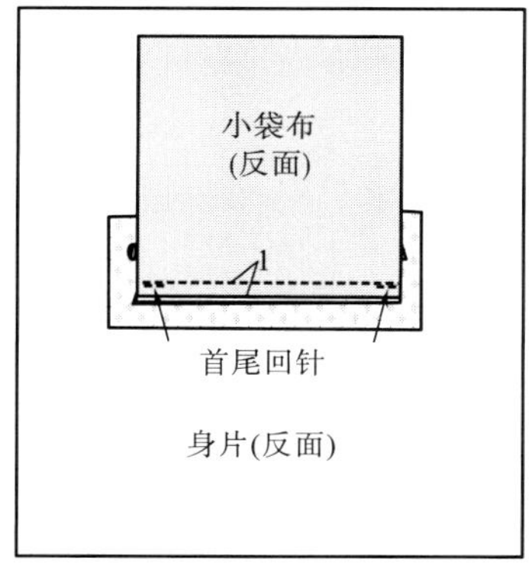

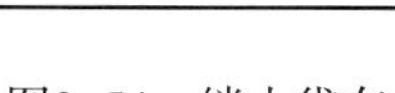

图3-54　缲小袋布

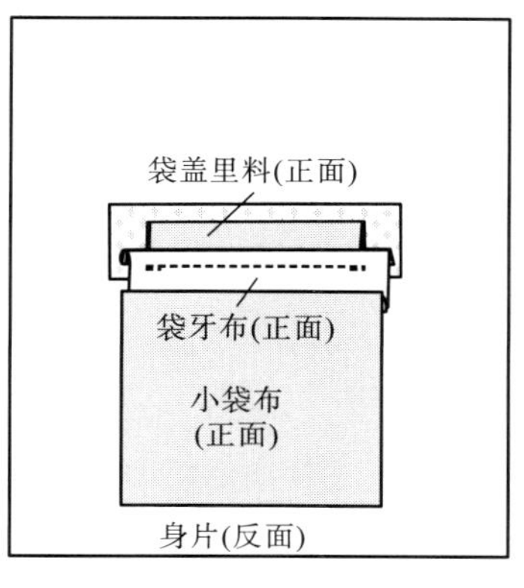

图3-55　倒烫小袋布缝份

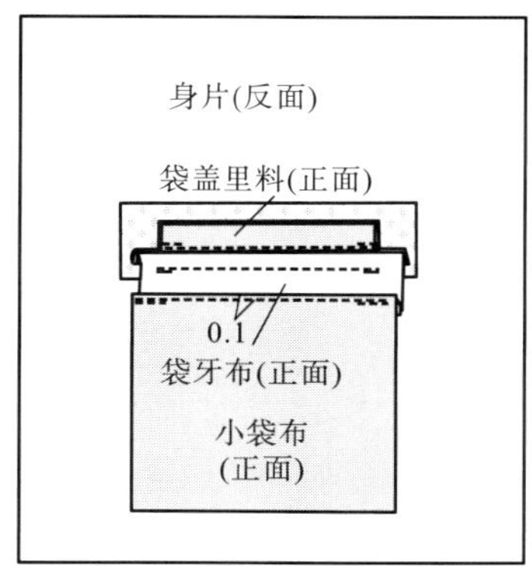

图3-56　缉明线

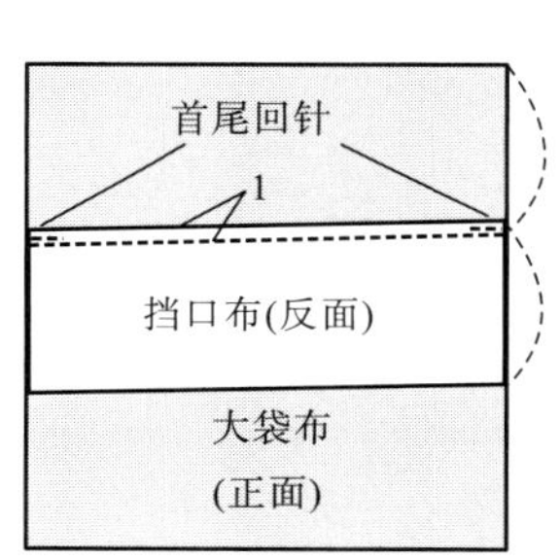

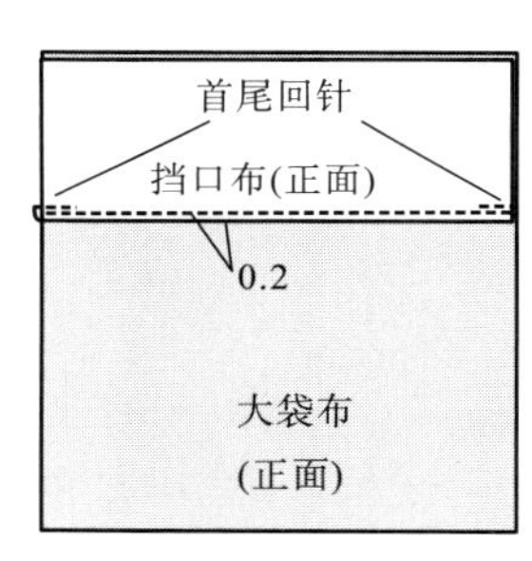

图3-57　挡口布与大袋布缝合

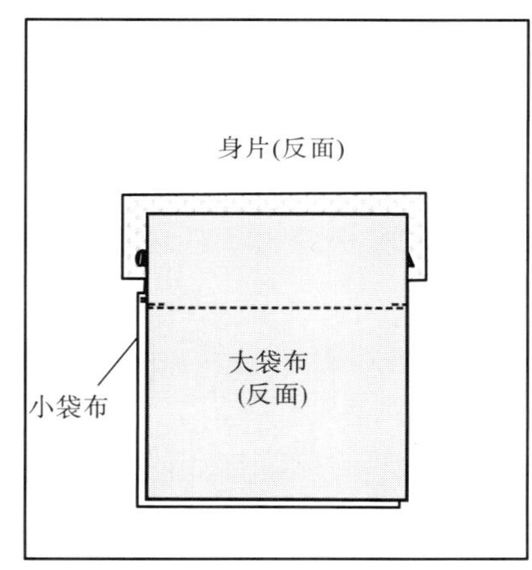

图3-58　对齐大、小袋布

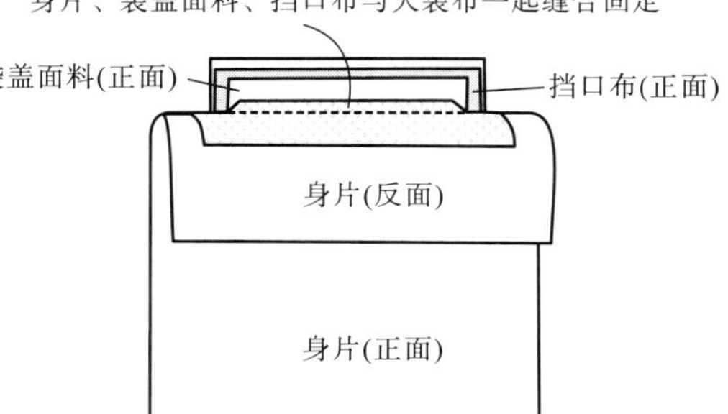

图3-59　缲挡口布与大袋布

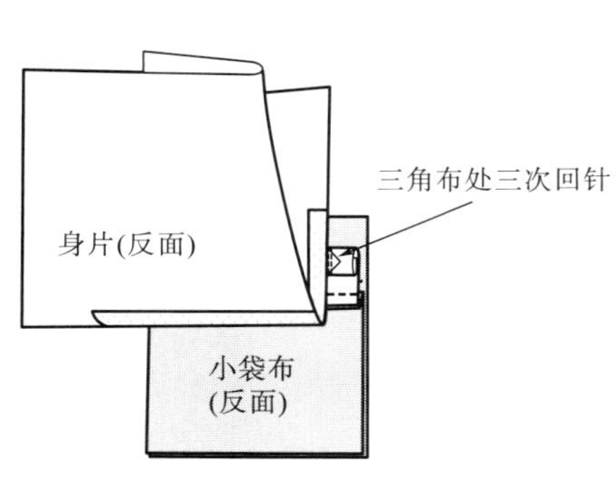

图3-60　固定袋口两端

（16）整烫口袋定型，如图3–62所示。

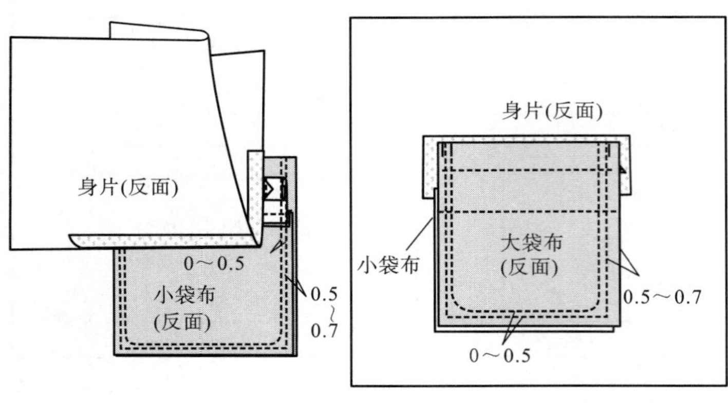

图3–61　车缝袋布

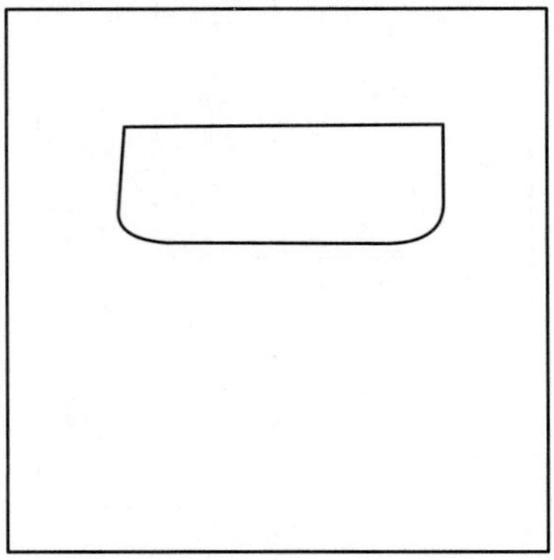

图3–62　完成图

6. 质量检验标准

（1）主要部位尺寸规格要求。

①裁片：裁片大小符合局部制作要求。

②袋位与斜度：袋位、口袋的斜度符合局部制作要求。

③袋盖：袋盖尺寸符合局部制作要求。

④袋牙与挡口布：单袋牙、挡口布的宽度与长度符合局部制作要求。

⑤袋布：袋布大小符合局部制作要求。

（2）缝制工艺要求。

①口袋：缝制工序正确、完整。

②袋盖：袋盖面料、里料车缝正确，止口均匀，袋盖角圆顺、美观。

③袋口：袋牙宽度均匀，两端无毛疵，封结牢固、整齐。

④袋布：大、小袋布车缝圆顺。

（3）其他要求。

①外观：口袋平服，外形美观。

②线迹：线迹顺直，针距适当，无跳线现象。

③整烫：整烫平整，无烫焦现象。

④整洁：整体干净整洁，无脏迹。

四、女西服内口袋

1. 款式图

（1）袋口无装饰的女西服内口袋款式图，如图3–63所示。

（2）袋口有鱼牙齿装饰的女西服内口袋款式图，如图3–64所示。

2. 款式说明

女西服内口袋的特点是利用贴边与前身里料的缝合线制作的口袋，它还可以应用在其他的缝合线的位置。袋口可以不加任何装饰，也可以加一些装饰，比如，三角形鱼牙齿、百折裥、滚条以及抽碎折的花边和蕾丝等，能够设计制作出不同风格的内口袋。一般在女西服、女大衣、女式外套的右侧设计制作一个这样的内口袋。

3. **裁剪**

（1）面料的裁剪：右贴边面料的裁剪如图3-65所示。

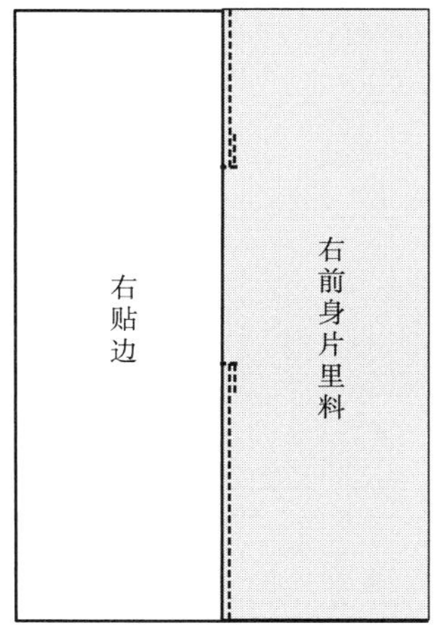

图3-63　无装饰的内口袋款式图

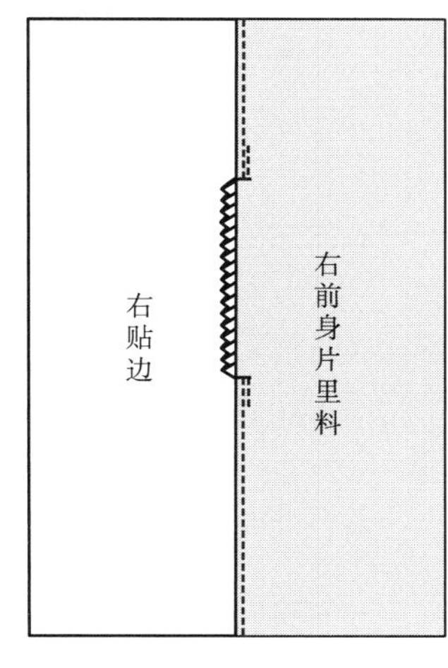

图3-64　有装饰的内口袋款式图

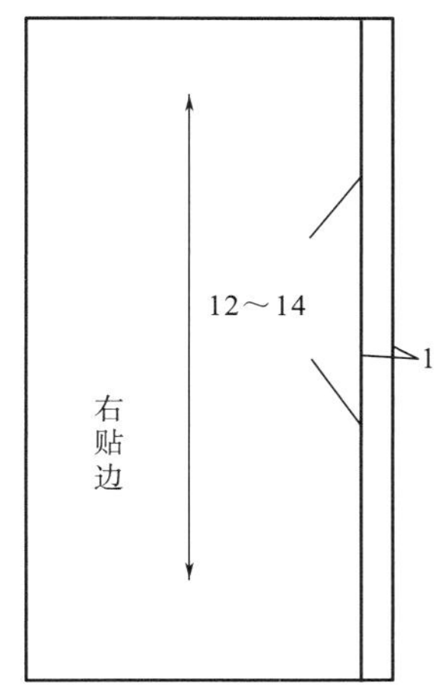

图3-65　面料的裁剪

（2）里料的裁剪：右前身里料的裁剪，鱼牙齿装饰用布依据袋口大小，裁剪若干片4cm×4cm正方形的里料，如图3-66所示。

（3）衬料的裁剪，右贴边衬的裁剪如图3-67所示。

（4）袋布的裁剪，如图3-68所示。

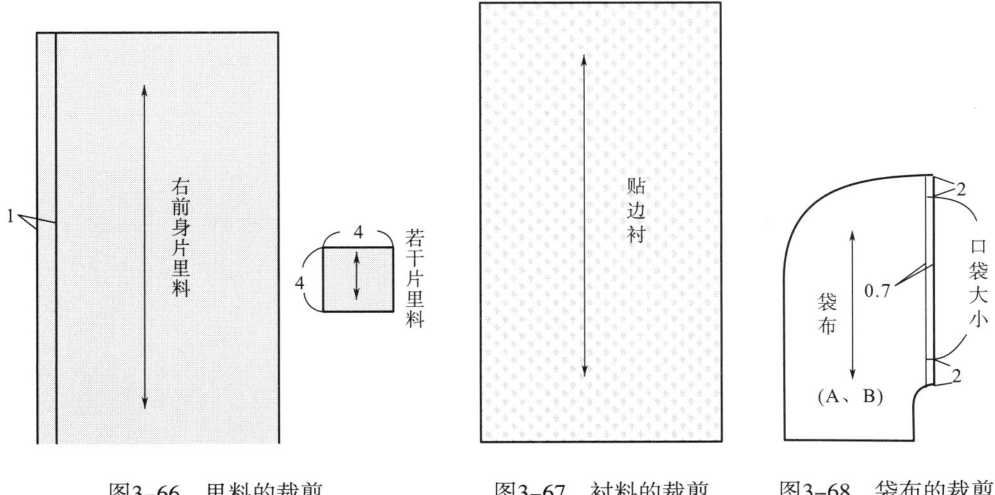

图3-66　里料的裁剪　　图3-67　衬料的裁剪　　图3-68　袋布的裁剪

4. **缝制工艺工程分析及工艺流程**

女西服内口袋缝制工艺工程分析及工艺流程，如图3-69所示。

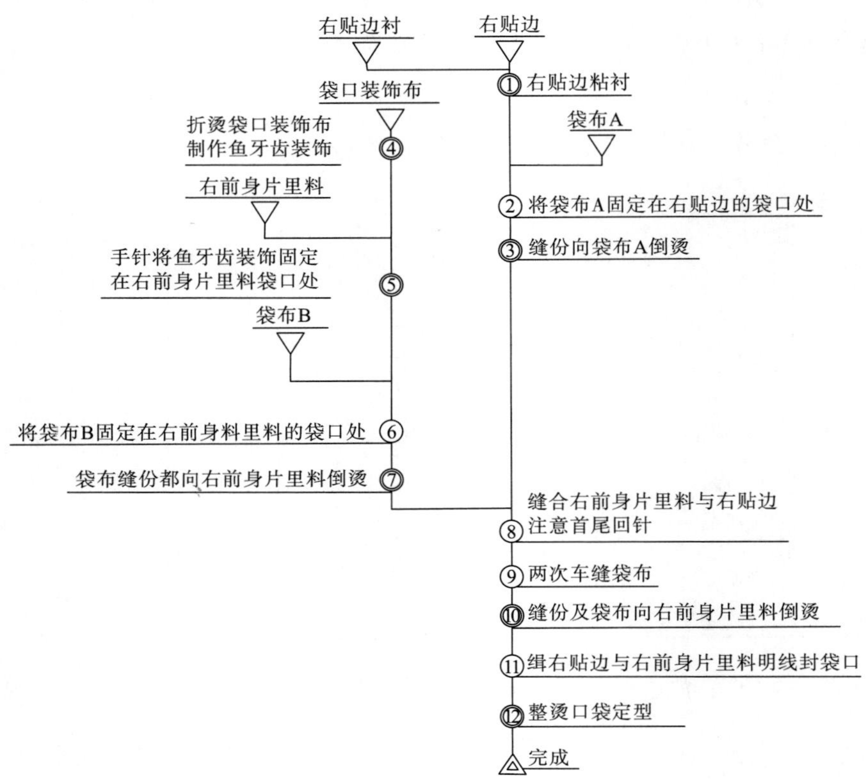

图3-69　女西服内口袋缝制工艺工程分析及工艺流程

5. **缝制工艺操作过程**

（1）右贴边粘衬，如图3-70所示。

（2）将其中一片袋布A固定在右贴边的袋口处，如图3-71所示。

（3）缝份向袋布A倒烫，如图3-72所示。

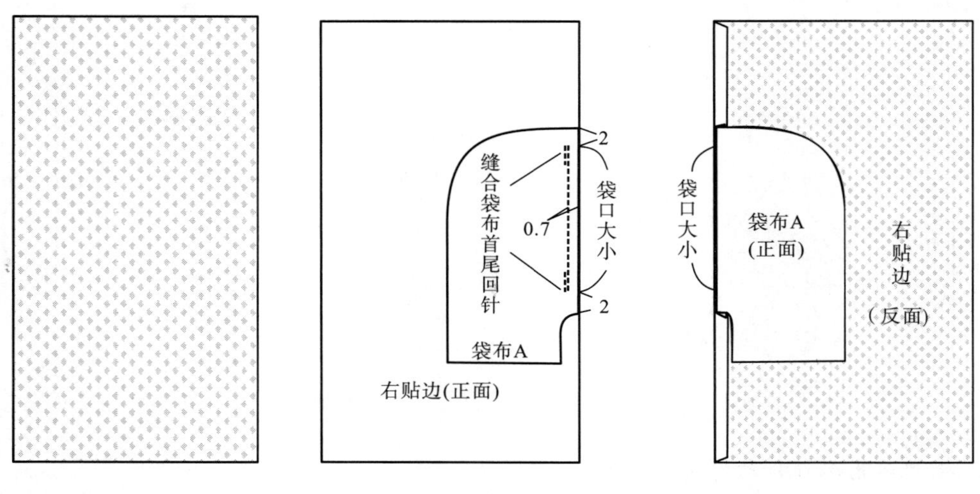

图3-70　右贴边粘衬　　图3-71　绱袋布A　　图3-72　倒烫

（4）折烫袋口装饰布，制作鱼牙齿装饰，可以用同色系里料或其他不同色系的里料制作袋口鱼牙齿装饰，如图3-73所示。

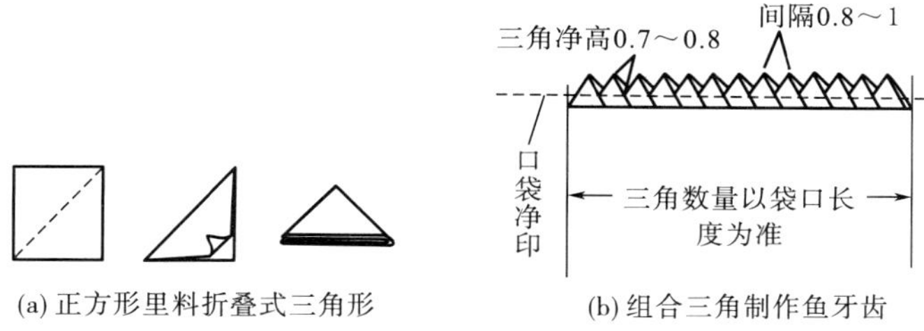

图3-73　制作鱼牙齿装饰

（5）用手针将鱼牙齿装饰固定在右前身里料袋口处，注意袋口装饰要排列整齐，如图3-74所示。

（6）将另一片袋布B固定在右前身里料的袋口处。

①袋口有鱼牙齿装饰的女式内口袋，如图3-75所示。

②袋口无装饰的女式内口袋，如图3-76所示。

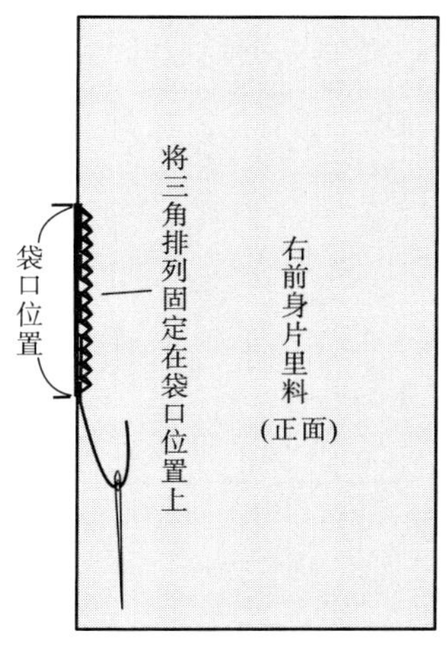

图3-74　固定鱼牙齿装饰

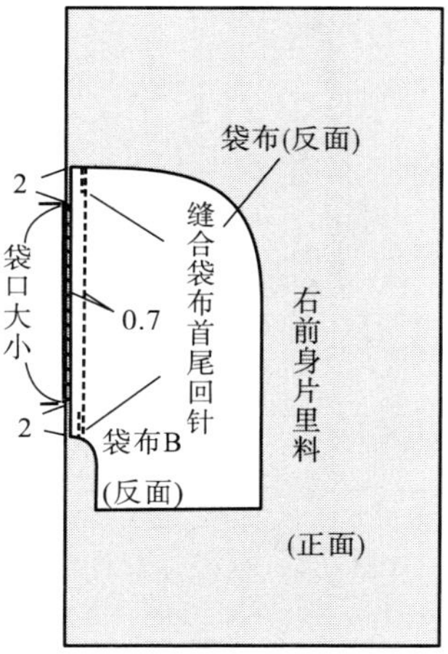

图3-75　绱鱼牙齿装饰及袋布B

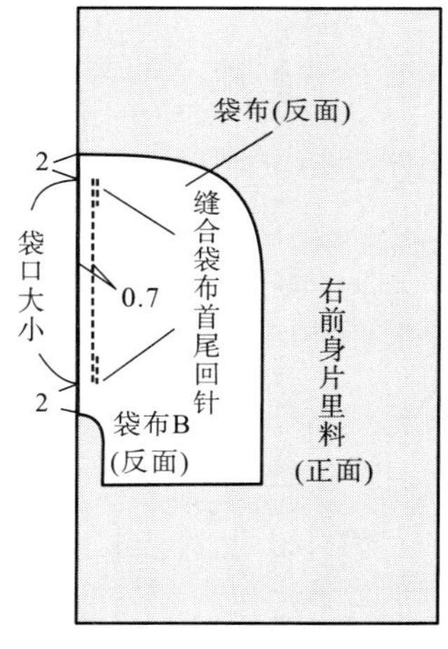

图3-76　绱袋布B

（7）缝份、袋布都向右前身里料倒烫。

①袋口有鱼牙齿装饰的女式内口袋，如图3-77所示。

②袋口无装饰的女式内口袋，如图3-78所示。

（8）缝合右前身里料与右贴边，注意首尾回针，如图3-79所示。

（9）机缝袋布。第一次车缝袋角缝成直角，第二次车缝袋角缝成圆角，如图3-80所示。

（10）缝份及袋布向右前身里料倒烫，如图3-81所示。

（11）缉贴边与前身里料，缝合用明线或装饰线。

①袋口有鱼牙齿装饰的女式内口袋，如图3-82所示。

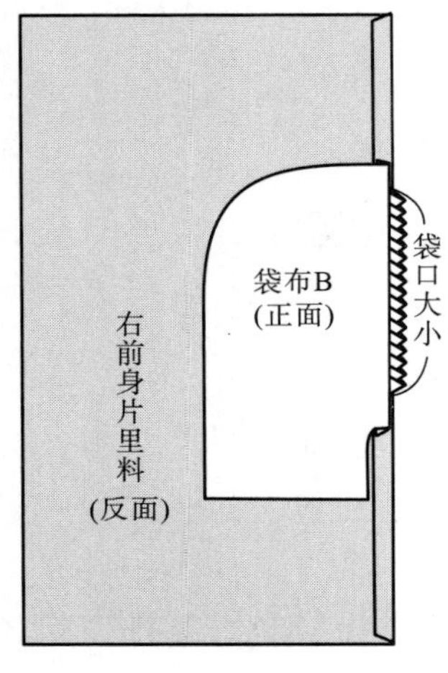

图3-77 熨烫鱼牙齿装饰

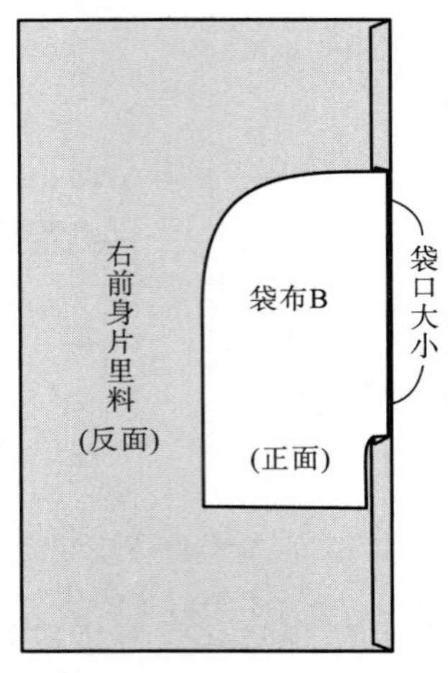

图3-78 倒烫缝份及袋布

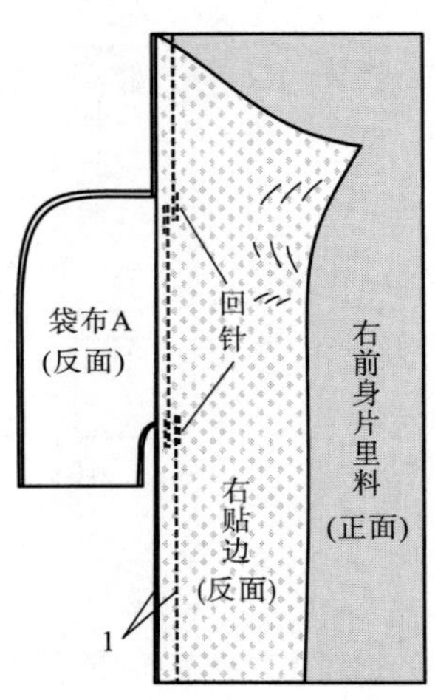

图3-79 缝合里料与贴边

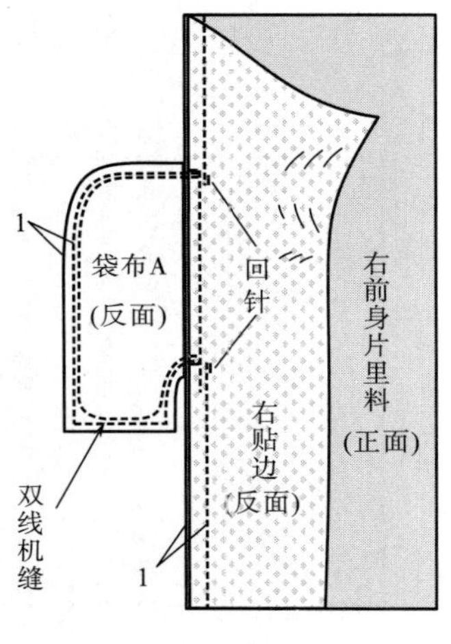

图3-80 勾缝袋布

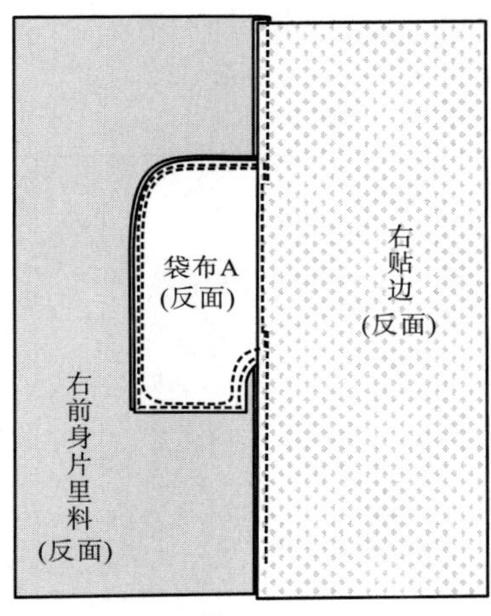

图3-81 倒烫缝份及袋布

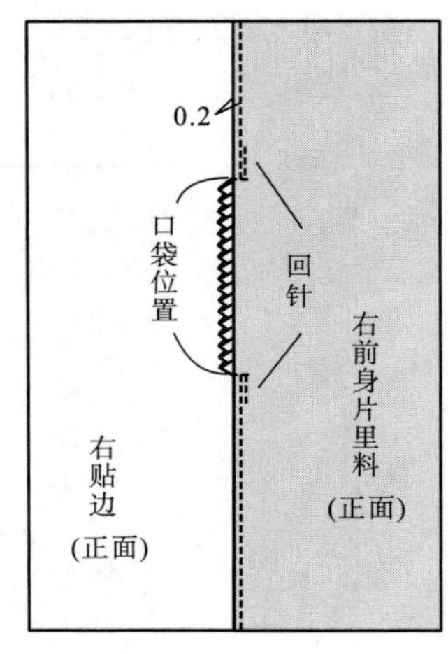

图3-82 缉明线

②袋口无装饰的女式内口袋，如图3-83所示。

（12）整烫口袋定型。

①袋口有鱼牙齿装饰的女式内口袋，如图3-84所示。

②袋口没有装饰的女式内口袋，如图3-85所示。

6. 质量检验标准

（1）主要部位尺寸规格要求。

①裁片：裁片大小符合局部制作要求。

②袋位：袋位符合局部制作要求。

③袋口：袋口大小符合局部制作要求。

④袋布：袋布大小符合局部制作要求。

（2）缝制工艺要求。

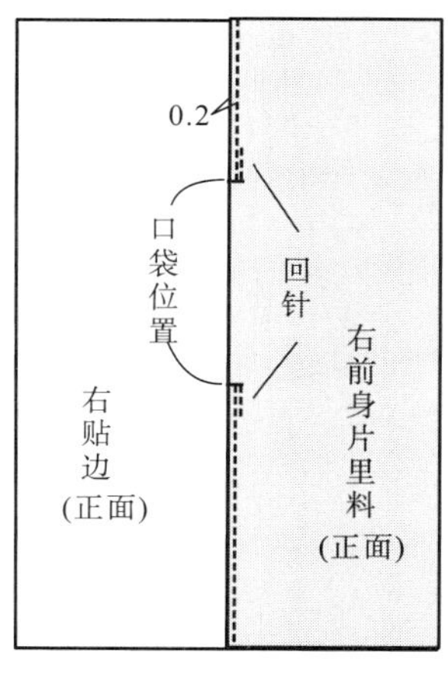

图3-83　缉明线

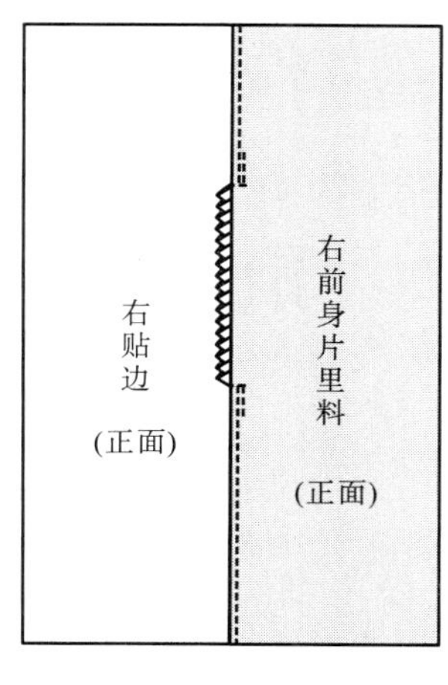

图3-84　完成图

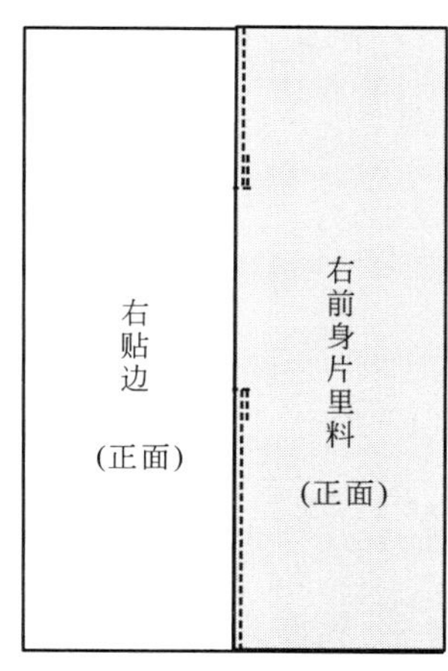

图3-85　完成图

①口袋：缝制工序正确、完整。

②袋口：袋口平服、松紧适宜，两端无毛疵，封结牢固整齐；袋口装饰排列整齐、大小均匀。

③袋布：两个袋布车缝圆顺。

（3）其他要求。

①外观：袋口平服，外形美观。

②线迹：线迹顺直，针距适当，无跳线现象。

③整烫：整烫平整，无烫焦现象。

④整洁：整体干净整洁，无脏迹。

学习任务二　三开身平驳领女西服局部缝制工艺——袖开衩

一、款式图

女西服袖开衩款式图，如图3-86所示。

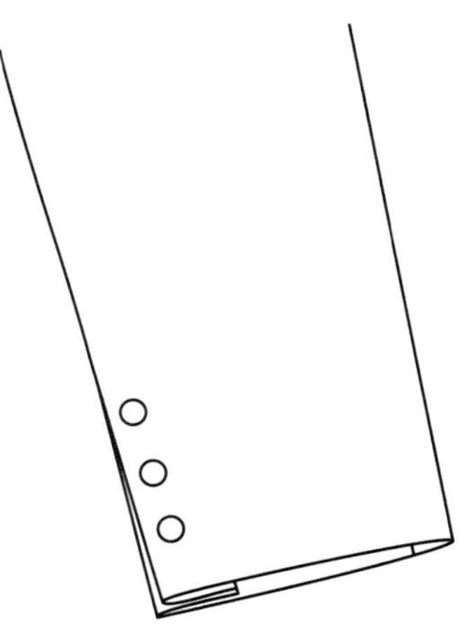
图3-86　女西服袖开衩款式图

二、款式说明

女西服袖开衩多作为女式西服、套装、大衣等外套的袖口装饰，开衩没有增加袖口大小的作用，有时女式西服、套装、大衣也可以不做袖开衩。

三、裁剪

1. 面料的裁剪

女西服大、小袖面料的裁剪，如图3-87所示。

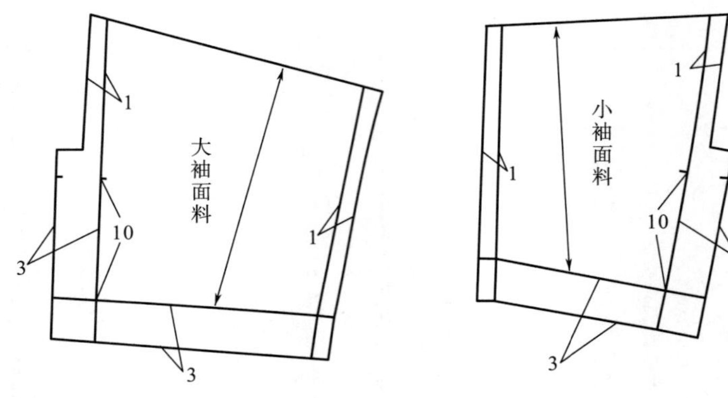

图3-87 面料裁剪

2. **里料的裁剪**

女西服大、小袖里料的裁剪，如图3-88所示。

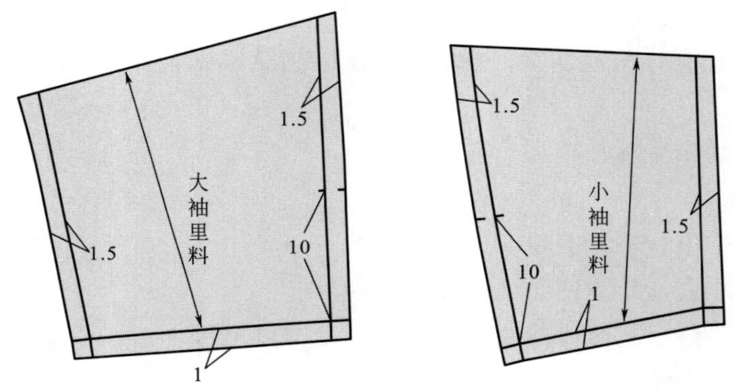

图3-88 里料裁剪

3. **衬料的裁剪**

根据面料的厚薄，袖口衬料的裁剪可以采用不同的方法。

（1）方法一：一般常采用的方法，如图3-89所示。

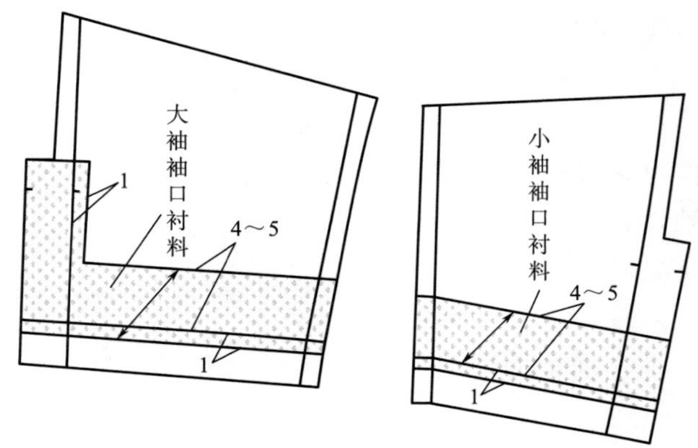

图3-89 衬料的裁剪方法一

（2）方法二：面料较薄，衬料黏合使面料正面出现粘衬痕迹时，采用此种方法，如图3-90所示。

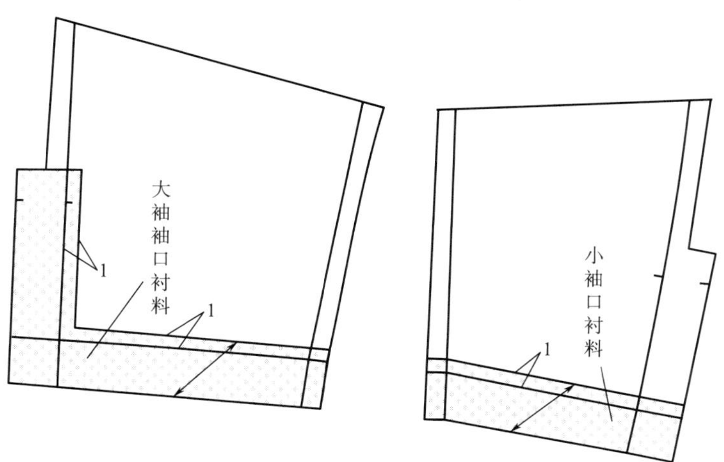

图3-90　衬料的裁剪方法二

四、缝制工艺工程分析及工艺流程

袖开衩缝制工艺工程分析及工艺流程，如图3-91所示。

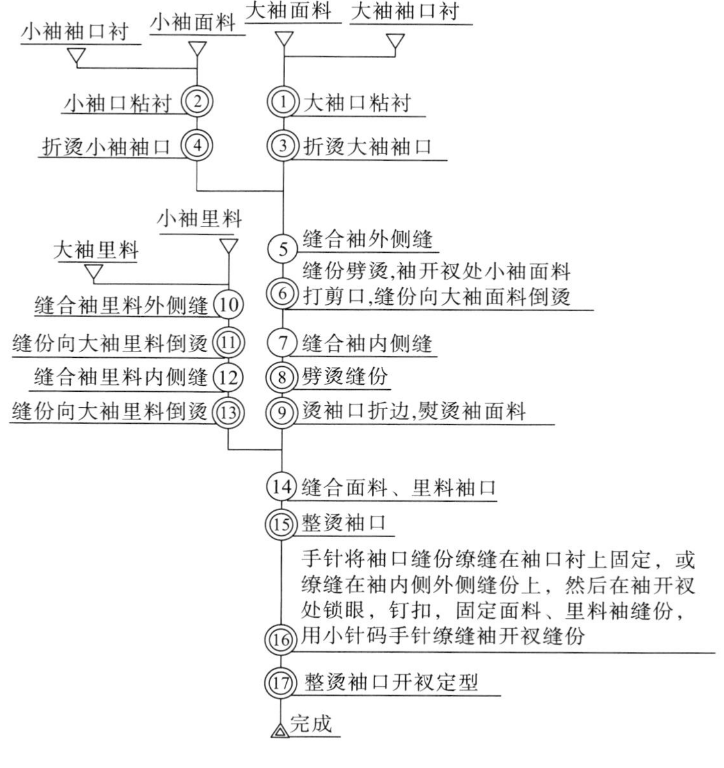

图3-91　缝制工艺工程分析及工艺流程

五、缝制工艺操作过程

（1）大袖面料袖口粘衬。

①方法一：一般常采用的方法，如图3–92所示。

②方法二：面料较薄，衬料黏合使面料正面呈现粘衬痕迹时，采用此种方法，如图3–93所示。

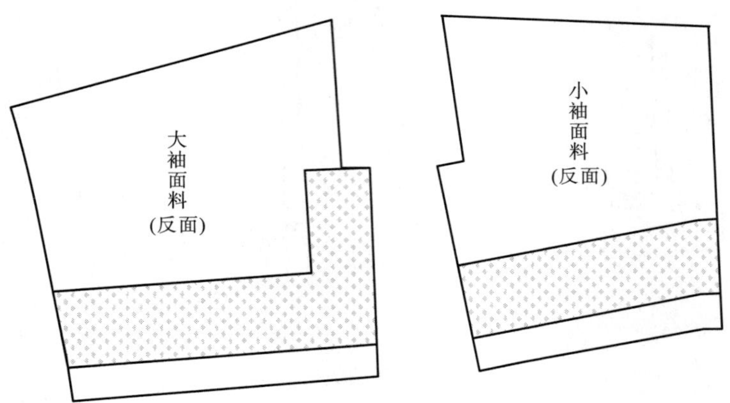

图3–92　袖口粘衬方法一

（2）小袖面料袖口粘衬。

①方法一：一般常采用的方法，如图3–92所示。

②方法二：面料较薄，衬料黏合使面料正面呈现粘衬痕迹时，采用此种方法，如图3–93所示。

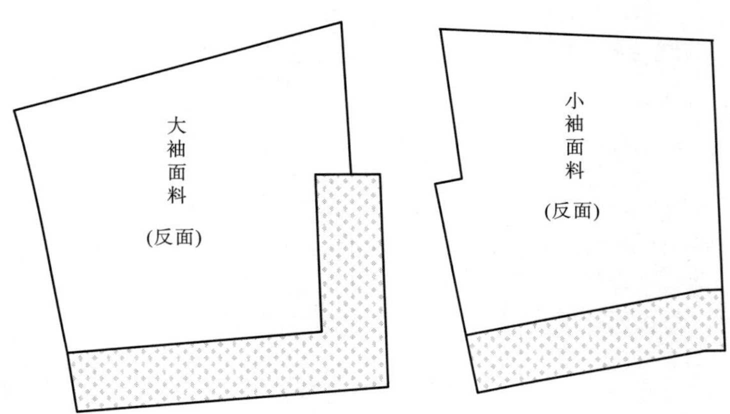

图3–93　袖口粘衬方法二

（3）折烫大袖面料袖口，如图3–94所示。

（4）折烫小袖面料袖口，如图3–95所示。

（5）缝合大袖面料与小袖面料的外侧缝，如图3–96所示。

（6）缝份劈烫，袖开衩处小袖面料缝份打剪口，缝份向大袖面料倒烫，如图3–97所示。

（7）缝合大袖面料与小袖面料的内侧缝，如图3–98所示。

（8）大袖面料与小袖面料的内侧缝缝份劈烫，如图3-99所示。

（9）折烫袖口，熨烫袖面料，如图3-100所示。

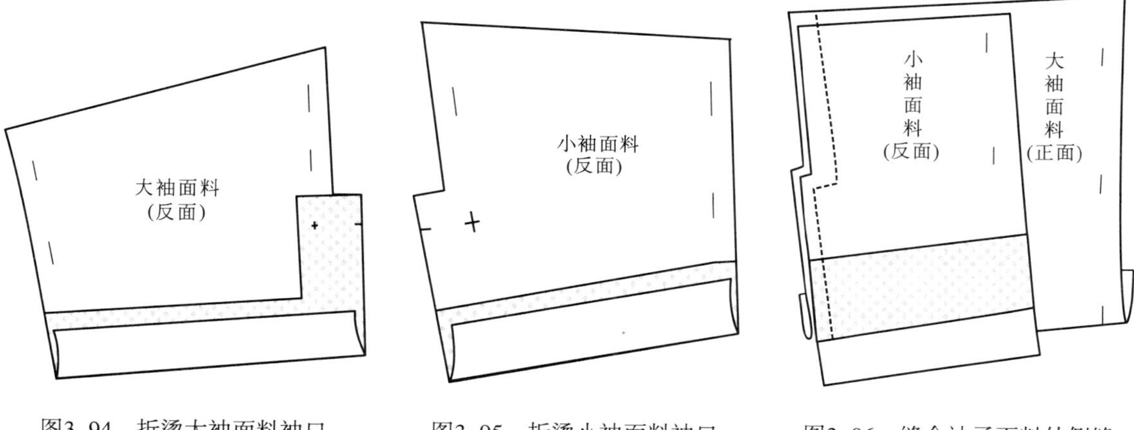

图3-94　折烫大袖面料袖口　　图3-95　折烫小袖面料袖口　　图3-96　缝合袖子面料外侧缝

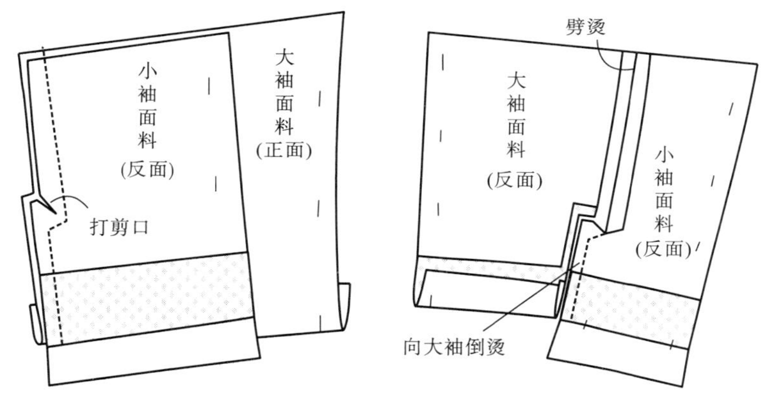

图3-97　熨烫袖子面料外侧缝

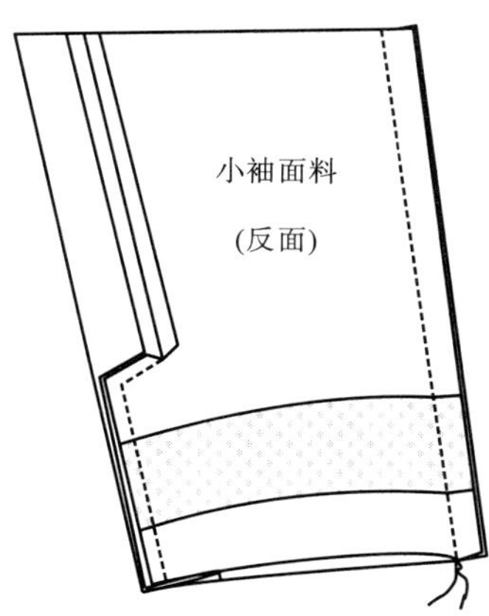

图3-98　缝合袖子面料内侧缝

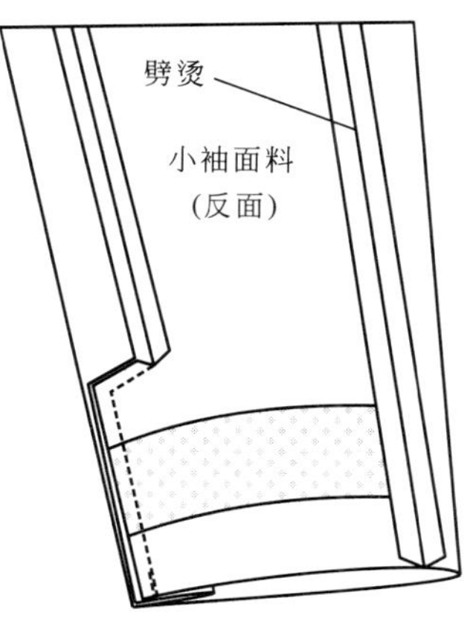

图3-99　劈烫袖子面料内侧缝

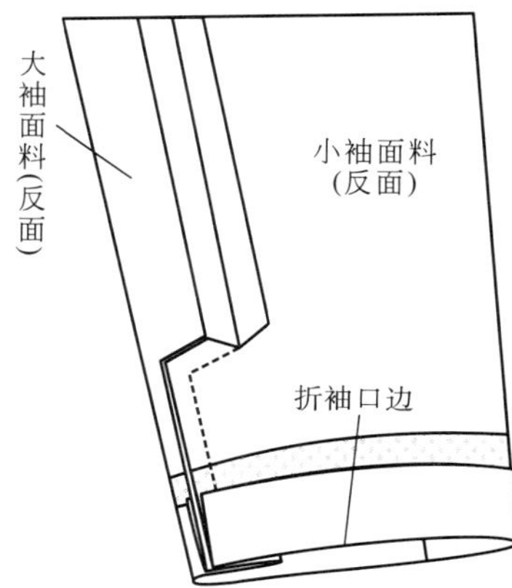

图3-100　折烫袖口

（10）在净样线的外侧0.3cm处缝合大袖里料与小袖里料的外侧缝，如图3-101所示。

（11）缝份向大袖里料倒烫，并留0.3cm的活动余量，如图3-102所示。

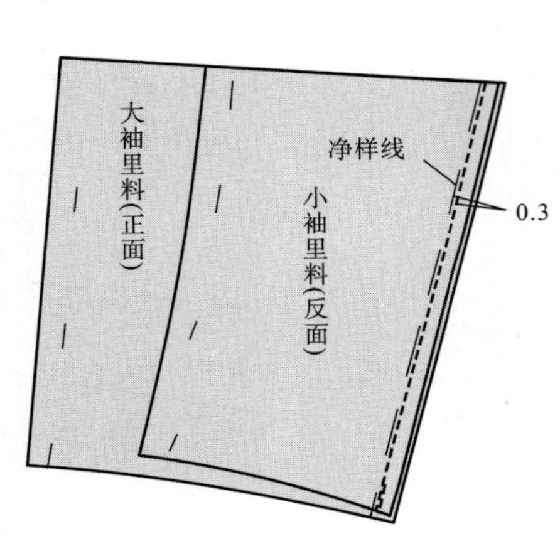

图3-101　缝合袖子里料外侧缝

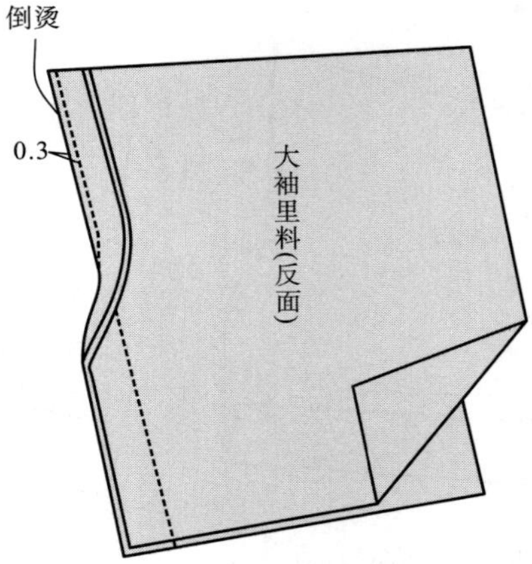

图3-102　倒烫袖子里料外侧缝

（12）在净样线的外侧0.3cm处缝合大袖里料与小袖里料的内侧缝，如图3-103所示。

（13）缝份向大袖里料倒烫，并留0.3cm的活动余量，如图3-104所示。

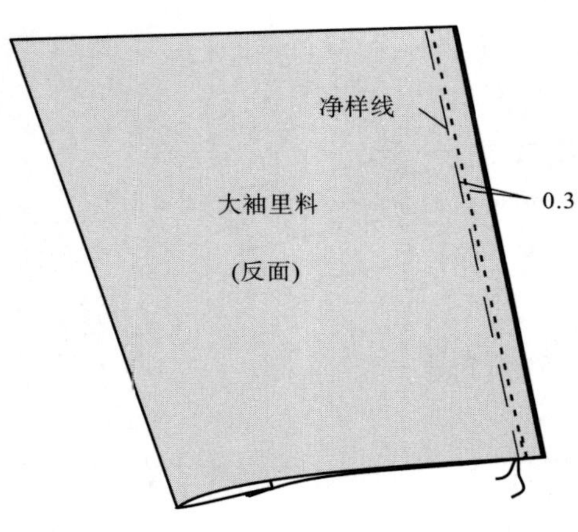

图3-103　缝合袖子里料内侧缝

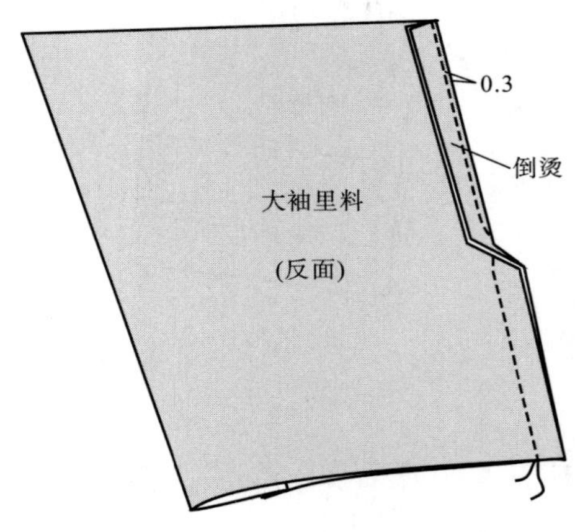

图3-104　倒烫袖子里料内侧缝

（14）缝合袖子面料、里料袖口，缝份向袖山倒烫，并将袖子里料袖口烫出0.5cm，作为袖长活动余量，如图3-105所示。

（15）用手针将袖口缝份缭缝在袖口衬上固定，然后在袖开衩上锁眼、钉扣，如图3-106所示。

（16）将袖子面料与里料的内侧缝、外侧缝缝份的对位点对齐，使袖子里料有一定的余量，然后手针固定袖子面料、里料缝份，如图3-107所示。

（17）用小针码手针缭缝袖口开衩处缝份，如图3-108所示。

（18）整烫定型，如图3-109所示。

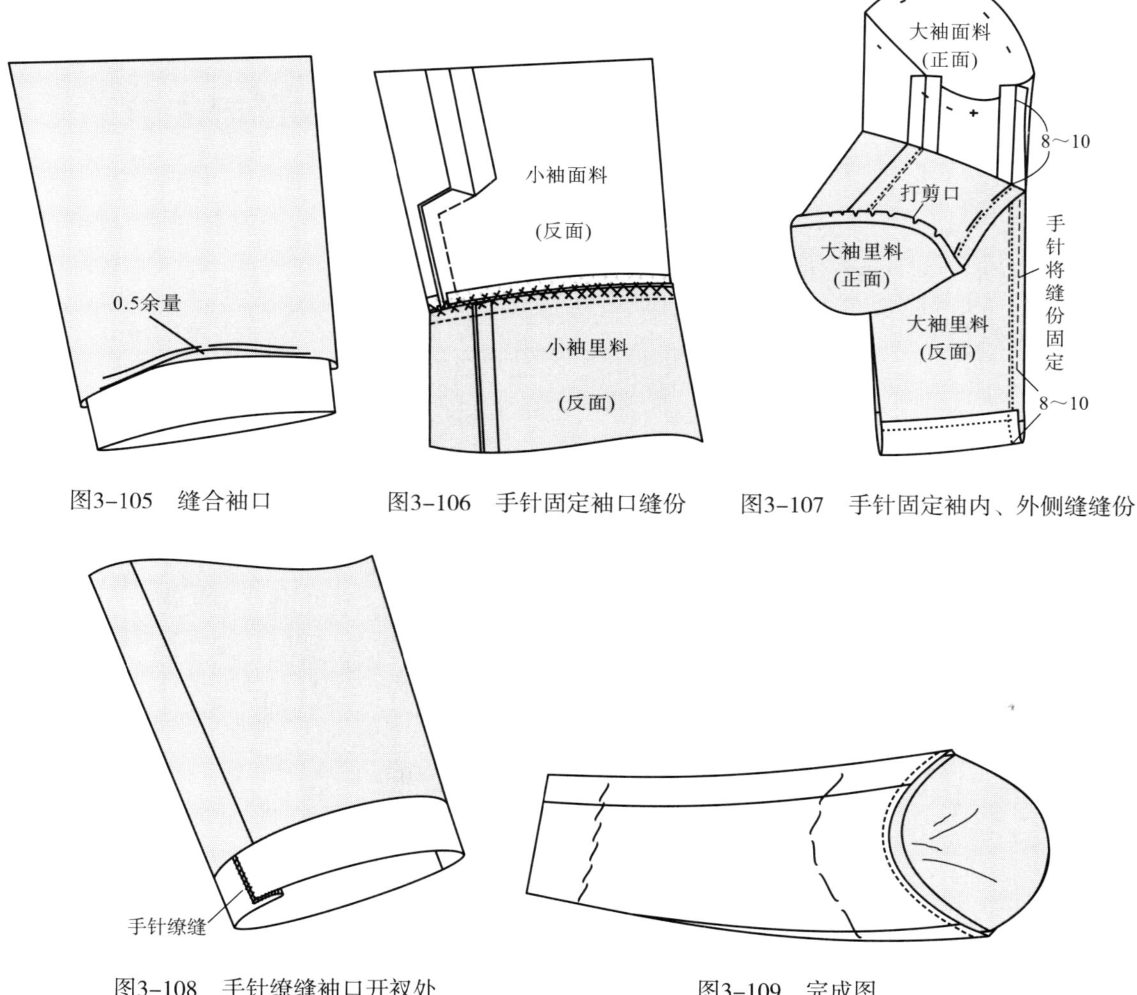

图3-105　缝合袖口

图3-106　手针固定袖口缝份

图3-107　手针固定袖内、外侧缝缝份

图3-108　手针缭缝袖口开衩处

图3-109　完成图

六、质量检验标准

1. 主要部位尺寸规格要求

（1）裁片：裁片大小符合局部制作要求。

（2）袖口：袖口尺寸符合局部制作要求。 袖子面料、里料袖口缝份处理符合局部制作要求。

2. 缝制工艺要求

（1）袖开衩：缝制工序正确、完整。袖开衩处无毛疵，手针缭缝整齐、均匀、美观。

（2）袖口：袖口平服，袖口面料缝份宽窄一致，袖口里料余量大小一致。

3. 其他要求

（1）外观：袖口平服，外形美观。

（2）线迹：线迹顺直，针距适当，无跳线现象。

（3）整烫：整烫平整，无烫焦现象。

（4）整洁：整体干净整洁，无脏迹。

学习任务三　三开身平驳领女西服成衣缝制工艺

一、款式图

三开身平驳领女西服款式图，如图3-110所示。

图3-110　三开身平驳领女西服款式图

二、款式说明

三开身平驳领女西服的衣身片由前片、腋下片、后片六片构成，前身左、右分别收一个腰省缝；领子为V字开口的平驳头西服领；门襟为单排两粒扣；袖子为两片西服袖；前下摆为圆摆；口袋为左、右对称的贴袋，是最基本的女西服上衣。

服装的长度、驳头与西服领的形状、前摆的形状以及口袋的形状可根据流行与爱好自由设计，同时也可以使用不同的材料，表现不同的女西服风格，与不同的服饰搭配，展现不同的穿着效果。

三、裁剪

1. 面料的裁剪

把烫平（预缩）后的面料双折，反面朝外，布边对齐，使直、横纱向成直角。

面料裁剪的注意事项：要尽可能减少浪费；样板的纱向要平行于布的经纱纱向；如果面料有倒顺毛或有光泽，就要按同一方向排料；如果面料有条格，要注意对条格；如果面料有图案，要注意拼图案。排料完毕后，用划粉画下样板的裁剪线进行裁剪，如图3-111所示。

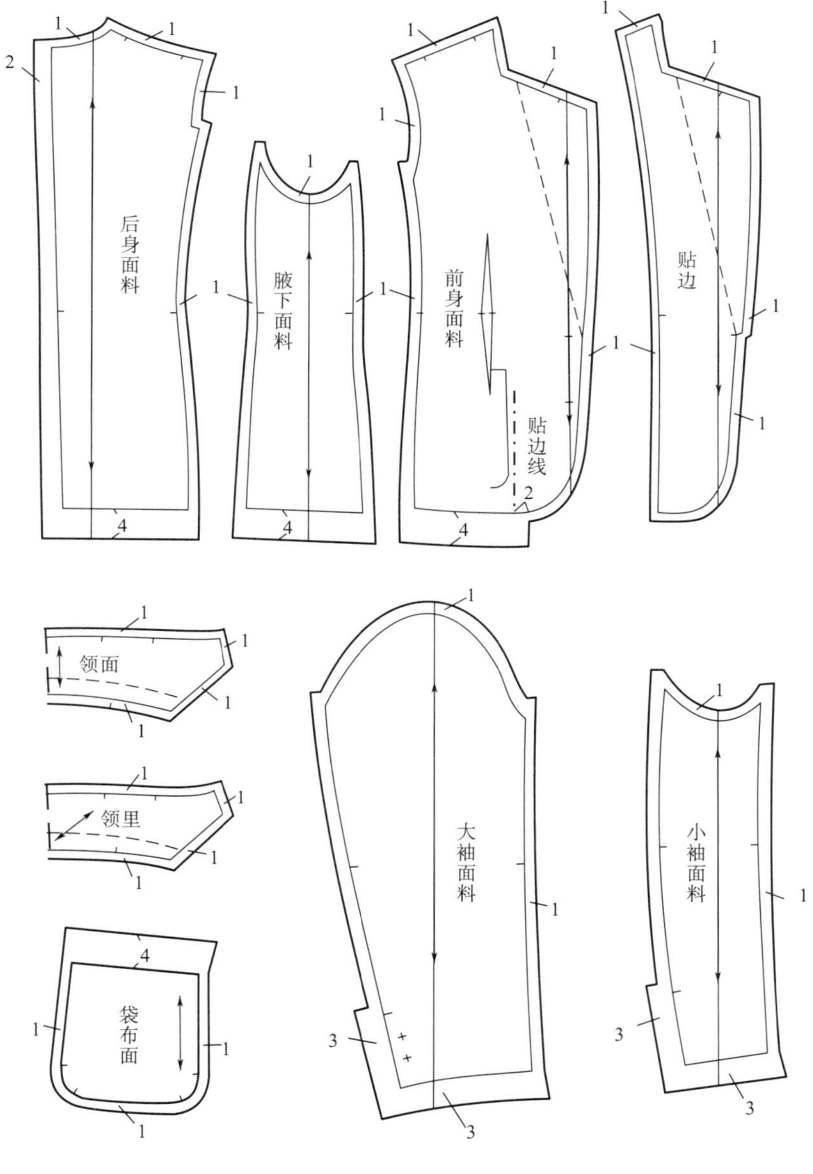

图3-111　面料裁剪

2. **里料的裁剪**

由于里料较软、较滑，纱向容易偏斜，可先把相同长度的样板按同一排列分段粗裁。其次将幅宽双折后把折线烫平，使之稳定，整理好纱向后铺上样板进行裁剪。

当纱向难以理顺时，最好先铺上一张纸再放上里料，两端用大头针固定后，再进行裁剪。关于里料缝份大小，应依据面料情况及工艺标准而定。里料的裁剪，如图3-112所示。

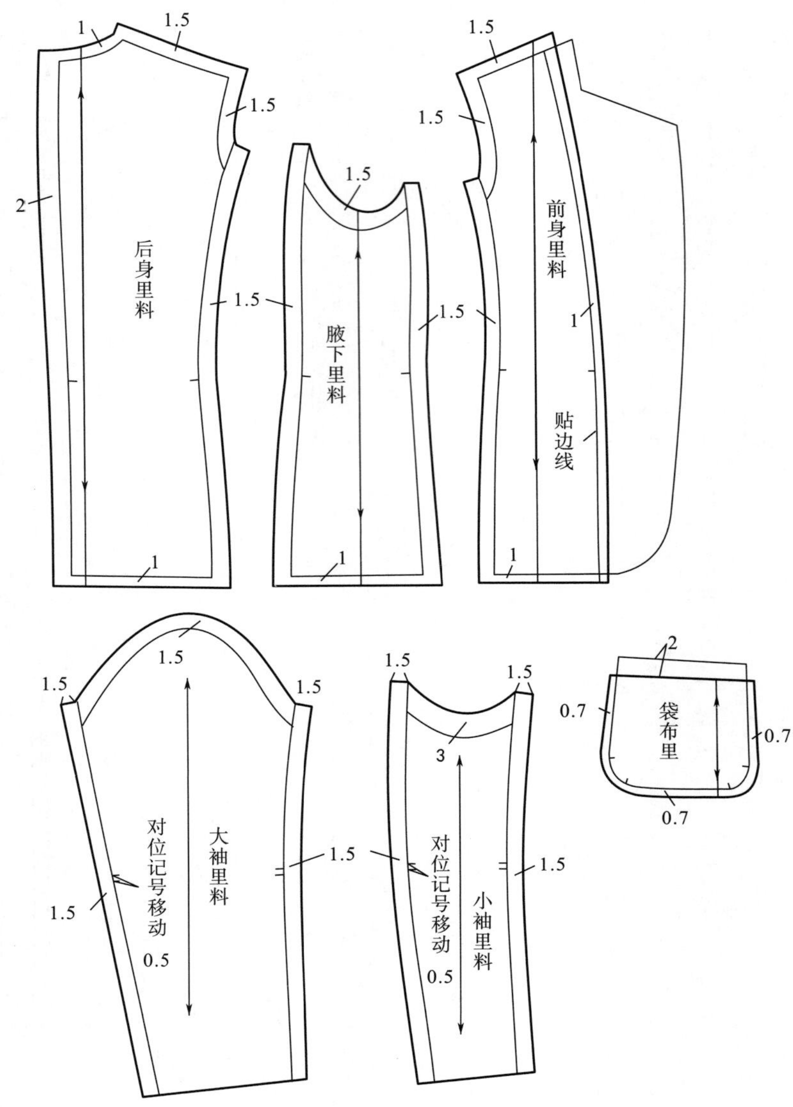

图3-112 里料裁剪

3. **衬料的裁剪**

（1）衬料常见的种类有以下几种：

①有纺衬：用于前身、贴边、口袋等需要定型的部位，裁剪方向与面料相同，使用经纱。后背、腋下、领里、领面、袖口、下摆等需要有一定弹性的部位，裁剪方向与面料不同，一般多用斜纱。

②无纺衬：由于无纺衬有一定的伸缩性，所以一律采用经纱。

③针织衬：与无纺衬相同。

④其他衬：根据具体情况而定。

（2）不同部位衬料的使用。

①粘厚衬的部位：领里、前身面料。

②粘薄衬的部位：领面、贴边、衣身下摆、袖口等（除领里、前身面料以外）部位。

（3）衬料裁剪的注意事项。

①有些服装后背、腋下、下摆、袖口可以不粘衬；领口、袖窿可以用牵条防止变形；下摆、袖口可以用双面胶固定。

②裁剪时，把带有黏胶的一侧放入双折里面，同面料一样，整理好纱向后再裁剪。

③注意衬料比面料外围少放0.2～0.3cm。

（4）衬料裁剪的方法

①衬料裁剪的方法一，如图3-113所示。

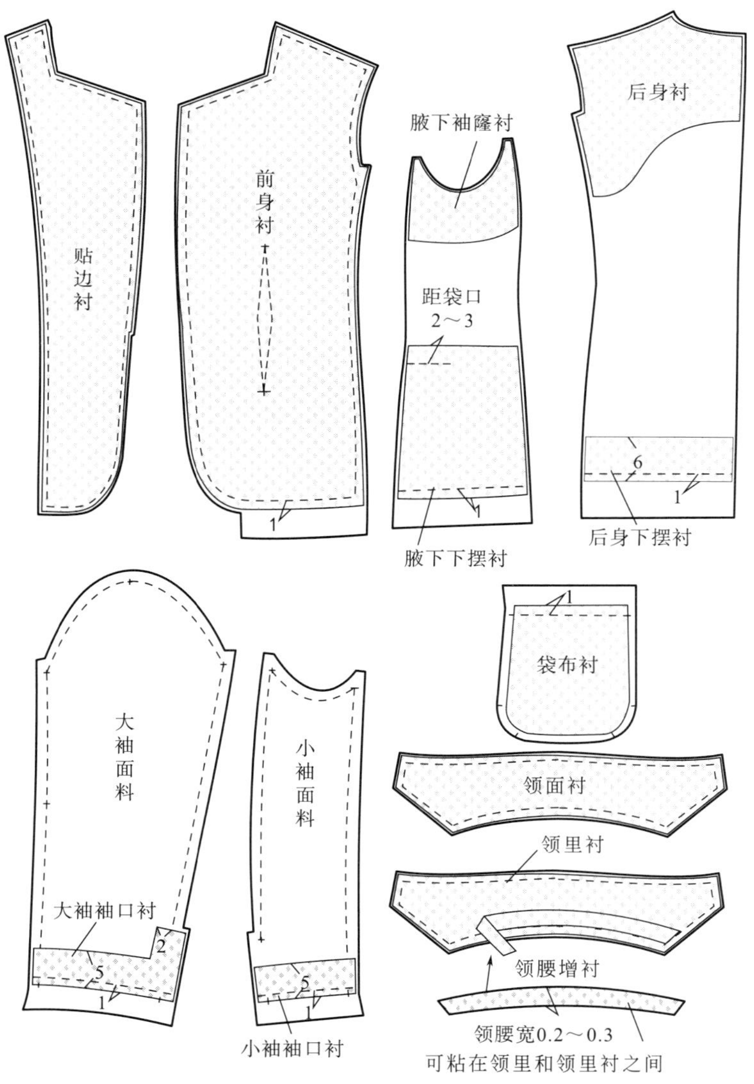

图3-113　衬料裁剪的方法一

②衬料裁剪的方法二，如图3-114所示。

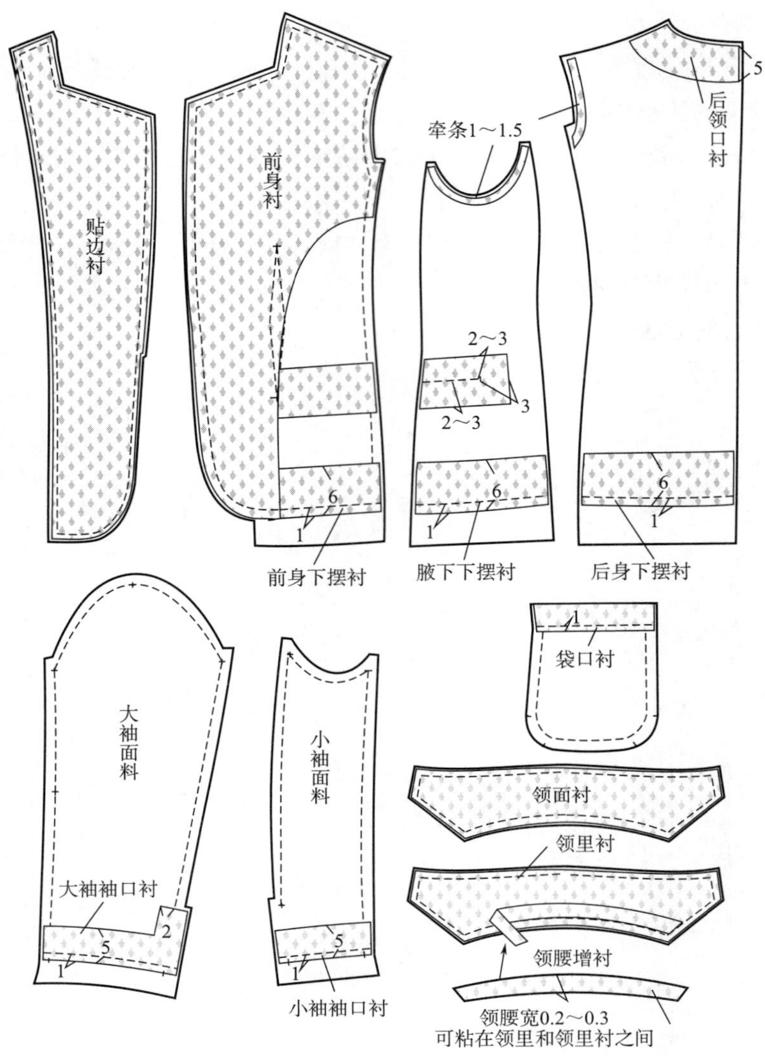

图3-114　衬料裁剪的方法二

四、缝制工艺工程分析及工艺流程

三开身平驳领女西服成衣缝制工艺工程分析及工艺流程，如图3-115所示。

五、缝制工艺操作过程

（一）缝制准备

裁剪完成以后，一般按照粘衬、清理清剪缝份、打剪口作标记、粘牵条、打线丁作标记、画净样线作标记、手针缭缝固定前身翻折线的顺序进行操作，完成缝制准备。

1. **粘衬**

（1）熨斗粘衬的方法及注意事项。

①熨斗粘衬的方法：

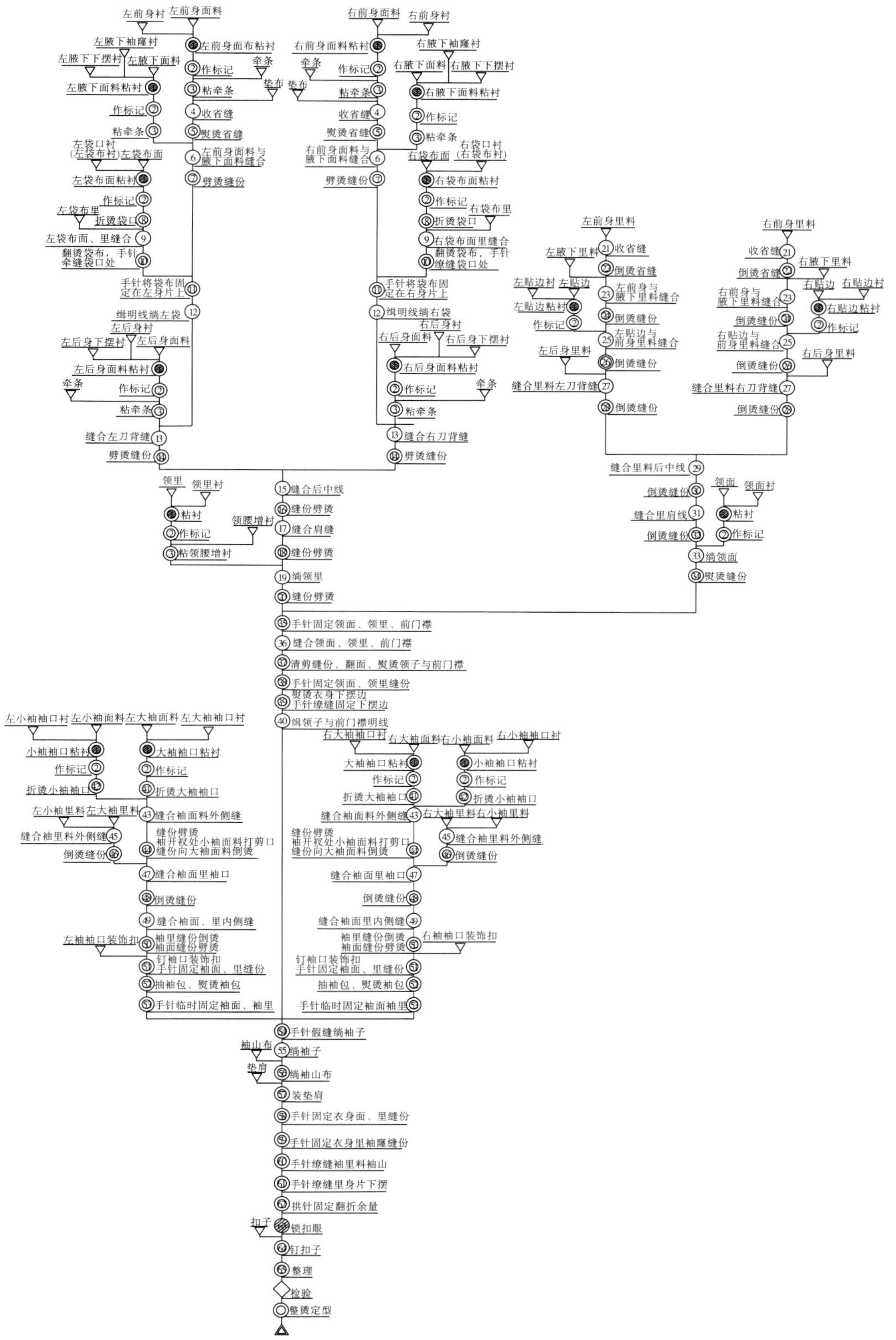

图3-115　三开身平驳领女西服成衣缝制工艺工程分析及工艺流程

a. 根据面料调节熨斗（蒸气熨斗）的温度，一般掌握在160～180℃。

b. 把裁片放在烫垫上，反面朝上，衬的粘胶面朝下与面料重叠，待把纱向整理好后，开始粘衬。

c. 为了防止衬胶粘到熨斗底部，在熨斗下垫一片较薄的烫布，并使各部位受热平均。

d. 粘衬完毕后，要把各裁片平放至完全冷却，否则将会起泡，如发现有没完全黏合的部位，再重新粘一次。

②熨斗粘衬的注意事项：

a. 如果需要假缝，要在必要的部位粘衬，有些部位为了便于修正要轻粘。

b. 粘衬时，要正确整理好面料与衬布的纱向，不要起皱。

c. 要特别注意左、右片的形状是否对称。

（2）黏合机粘衬的方法及注意事项。

①黏合机粘衬的方法：

a. 根据面料调节黏合机粘衬的温度、时间、压力，一般情况下：温度为140～150℃；时间为20～25s；压力为0.2～0.25MPa。

b. 先用裁片的零碎料试粘，看看粘合后是否符合所要的风格，同时查看衬布与面料能否很好地粘合，待掌握了剥离程度后，再正式粘衬。

c. 衬布的粘胶面与面料反面相对，自然平坦放置，送入黏合机。

②黏合机粘衬的注意事项：

a. 为了避免粘胶或其他赃物粘在面料的表面，可先用熨斗轻轻粘一下，然后两片表面相对，两片同时过黏合机，单片的可用一张白纸或白平布，与面料正面相对然后一起送入黏合机中。

b. 当粘好的裁片从黏合机中出来时，不能用力去拉，以免拉扯变形，应把裁片平放至完全冷却。

2. 清理清剪缝份

粘衬完毕后，将裁片与样板进行核对，清理清剪缝份。若粘衬后，裁片收缩使部分缝份变窄了，一定要在缝份变窄的部位作好标记。

3. 打剪口、作标记

（1）打剪口的作用。

不脱纱的面料，在裁片的重要位置打剪口，作标记，作为工艺缝制的标识。

（2）打剪口的位置。

①在身片腰围线、臀围线、绱领终止点等处打剪口，作标记。

②在贴边的绱领终止点等处打剪口，作标记。

③在领面、领里的颈侧点处、中线处打剪口，作标记。

④在大袖、小袖的肘关节、在大袖袖山最高点、小袖袖山最低点处打剪口，作标记。

（3）打剪口的注意事项：打剪口的位置要准确，一般为0.5cm长。

4. 粘牵条

（1）粘牵条的作用，为了防止前门襟、前摆、前身翻折线、前后领口、前后袖窿等容易被拉伸变形的部位粘牵条，在纱向和缝线容易伸缩、变形以及需要加强的部位要粘牵条。在前身翻折线处粘牵条，同时可以拱针固定前身与贴边驳口折线及翻折余量。

（2）粘牵条的部位：前门襟、前领口、前摆、前身翻折线处、后领口，必须粘直纱牵条；前袖窿、腋下袖窿、后袖窿可粘直纱牵条，也可粘36° 斜纱牵条。

（3）粘牵条的方法：前门襟粘牵条要根据材料和前门襟的缝制方法来定。

①粘牵条的方法一：如果是较厚面料或不容易在正面显现粘牵条痕迹的面料，且前门襟不缉明线的一般情况时，将牵条的中线对着前门襟的净样线粘牵条，便于用记号笔将前门襟净样板的净样线画在牵条上，同时便于车缝门襟，使左、右前门襟车缝对称，其他部位也一样，将牵条的中线对着净样线粘牵条，如图3–116所示。

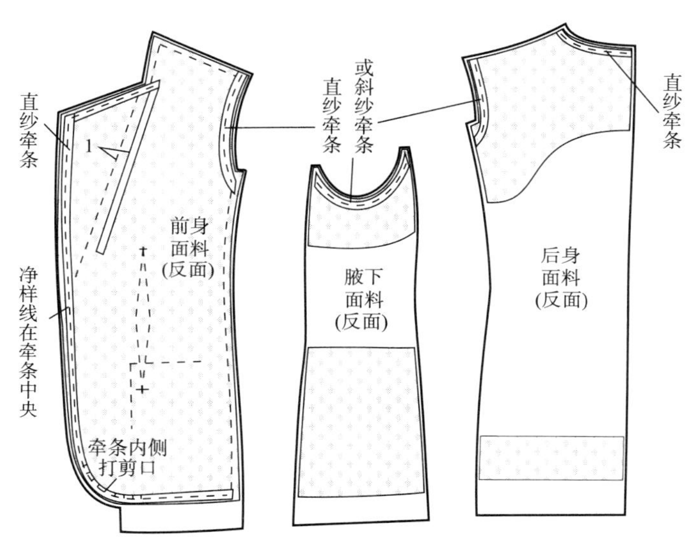

图3–116　粘牵条的方法一

②粘牵条的方法二：如果前门襟缉明线，将牵条粘在前门襟的净样线内侧，紧贴牵条外侧线车缝门襟，缉明线时将牵条缝制固定，清剪缝份时缝份稍显薄一些，其他部位将牵条的中线对着净样线粘牵条，如图3–117所示。

③粘牵条的方法三：如果是较薄面料或容易在面料正面显现粘牵条痕迹的，一般将牵条粘在前门襟的净样线外侧，缉明线时可将前门襟缝份上的牵条缝制固定；如果不缉明线，可清剪前门襟贴边的缝份，拱针时，将前门襟身片缝份上的牵条固定，其他部位也一样，将牵条粘在净样线外侧，如图3–118所示。

（4）粘牵条的注意事项：

①前身圆摆处、前袖窿、腋下袖窿、后袖窿，要在牵条的内侧打剪口。

②前身翻折线处，在距翻折线1cm的身片侧粘牵条。

③后身片、腋下面料如果粘后身衬、腋下袖窿衬，后领口、后袖窿、腋下袖窿可粘牵条也可不粘牵条；后身片、腋下面料如果没有粘后身衬、腋下袖窿衬，后领口、后袖窿、腋下袖窿必须粘牵条，防止后领口、后袖窿、腋下袖窿拉伸变形。

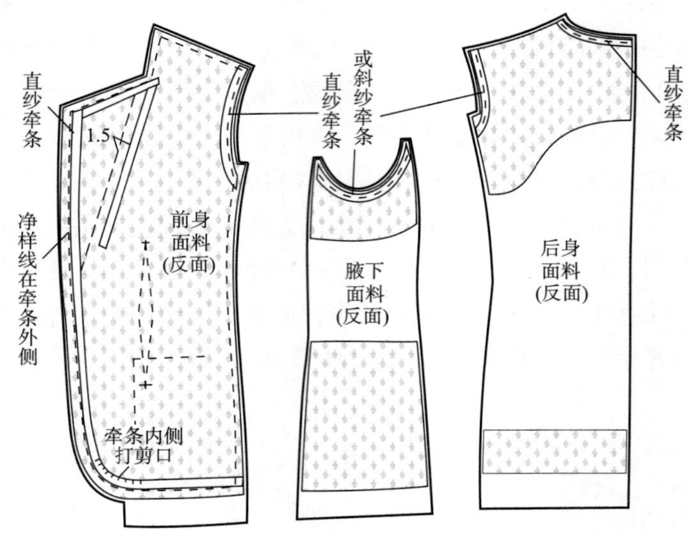

图3-117　粘牵条的方法二

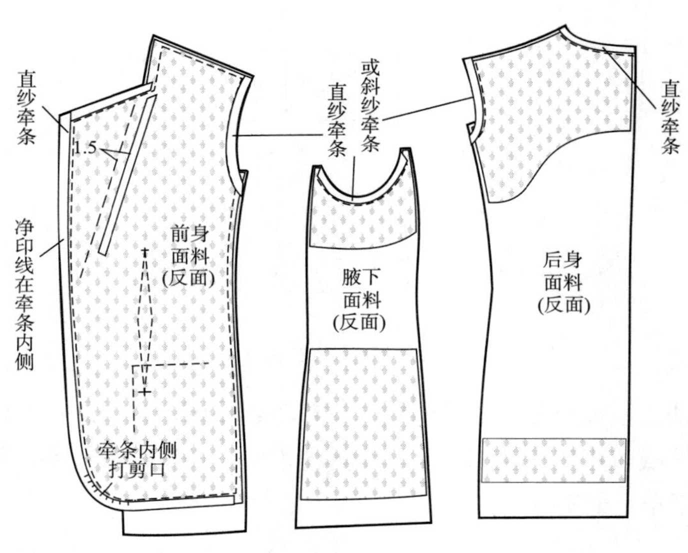

图3-118　粘牵条的方法三

5. **打线丁、作标记**

（1）打线丁的作用。容易脱纱的面料，在裁片的重要位置，一般采用打线丁代替打剪口的方法作标记，作为工艺缝制的标识。还有省缝、口袋等设计部件的位置，也用打线丁来作标记。

（2）打线丁的位置及方法。

①用十字打线丁的方法，标记出身片腰节线、臀围线、等缝合线的对位点；标记出前身和贴边的绱领终止点；腋下面料袖窿最低点；领面和领里的颈侧点；大袖袖山最高点与小袖袖山最低点等必要的对位点。

②用普通打线丁的方法，标记出裁片的净样线、前中线、驳头与领子的翻折线等必要线。

③用普通打线丁和十字打线丁的方法，标记出裁片的袋位与扣位等零部件位置。

④用普通打线丁和十字打线丁的方法，标记出裁片的省缝、折裥等设计位置。

（3）打线丁的注意事项。

①采用双棉线打线丁。

②袖窿、袖山、领口等弧度较大的部位，线丁的间隔为1～2cm；直线的部位线丁的间隔为3～5cm。

③有些绒毛较长的布料，打线丁易破坏面料，还有些粗纺呢打线丁也易脱落，这些都需要用手缝线作标记，或用缝纫机放大针码，每针0.4～0.5cm作标记。

6. 用净样板面净样线

（1）用前身净样板，画出前领口、前驳头、前门襟、前底边的净样线。

（2）用领里净样板，画出领里的净样线。

7. 用手针固定前身翻折线处的牵条

用四种针法将牵条固定在身片上，针码大小为1cm左右。

（1）固定牵条方法一，如图3-119所示。

（2）固定牵条方法二，如图3-120所示。

（3）固定牵条方法三，如图3-121所示。

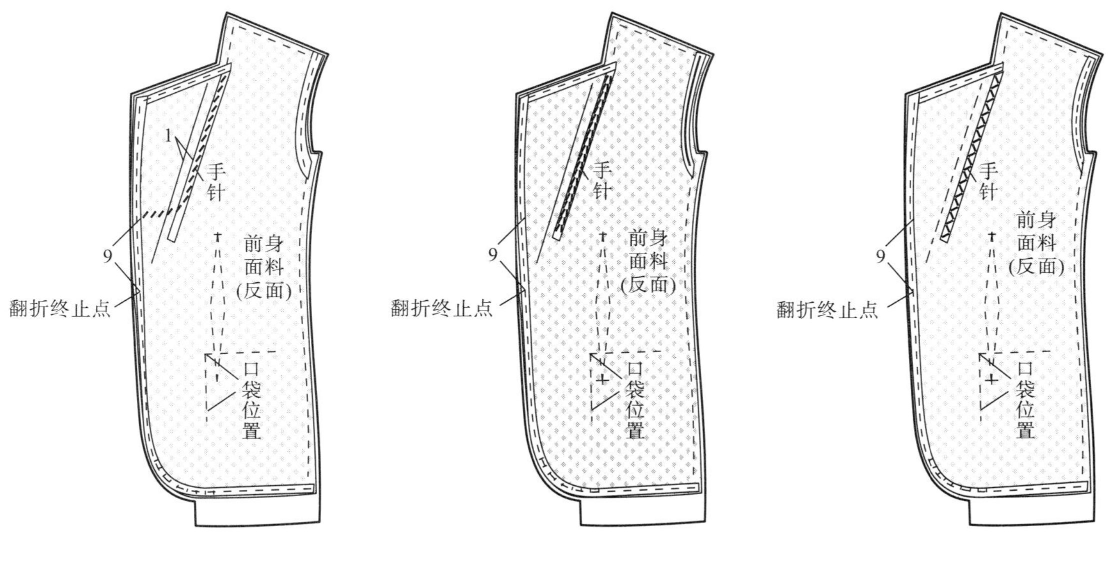

图3-119　固定牵条方法一　　图3-120　固定牵条方法二　　图3-121　固定牵条方法三

（4）固定牵条方法四，如图3-122所示。

（二）缝制加工

1. 前身衣片缝制

前身衣片缝制包括前身面料与腋下面料缝合，制作口袋。缝制工艺工程分析及工艺流程，如图3-123所示。

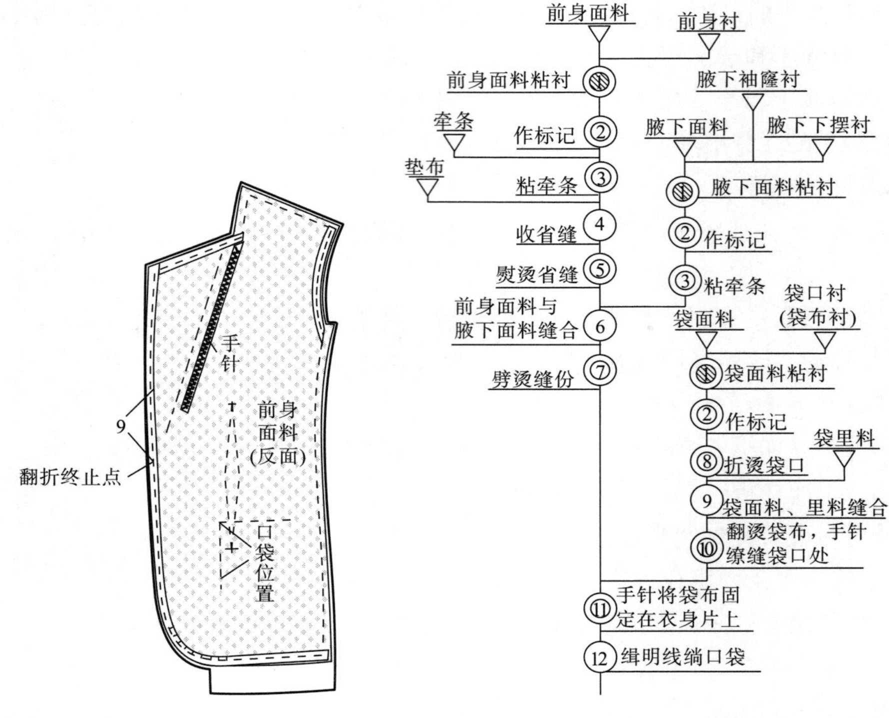

图3-122　固定牵条方法四　　　图3-123　前身衣片缝制

（1）收省缝、熨烫省缝。

①省缝的缝制方法：

a. 直接收省缝，省缝向中线侧倒烫，如图3-124（a）所示。

b. 如果面料较厚，直接收省缝，省缝较宽的地方，切开劈烫；省缝较窄的地方，不破开劈烫，如图3-124（b）所示。

c. 容易脱纱的面料，直接收省缝，然后不破开劈烫，最后手针缝固定，如图3-124（c）所示。

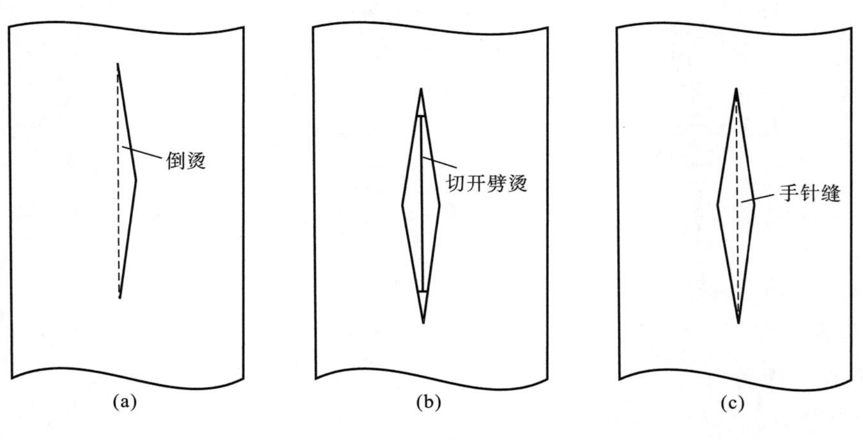

图3-124　省缝的缝制方法

d.如果面料较厚且省量很小，先把省缝对折熨烫，然后垫上斜纱的棉布条或面料垫条收省，把省缝向前中线劈烫，如图3-125所示。

②收省缝的首尾处理方法：

a. 在省缝内打回针，如图3-126（a）所示。

b. 上下线打结，如图3-126（b）所示。

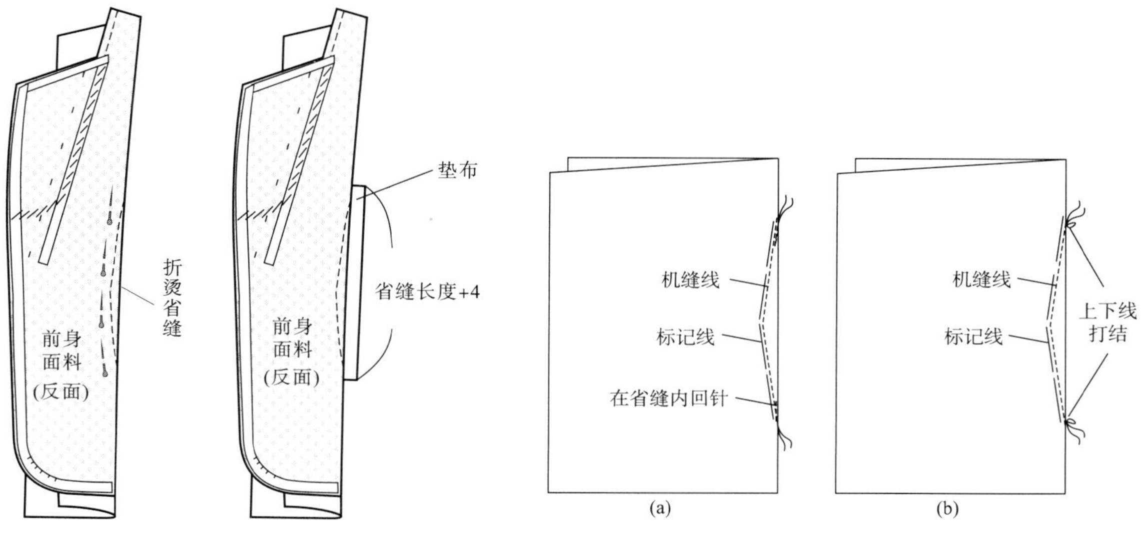

图3-125　省缝的缝制方法　　　　图3-126　收省缝的首尾处理方法

（2）前身面料与腋下面料缝合，如图3-127所示；然后劈烫缝份，如图3-128所示。

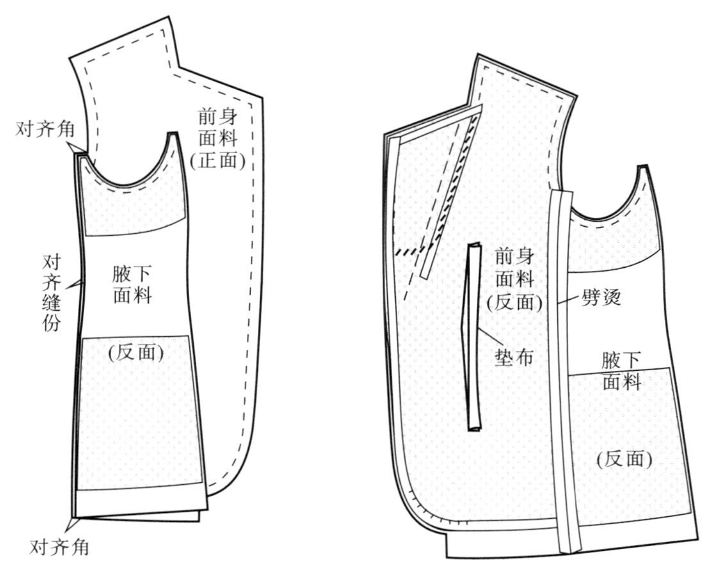

图3-127　缝合前身与腋下面料　　　　图3-128　劈烫缝份

（3）制作贴袋。

①袋布面料粘衬，可采用两种方法。第一种方法，袋布面料全部粘衬，如图3-129（a）

所示；第二种方法，袋布面料袋口粘衬，如图3-129（b）所示。

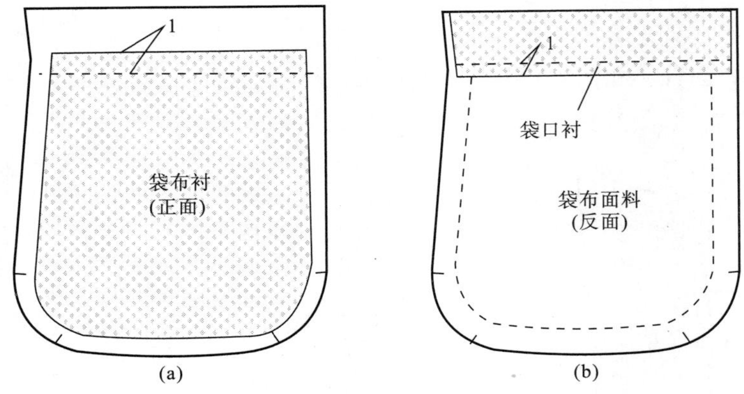

图3-129 袋布面料粘衬

②折烫袋布面料袋口，对齐袋布面料、袋布里料，如图3-130所示。

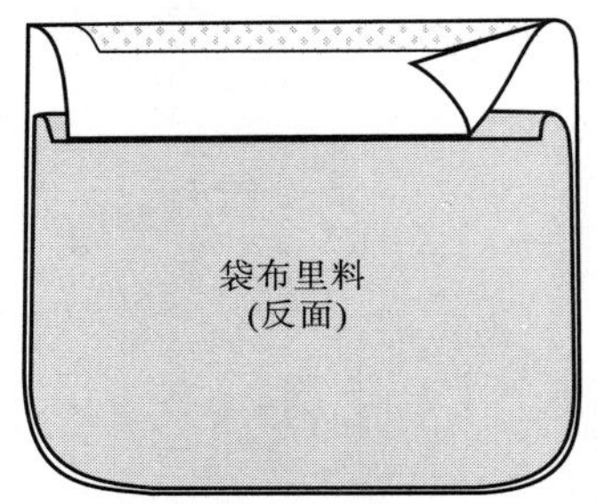

图3-130 折烫袋口要对齐袋布面料、袋布里料

③缝合袋布面料与袋布里料，如图3-131所示。

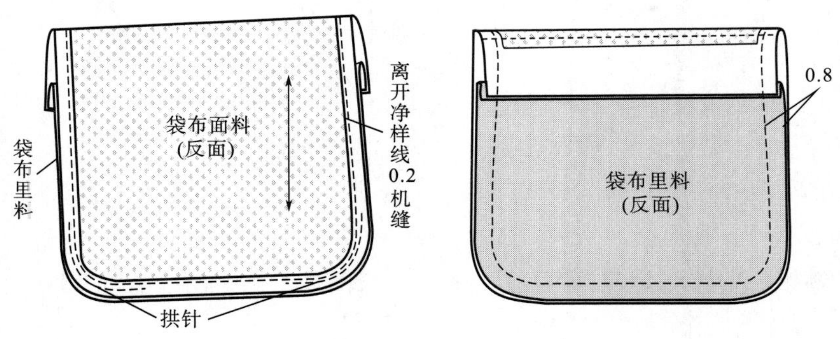

图3-131 缝合袋布面料与里料

④翻烫袋布，手针缲缝袋口处，如图3-132所示。

（4）手针将袋布固定在身片上，如图3-133所示。

（5）缉明线，绱袋布，如图3-134所示。

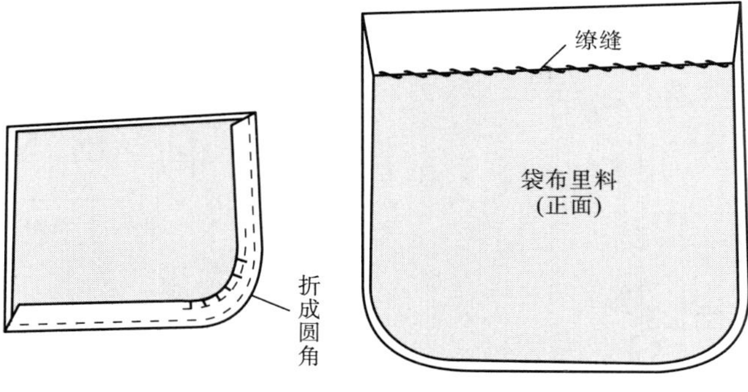

图3-132　翻烫缭缝袋布

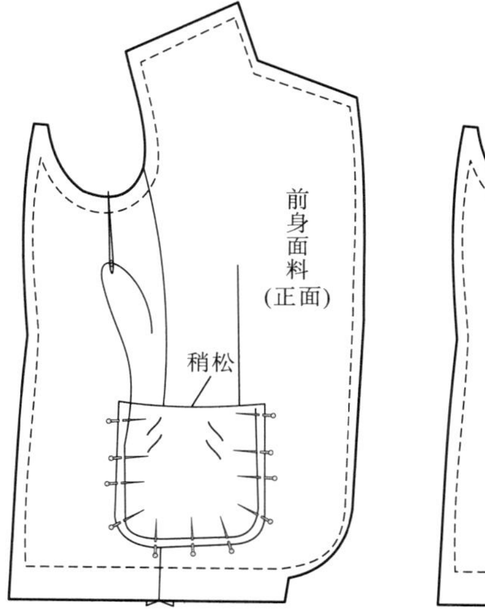

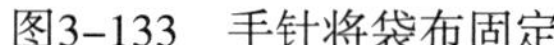

图3-133　手针将袋布固定

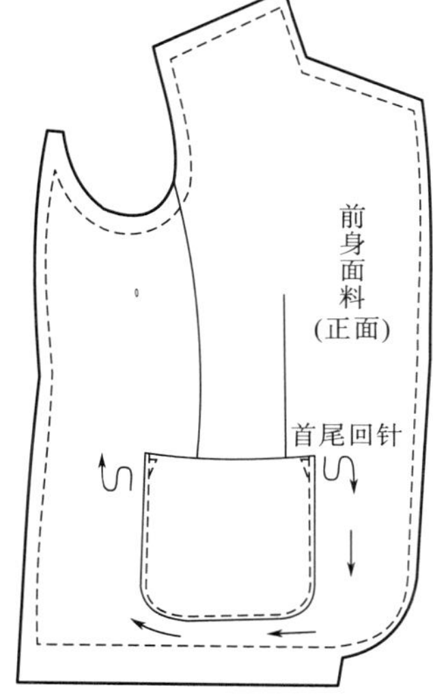

图3-134　缉明线，绱袋布

2. 后身衣片缝制

后身面料与腋下面料缝合，绱领里。缝制工艺工程分析及工艺流程，如图3-135所示。

（1）缝合后身面料与腋下面料，劈烫缝份，如图3-136所示。

（2）缝合后身面料后中线，劈烫缝份，如图3-137所示。

（3）缝合衣身面料肩缝，劈烫缝份，如图3-138所示。

（4）绱领里，如图3-139所示。

①对齐前身面料与领里绱领终止点。

②对齐前、后衣身面料肩缝线与领里颈侧点。

③对齐前身面料与领里拐弯处。

④对齐衣身面料后中线与领里后中线。

⑤前身面料拐弯处打剪口。

⑥绱领里时，缝到绱领终止点回针。

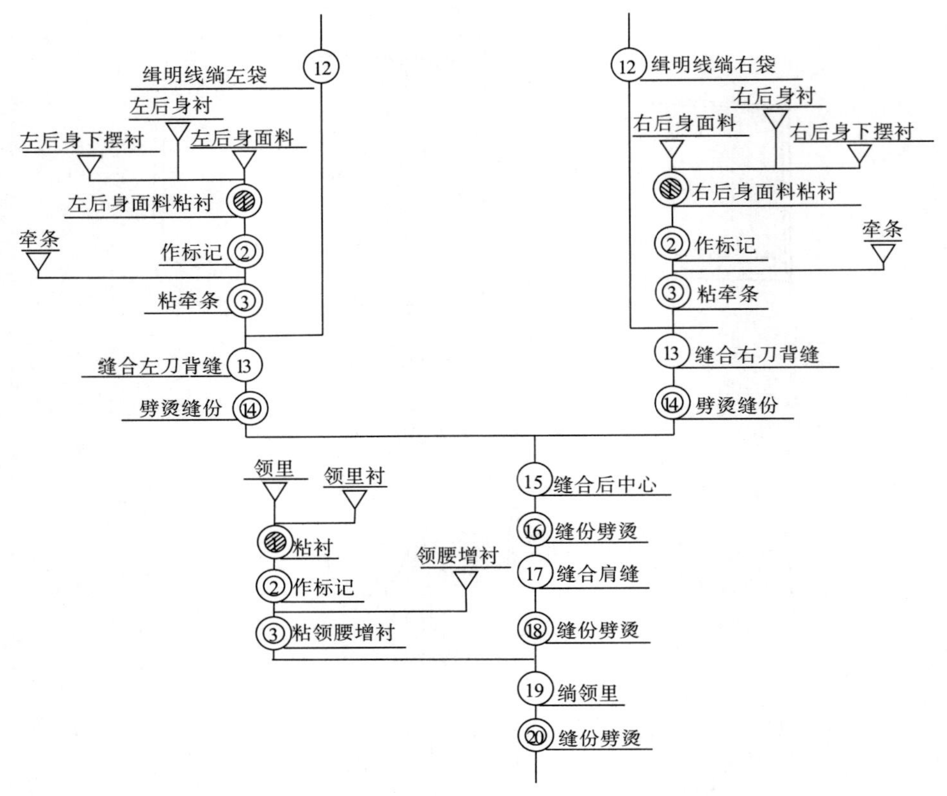

图3-135　后身衣片缝制

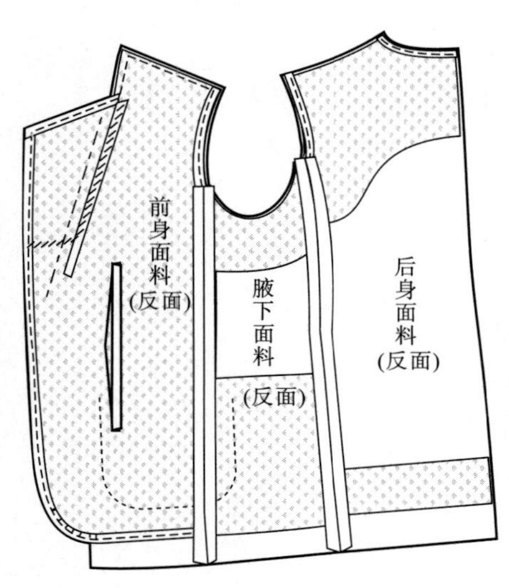

图3-136　缝合后身与腋下面料，劈烫缝份

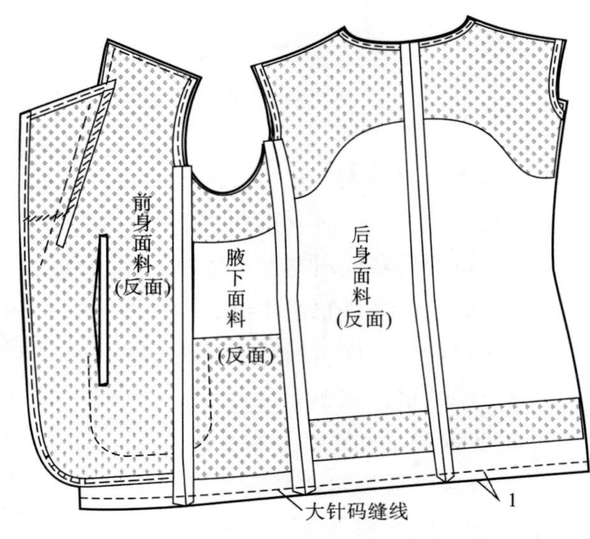

图3-137　缝合后身面料中线并劈烫缝份

（5）劈烫绱领缝份，如图3-140所示。

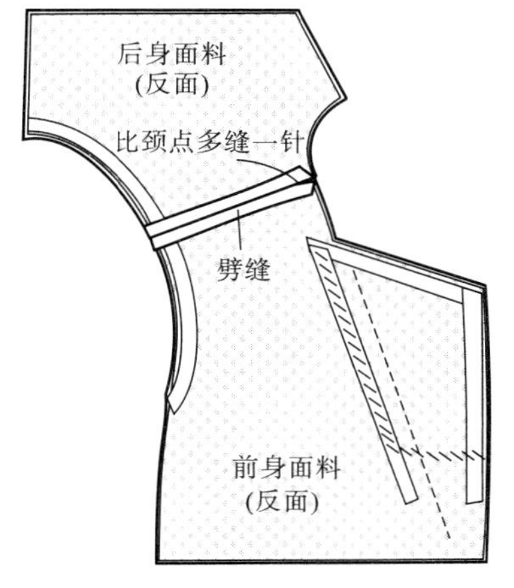

图3-138　缝合衣身面料肩缝并劈烫缝份

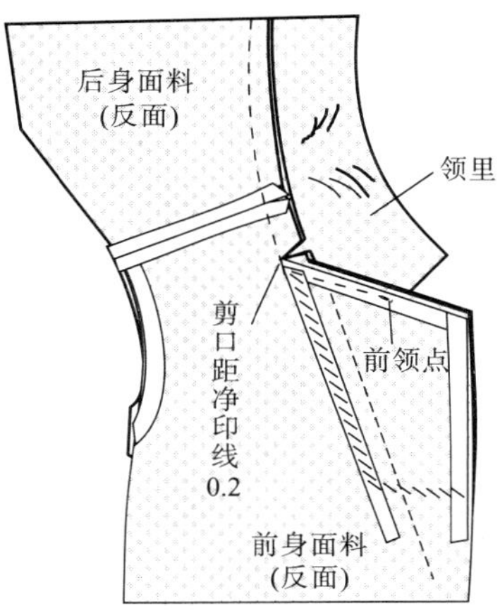

图3-139　绱领里

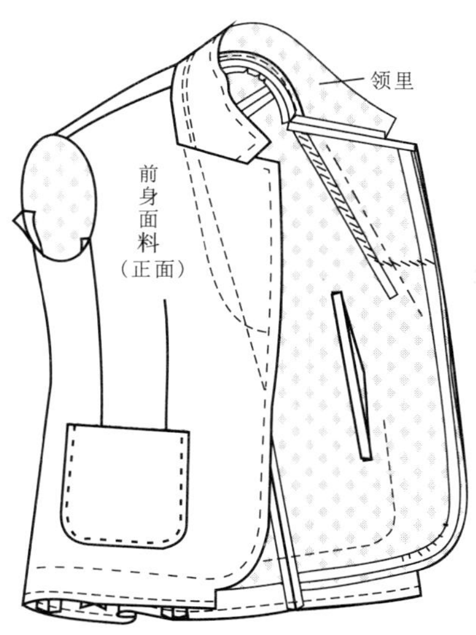

图3-140　劈烫绱领缝份

3. **前、后身衣片里料缝制**

前、后衣身里料缝合，绱领面。缝制工艺工程分析及工艺流程，如图3-141所示。

（1）收前身里料腰省缝，缝份向侧缝倒烫，如图3-142所示。

（2）前身里料与腋下里料缝合，缝份向腋下里料倒烫，如图3-143所示。

（3）贴边与前身里料缝合，缝份向前身里料倒烫，如图3-143所示。

（4）后身里料与腋下里料，缝份向后身里料倒烫，如图3-143所示。

（5）缝合后身里料中心，缝份向右倒烫，如图3-143所示。后身里料中线缝份向右倒烫时，烫出0.5～1cm的活动余量。

（6）缝合里料肩缝，缝份向后倒烫，如图3-144所示。里料肩缝缝份倒烫时，烫出0.3cm的活动余量。

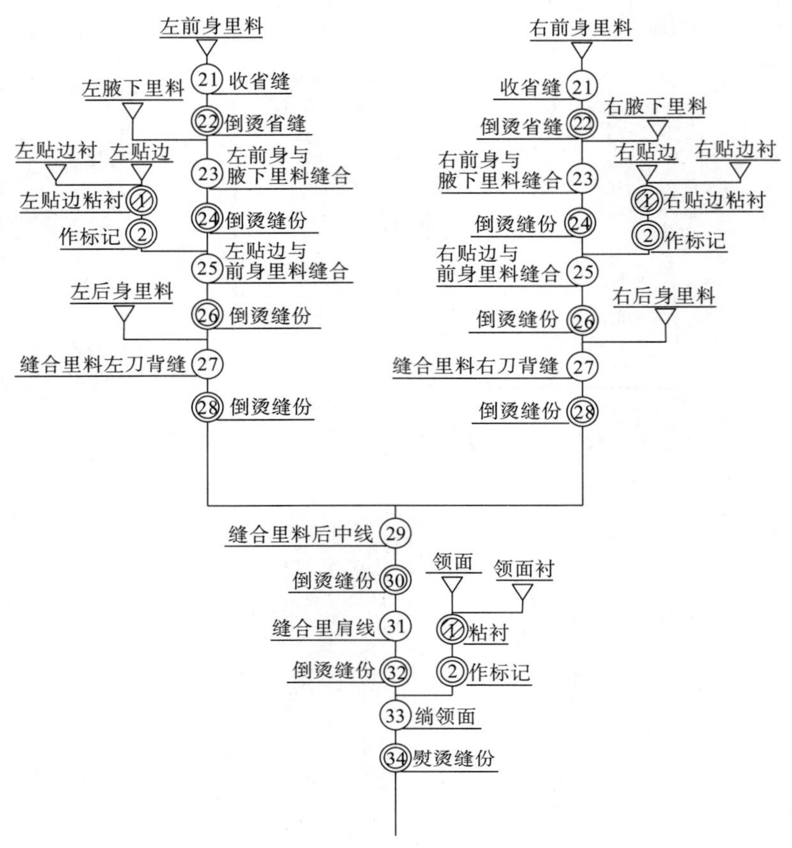

图3-141 前、后身衣片里料缝制

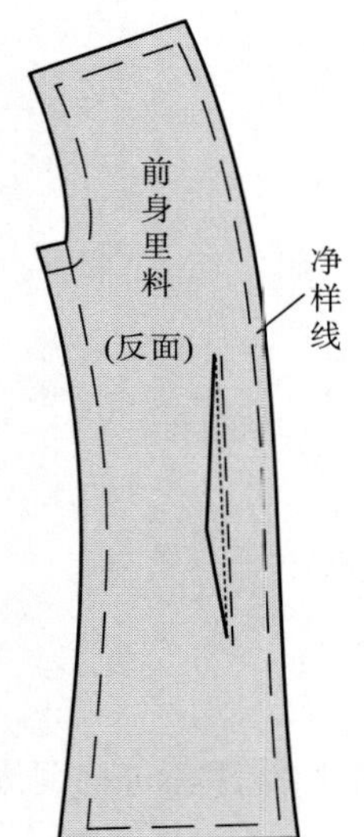

图3-142 做里料腰省缝

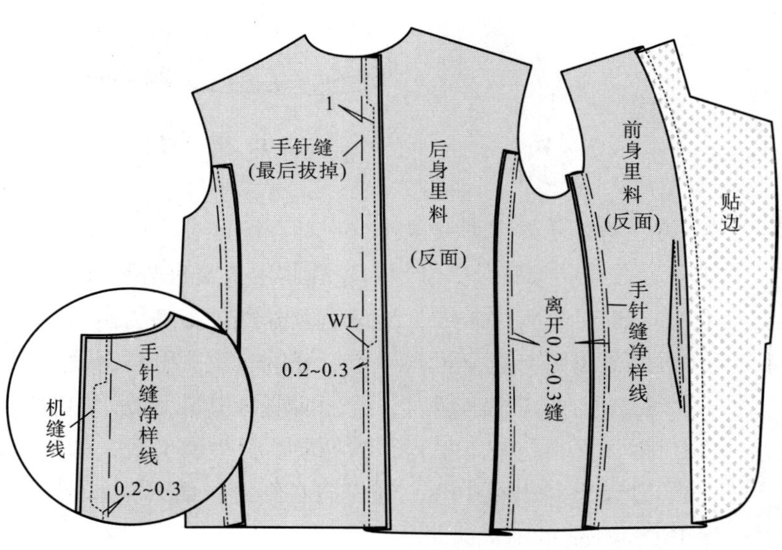

图3-143 衣身里料缝合

（7）绱领面，贴边领口处缝份劈烫，后领口处缝份向下倒烫，如图3–145所示。

①对齐领面与贴边绱领终止点。

②对齐贴边与领面拐弯处。

③对齐衣身里肩缝线与领面颈侧点。

④对齐后身里料后中线与领面后中线。

⑤绱领面时，缝到绱领终止点回针。

⑥贴边拐弯处打剪口。

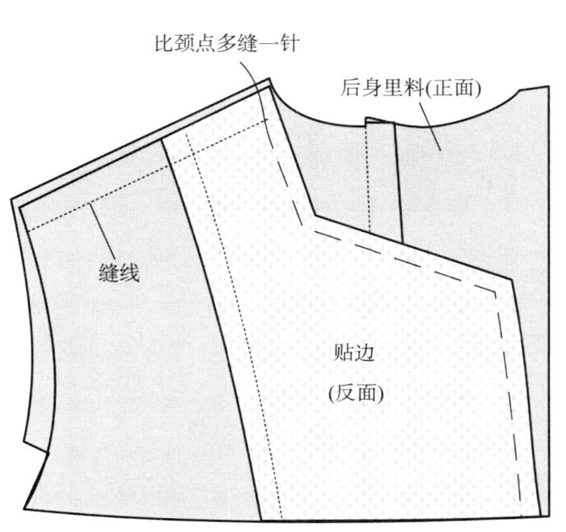

图3–144　缝合里料肩缝

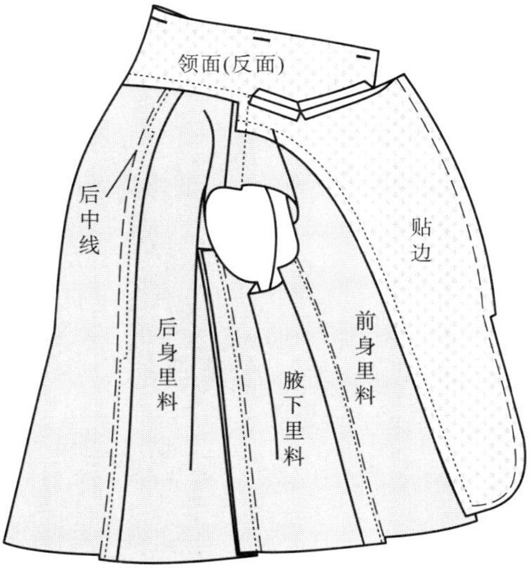

图3–145　绱领面

4. 绱领、绱贴边

缝合前门襟、领面与领里。缝制工艺工程分析及工艺流程，如图3–146所示。

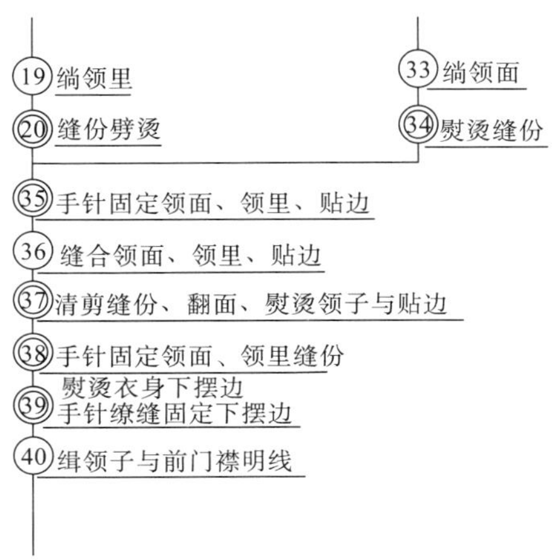

图3–146　绱领、绱贴边

（1）手针固定领子、驳头、前门襟、前下摆。

①用双线或四股线固定领面、领里、前身面料、贴边的绱领终止处，如图3–147所示。一定要用手针将这四片固定紧。

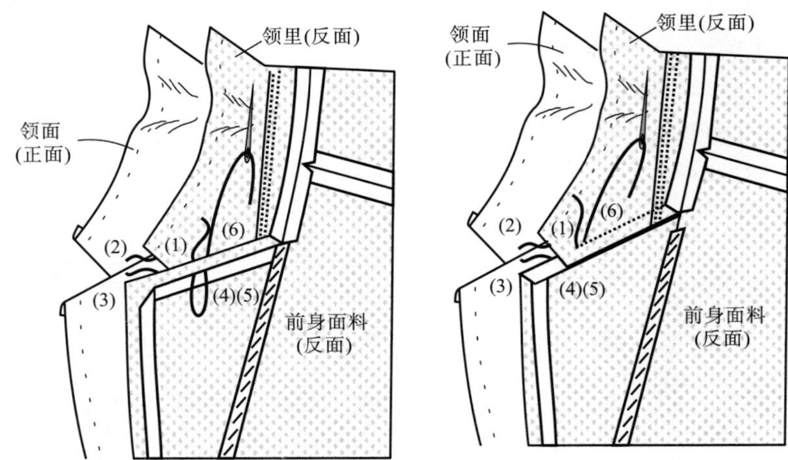

图3–147　固定绱领终止处

②手针固定领面与领里外围；前身面料与贴边的驳头、前门襟、前下摆角，如图3–148所示。手针固定前要确认领面领角处的余量、贴边驳头处的余量、前身面料下摆角的余量，使领角处、驳头处、下摆角不要反翘，且前门襟不要出现拉伸、抽缩的现象。

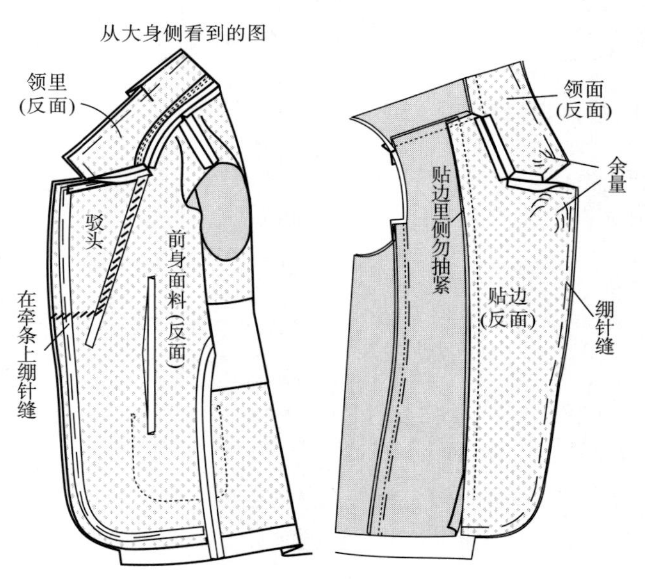

图3–148　固定领、驳头、前门襟、前下摆角

③折叠翻折线，确认领面领角、贴边驳头的余量，如图3–149所示。

（2）缝合领面与领里、驳头、前门襟、前下摆角，如图3–150所示。按领里的净样线缝合领面与领里外围；按前身面料净样线缝合前身面料与贴边的驳头处、门襟处、下摆角处。缝合时，分左衣身、右衣身、领子三段缝合，缝到绱领终止点回针。

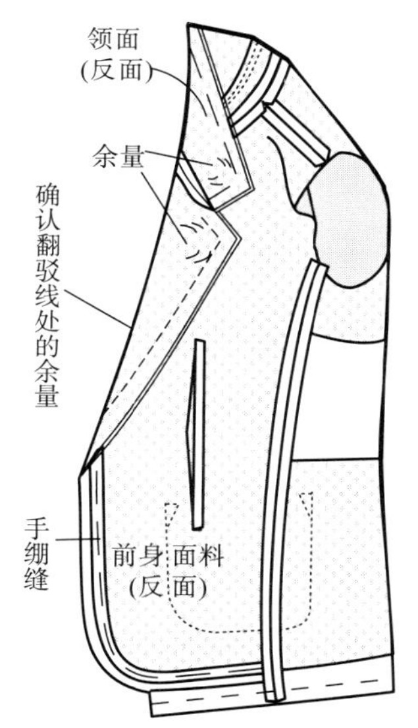

图3-149　确认领角、驳头余量

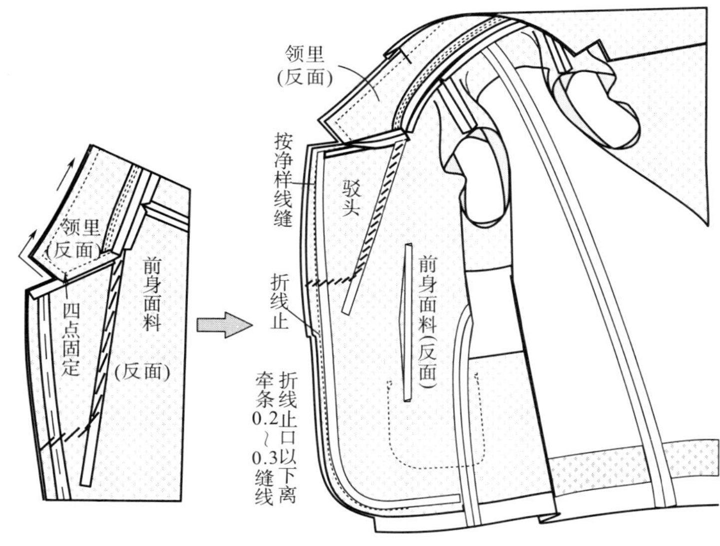

图3-150　缝合领、驳头、前门襟、前下摆角

（3）清剪缝份，如图3-151所示。

缉明线时，为了使明线有一定立体感，领子处可清剪领面缝份；驳头处可清剪贴边缝份；门襟处和下摆角处可清剪前身面料缝份。

不缉明线时，为了使拱针缝在缝份上，不露出正面，领子处可清剪领里缝份；驳头处可清剪前身面料缝份；门襟处和下摆角处可清剪贴边缝份。

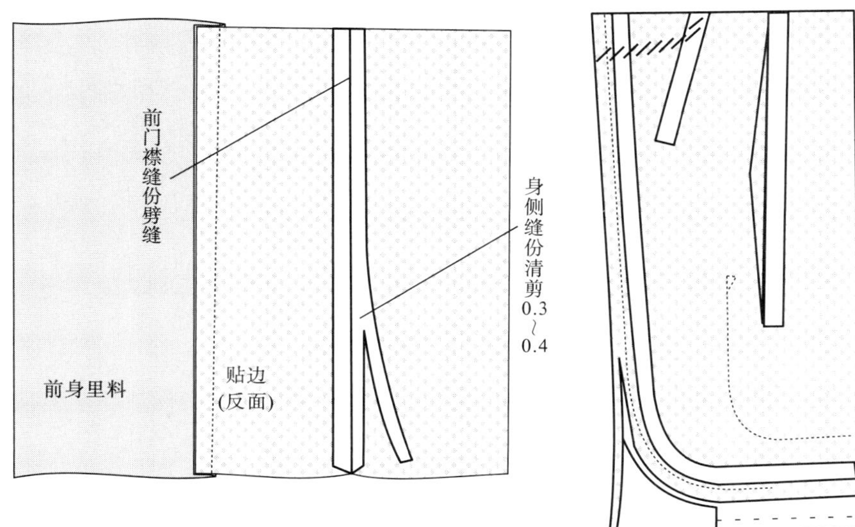

图3-151　清剪缝份

（4）翻面、熨烫领子与前门襟，如图3-152所示。

（5）手针固定领子、驳头、前门襟止口，如图3-153所示。

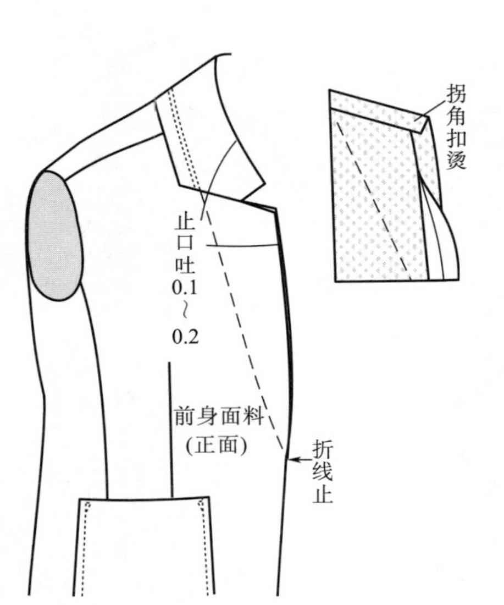

图3-152　翻面、熨烫

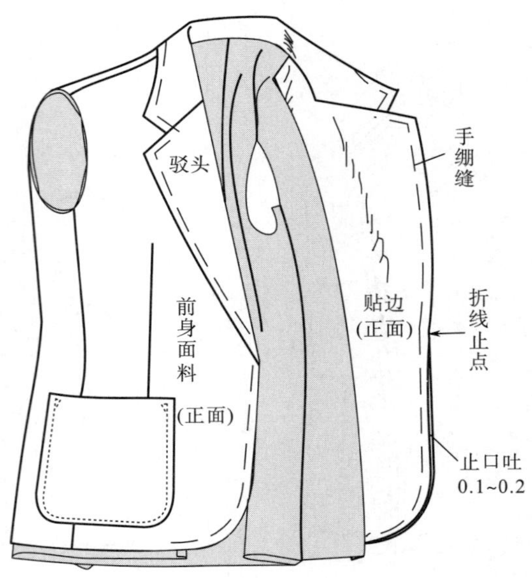

图3-153　固定领子、驳头、前门襟止口

（6）手针固定领面、领里绱领缝份。

在衣身片里面，手针固定面料绱领里与里料绱领面缝份，如图3-154所示；手针固定面料绱领里与贴边绱领面缝份，如图3-155所示。

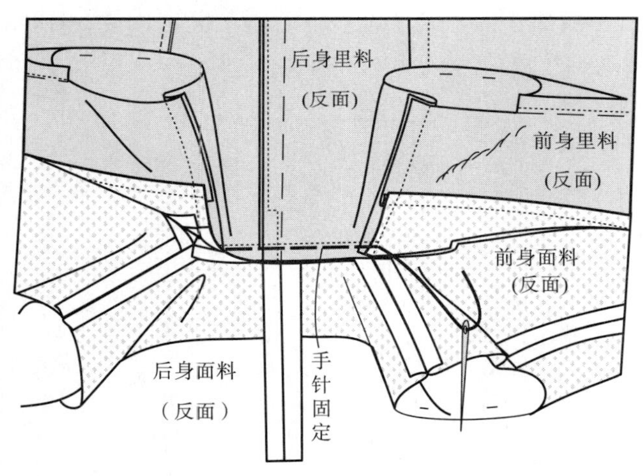

图3-154　固定面料与里料绱领缝份

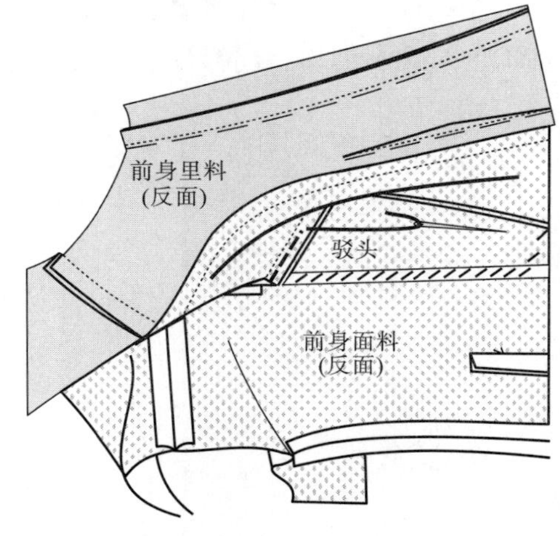

图3-155　固定面料与贴边绱领缝份

（7）熨烫衣身面料下摆边，手针缭缝固定下摆边，如图3-156所示。手针将衣身面料下摆固定在下摆黏合衬上，然后手缭缝衣身里料下摆；或机缝衣身面与衣身里下摆，然后将面料、里料缝份手缭在下摆黏合衬上固定。注意留1cm下摆余量。

（8）缉领子与前门襟明线，如图3-156所示。

5. **袖子制作**

制作袖子，缝制工艺工程分析及工艺流程，如图3-157所示。

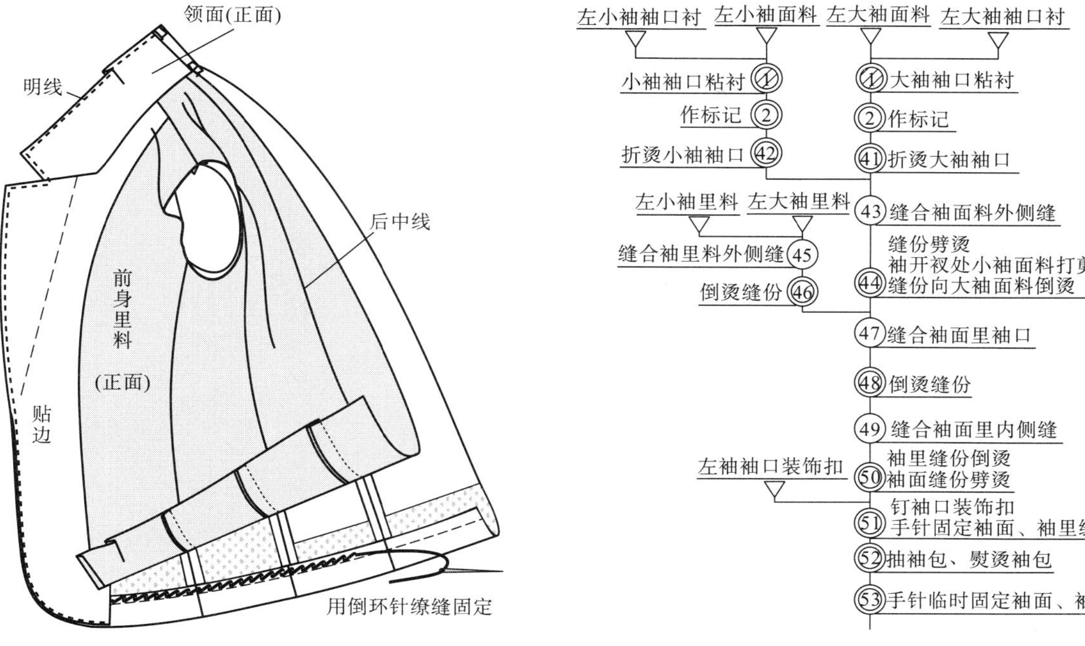

图3-156　缲下摆、缉明线　　　　图3-157　袖子制作

（1）轻轻折烫大袖、小袖面料的袖口，如图3-158所示。

（2）大袖面料袖口边折叠着与小袖面料一起缝合袖外侧缝，如图3-159所示。

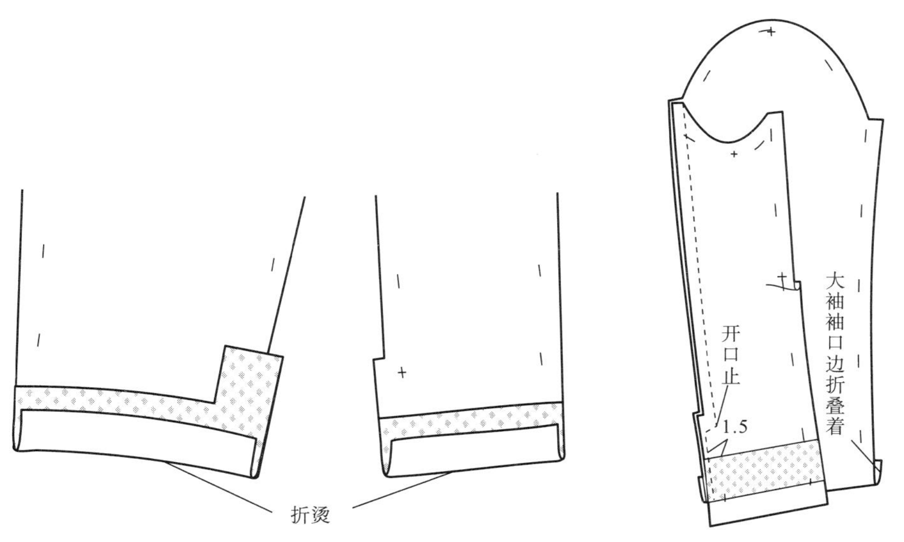

图3-158　折烫袖面料袖口　　　　图3-159　缝合袖面料外侧缝

（3）袖开衩终止处，小袖缝份打剪口；袖外侧缝缝份劈烫，袖开衩处，缝份向大袖面料倒烫，如图3-160所示。

（4）大袖面料袖口缝份打0.7cm剪口，然后手针缲缝袖口开衩处缝份，如图3-161所示。

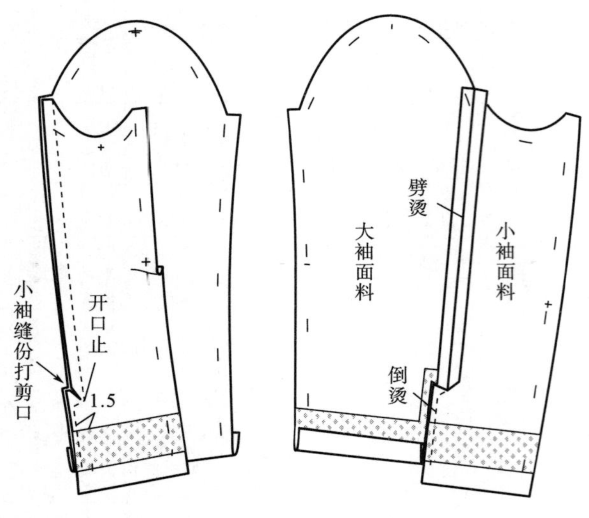

图3-160　打剪口、熨烫袖面料外侧缝

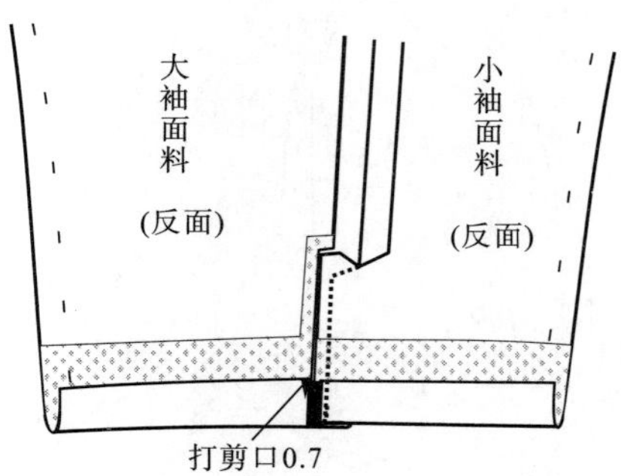

图3-161　打剪口、手针缭缝袖开衩处

（5）缝合袖里料外侧缝，缝份向大袖里料倒烫，缝份倒烫时，烫出0.3cm的活动量，如图3-162所示。

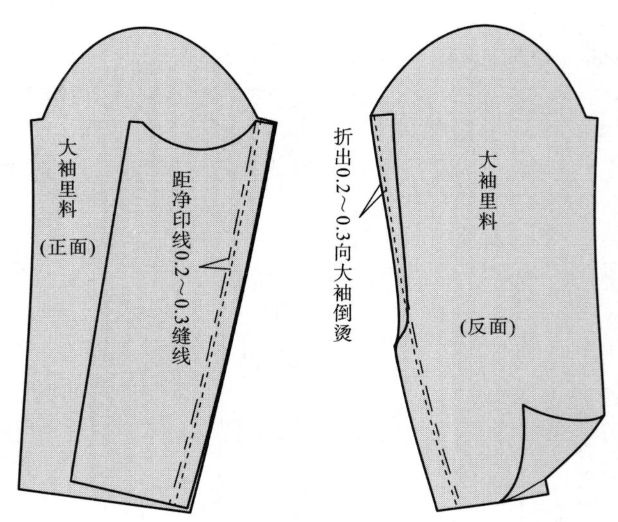

图3-162　缝合袖里料外侧缝并倒烫

（6）缝合袖面料、袖里料袖口，缝份向袖面料倒烫，并留0.5cm袖口余量，如图3-163所示。缝合袖面料、袖里料袖口时，缝至袖面料内侧缝净样线终止，首尾回针。

（7）缝合袖面料、袖里料内侧缝，如图3-164所示。

（8）袖面料内侧缝缝份劈烫、袖里料内侧缝缝份向大袖里料倒烫，如图3-165所示。袖里料缝份倒烫时，烫出0.3cm的活动量。

（9）固定袖面料与里料，将袖面料与袖里料袖口缝份固定在袖口黏合衬上，或者固定在袖内、外侧两侧缝份上；袖里料袖山缝份折烫0.7cm；手针固定袖面料与袖里料缝份，将袖里料内侧缝、外侧缝倒烫的缝份固定在袖面料缝份上，如图3-166所示。

（10）抽袖包，烫袖包，在袖山附近手针固定袖面料与袖里料，如图3-167所示。

①用双棉线抽缝袖面料袖山，线迹距袖山净样线0.2cm。

②抽袖包。根据布料质感状况调节袖山吃量的分配，抽袖包时，线迹不要出现碎褶。

③烫袖包。将袖包烫出立体感。

④将袖山与袖窿比合一下，使袖面料袖山与衣身面料袖窿完全吻合。若吃量稍微大一

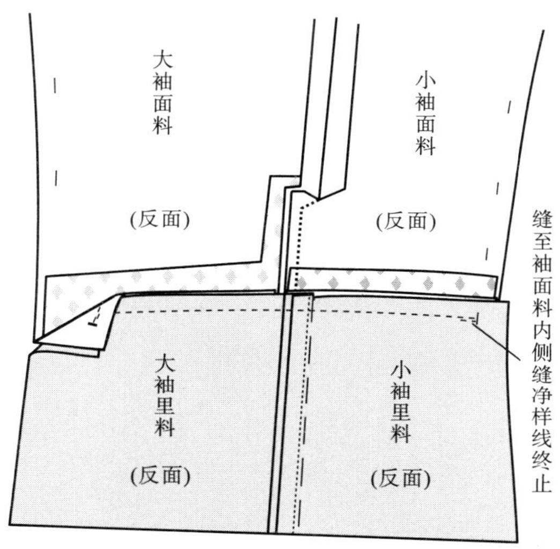

图3-163　缝合袖口

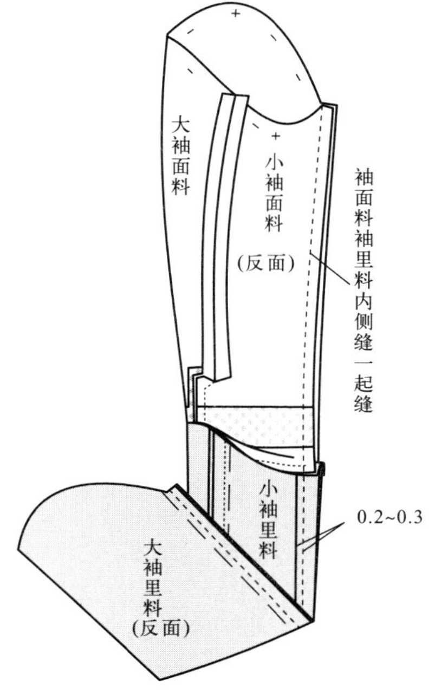

图3-164　缝合袖内侧缝

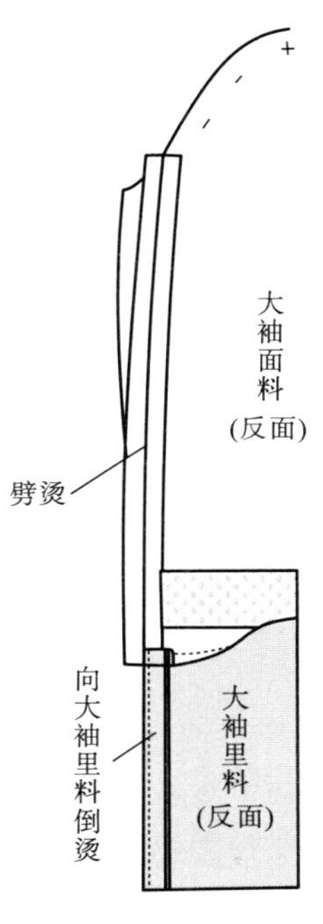

图3-165　熨烫袖内侧缝

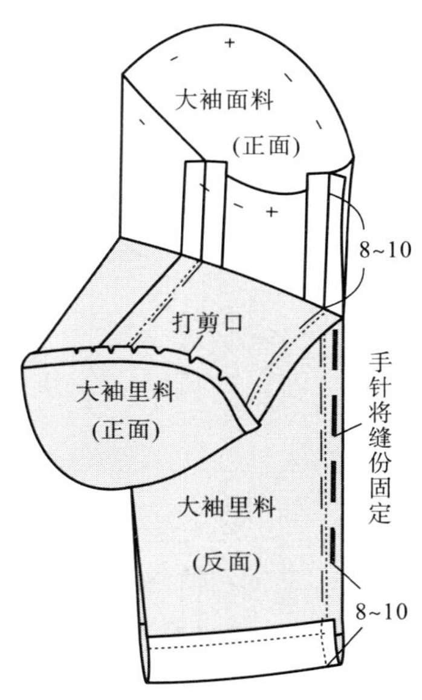

图3-166　手针固定袖面料与里料

点，可用双棉线再抽一圈袖包，熨烫方法与前次相同，若吃量还相当大，可适当开深袖窿。

（11）手针缭缝袖口开衩处，然后整烫袖子，如图3-168所示。

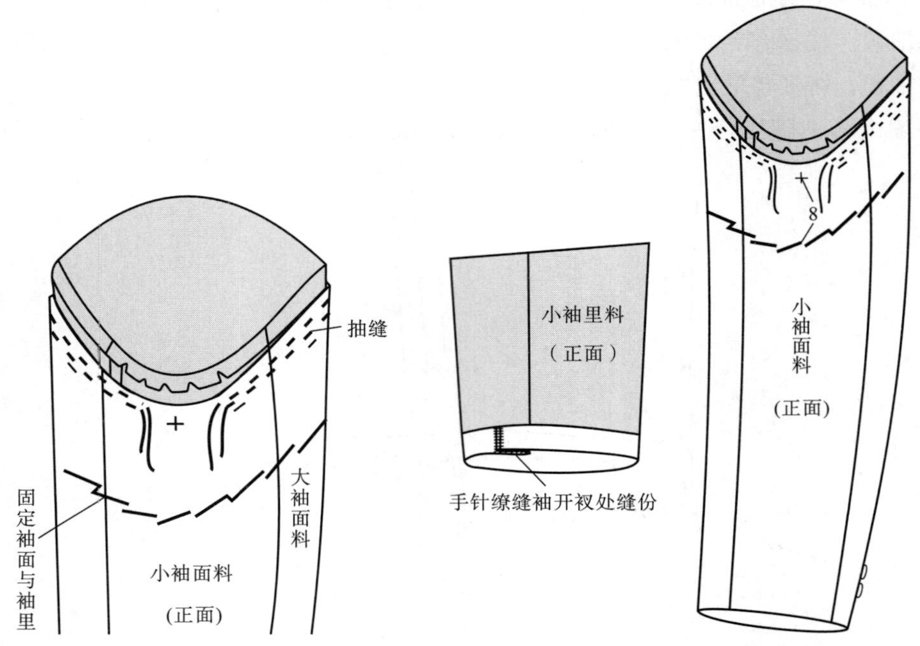

图3-167　做袖包与手针固定　　图3-168　缭缝开衩处并整烫袖子

6. **绱袖**

绱袖子的缝制工艺工程分析及工艺流程，如图3-169所示。

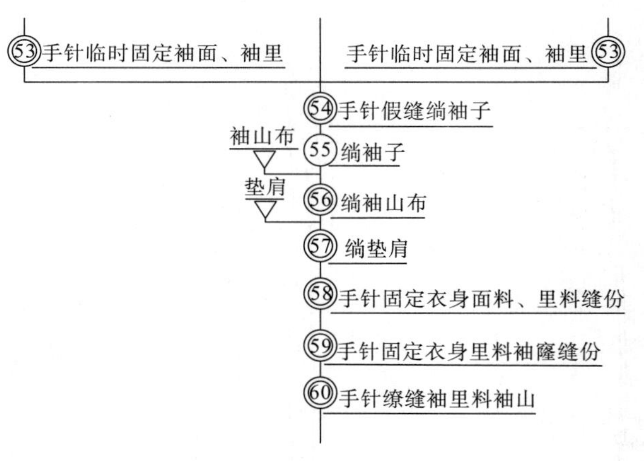

图3-169　绱袖

（1）手针假缝绱袖子，如图3-170所示。

①确认袖山的吃量是否均匀、袖面料袖山与衣身面料袖窿是否完全吻合。

②确认袖子的方向，在袖山最高点做标记。

③按对位记号，用单棉线手针将袖面料缝合在衣身面料上，将其临时固定；若袖山稍

大，可适当开深袖窿；最后，观察绱袖的状态。

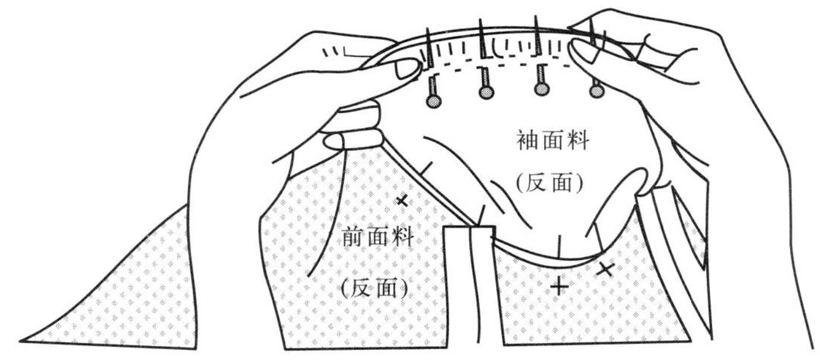

图3-170　手针假缝绱袖子

（2）绱袖子。由胸宽点（或背宽点）至袖窿最低点到背宽点（或胸宽点）到袖山最高点，缝合一圈后，再通过袖窿最低点重合缝半圈，以免腋下开线，腋下重合缝两次，如图3-171所示。

（3）绱袖山牵条布，袖山牵条布一般长30～35cm，宽3～4cm，如图3-172所示。

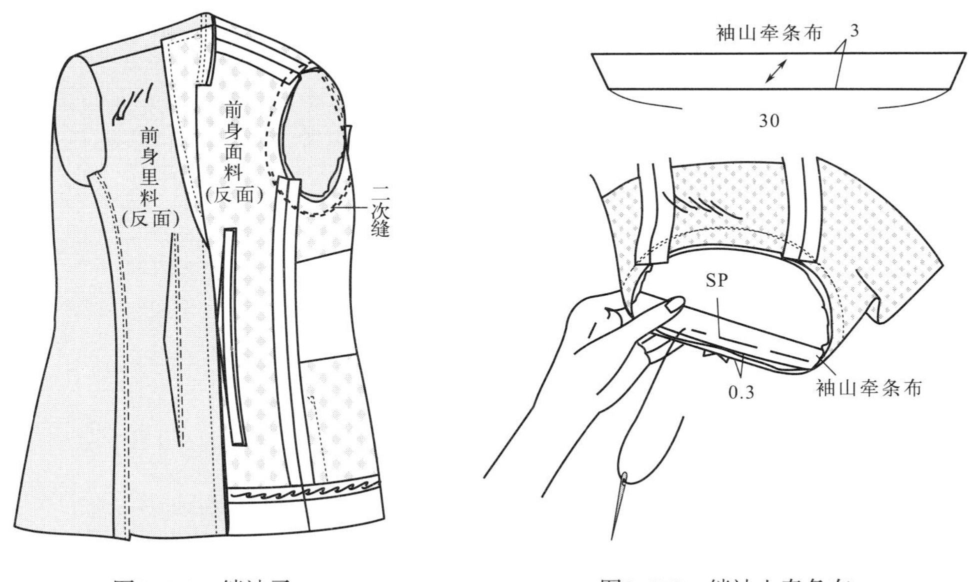

图3-171　绱袖子　　图3-172　绱袖山牵条布

（4）装垫肩：

①从正面将垫肩用大头针固定好，如图3-173所示。

②从反面用手缝将垫肩固定，如图3-174所示。

（5）手缝固定衣身面料与里料，如图3-175所示。

①从正面将衣身面料与里料后中缝缝份用大头针固定好，然后从里面用手缝固定。

②从正面将衣身面料与里料后刀背缝缝份用大头针固定好，然后从里面用手缝固定。

（6）手缝固定里料袖窿缝份。

①从正面将衣身里料袖窿缝份用手针临时固定，如图3-176所示。

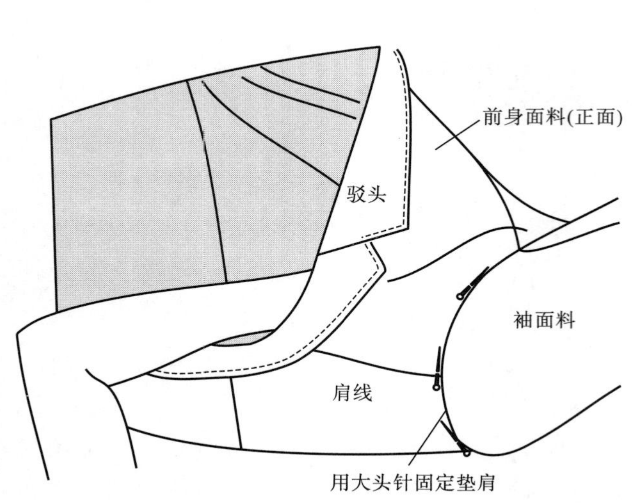

图3-173　大头针固定垫肩

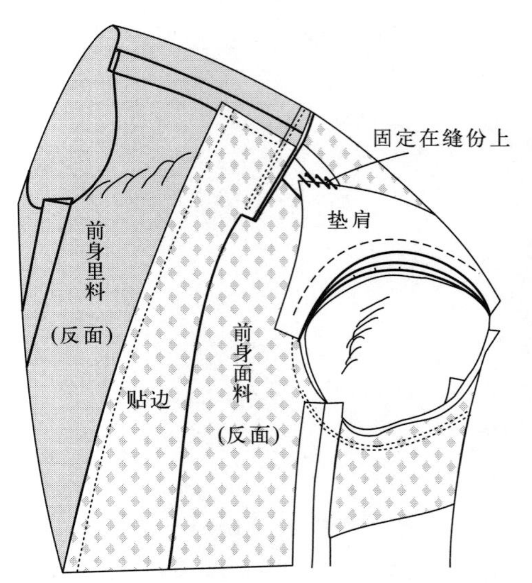

图3-174　手缝固定垫肩

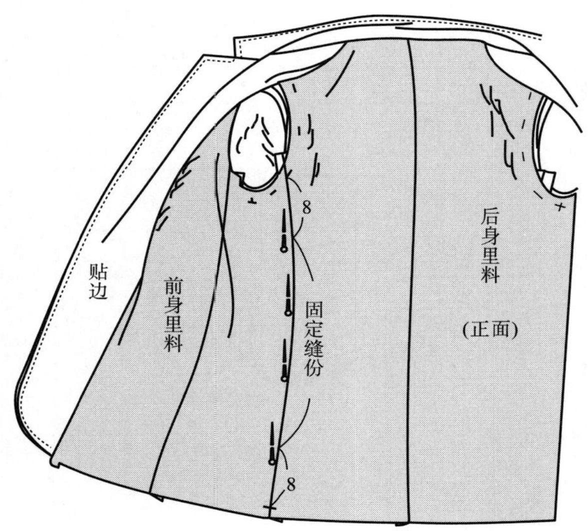

图3-175　手缝固定衣身面料与里料

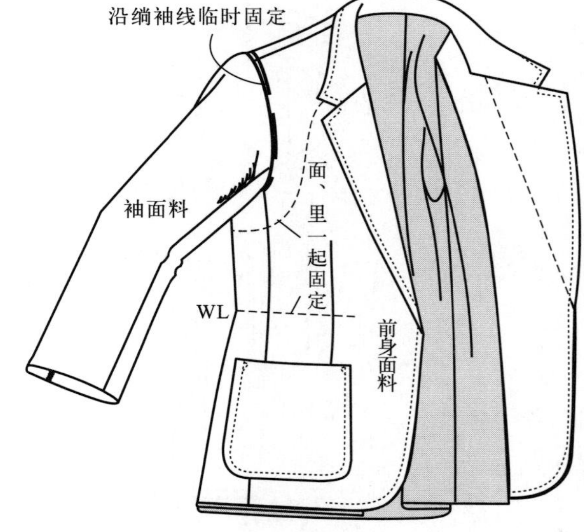

图3-176　临时固定里料袖窿

②然后从里面用手缝固定衣身里料袖窿缝份，如图3-177所示。

（7）手针缭缝袖里料袖窿，如图3-178所示。

7. **缝下摆、锁眼、钉扣**

下摆的处理、锁扣眼、钉扣、整烫定型。缝制工艺工程分析及工艺流程，如图3-179所示。

（1）缝合下摆。折烫衣身里料下摆边，然后手针缝合衣身面料与里料下摆，如图3-180所示。

（2）熨烫衣身里料下摆边的活动余量；下摆贴边缝份处卷缝，如图3-181所示。

（3）拱针固定翻折余量，如图3-182所示。

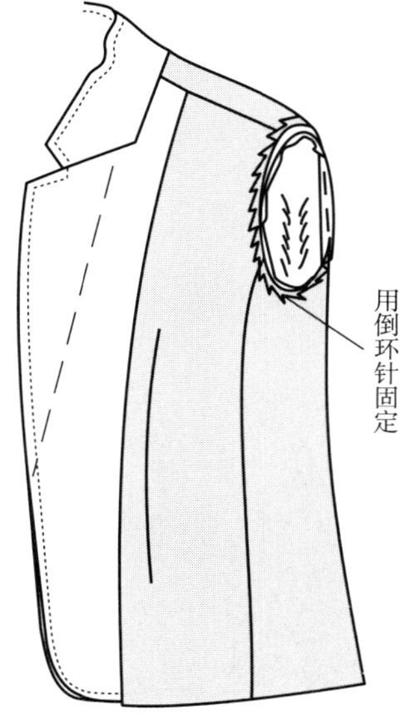

图3-177　手缝固定里料袖窿

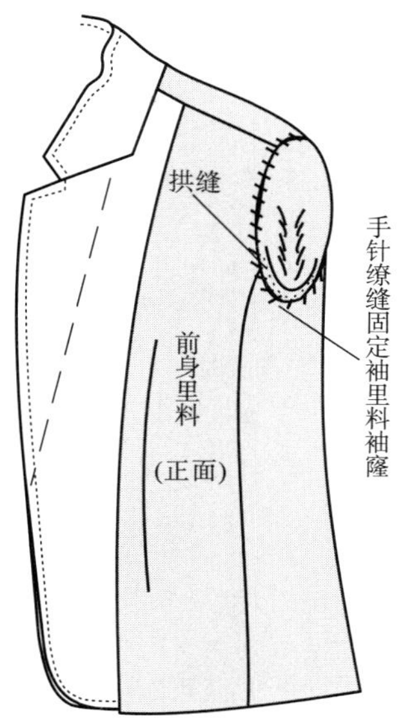

图3-178　手针缭缝袖里料袖窿

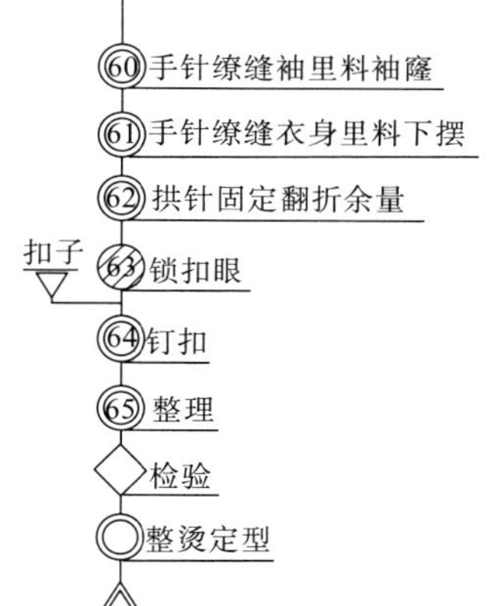

图3-179　缝下摆、锁扣眼、钉扣

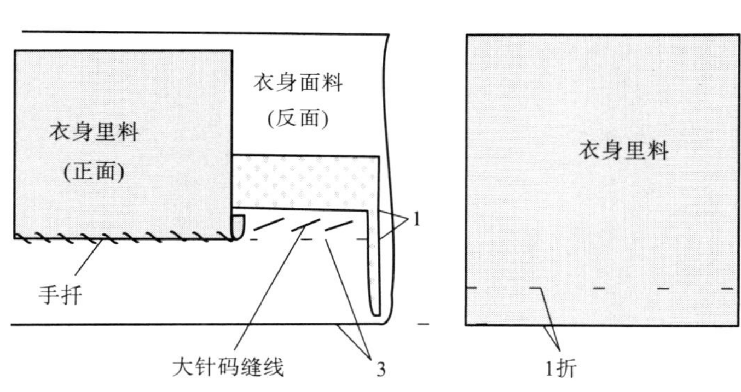

图3-180　缝合下摆

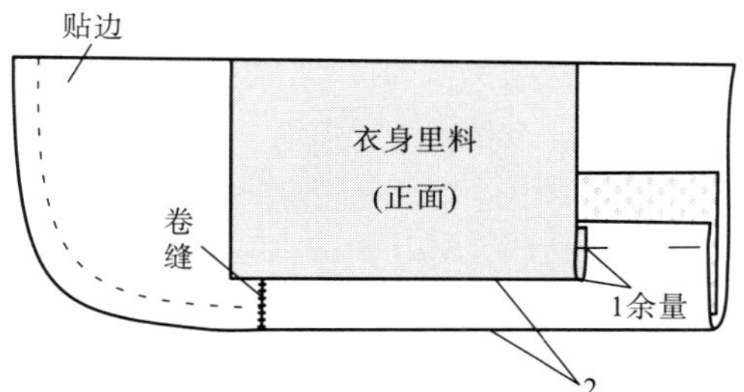

图3-181　熨烫余量与卷缝

（4）锁扣眼，钉扣子。在右衣身门襟的贴边面作扣眼位置标记，用锁扣眼机锁圆头扣眼；在左衣身门襟的前身面钉扣子，如图3–183所示。

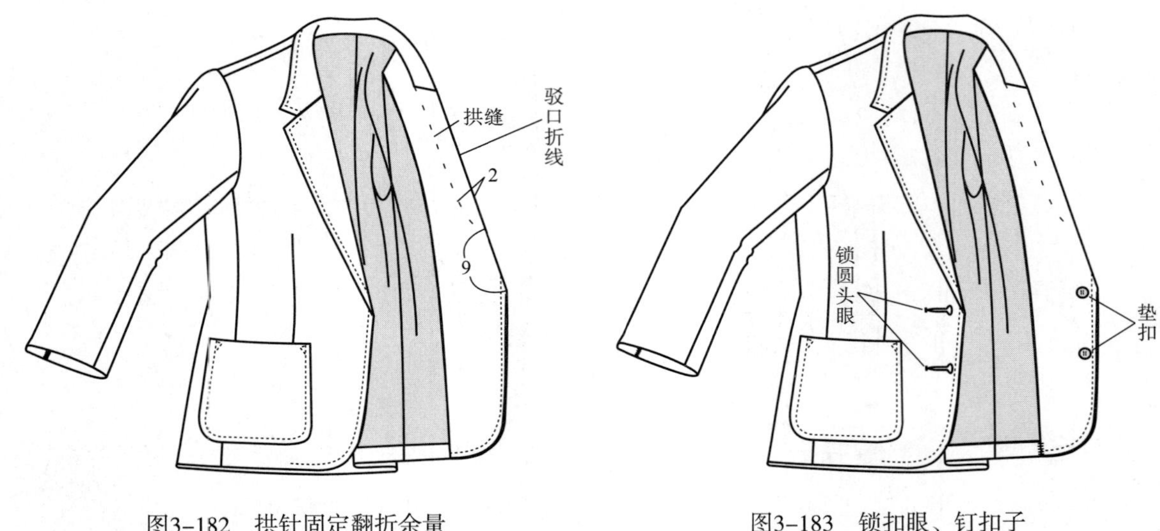

图3–182　拱针固定翻折余量

图3–183　锁扣眼、钉扣子

（5）整烫定型。

六、质量检验标准

按要求制作六片构成的女西服上衣。

1. **主要部位尺寸规格要求**

（1）衣长、袖长两长符合尺寸规格要求。

（2）胸围、腰围、臀围三围符合尺寸规格要求。

（3）肩宽、背宽、胸宽三宽符合尺寸规格要求。

（4）领子大小、驳头大小、袖口大小、口袋大小等符合尺寸规格要求。

2. **缝制工艺要求**

（1）六片构成的女西服上衣缝制工序正确、完整。

（2）领子：绱领要正、要平；领子左、右对称；领面纱向顺直、不紧、不吐里；领面缉线顺直、牢固；领里制作平展、规范合理。

（3）驳头：驳头弧度吃势均匀；驳头长度、宽度左右对称；缉线顺直。

（4）前门：左右前门弧度相同、对称；圆角弯势圆滑、下摆圆角略向里窝服，左右一致；缉线顺直。

（5）口袋：两贴袋造型准确、左右对称；袋口平服、松紧适宜；缉线顺直、两端封结牢固对称。

（6）袖子：两只袖子对称、方向适当；袖山吃势均匀、适当，外型饱满、圆顺，符合造型要求；袖里松紧适宜无牵吊现象；袖开衩制作方法正确、工序完整、美观。

（7）里料：余量适中，缭缝完整、不影响外型。

（8）手工：手针工艺齐全、牢固美观；钉扣结实符合规范要求。

3. **其他要求**

（1）外观造型：外形美观大方、各部位造型准确；成品整洁、正面平服；工艺处理得当、能给人舒适感。

（2）线迹：线迹顺直、针距适当，无跳线现象。

课后延学：根据学习任务，完成实训操作

实训任务一：三开身平驳领女西服局部缝制工艺——口袋A实训练习（按制单要求协作完成）

实训任务二：三开身平驳领女西服局部缝制工艺——口袋B实训练习（按制单要求协作完成）

实训任务三：三开身平驳领女西服成衣制作实训练习（按制单要求协作完成）

本单元微课资源（扫二维码观看视频）

12. 女西服——里袋的制作
13. 女西服——压明线贴袋制作
14. 女西服——无明线贴袋制作
15. 平驳领女西服——粘衬、清剪、作标记
16. 平驳领女西服——前身片粘嵌条
17. 平驳领女西服——制作口袋
18. 平驳领女西服——制作前身片里子
19. 平驳领女西服——勾缝前门襟止口
20. 平驳领女西服——制作后身表里料
21. 平驳领女西服——制作下摆、肩缝
22. 平驳领女西服——勾缝领里、领面
23. 平驳领女西服——绱领子
24. 平驳领女西服——制作袖开衩
25. 平驳领女西服——制作袖筒、面料里料袖口结合
26. 平驳领女西服——抽袖包、手工绱袖子
27. 平驳领女西服——机缝绱袖和袖山条
28. 平驳领女西服——装垫肩
29. 平驳领女西服——抽缝袖里、绱袖里

30. 平驳领女西服——后整理缭缝底边、面料里料侧缝

31. 平驳领女西服——后整理扦缝领口、袖口、袖缝、驳口拱针

32. 平驳领女西服——后整理整烫

学习单元四　四开身女西服缝制工艺

课前导学：以女西服变化款为本，提出学习任务，服装生产任务单见表4-1。

学习任务一：四开身女西服局部缝制工艺——衣身后开衩

学习任务二：四开身刀背缝戗驳领女西服成衣缝制工艺

学习任务三：四开身青果领女西服成衣缝制工艺

学习任务四：四开身连身领女西服成衣缝制工艺

表4-1　服装生产任务单

<table>
<tr><td>客户名称</td><td>×××</td><td>款号</td><td>×××</td><td>款名</td><td>戗驳领女西服</td><td rowspan="3">成衣主要规格表
号型：165/84A　　单位：cm
<table><tr><td>部位</td><td>后中长</td><td>胸围</td><td>腰围</td><td>肩宽</td><td>袖长</td><td>袖口</td></tr><tr><td>尺寸</td><td>62</td><td>94</td><td>74</td><td>38</td><td>56</td><td>24</td></tr></table>注：未标注尺寸的部位，可根据订单要求、款式图及样板确定。

工艺要求：
1. 面料裁剪纱向正确，经纬纱垂平，达到丝缕平衡，符合成本要求。
2. 粘衬部位有前身、门襟贴边、后身、领子、袖衩、摆衩等。
3. 针距为3cm，14~15针。缉线要求宽窄一致，各类缝型正确，无断线、脱线、毛漏等不良现象。
4. 缝份倒向合理，衣缝平整；毛边处理光净整洁，方法得当。
5. 工艺细节处理得当，衣面与衣里缝线松紧适宜，层次关系清晰。
6. 具体缝型、工艺方法，根据订单要求及款式图、样板确定。
7. 里料、衬料、线、垫肩、纽扣等辅料符合订单要求。
8. 后整理：烫平冷却后挂装，不可烫脏、渗胶等。
9. 装箱方法：单色单码，挂装</td></tr>
<tr><td>产量</td><td>×××</td><td>面料</td><td>×××</td><td>工期</td><td>×××</td></tr>
<tr><td colspan="6">款式图：

正面　　背面</td></tr>
<tr><td colspan="3">款式特征：
1. 前衣身：四开身结构，门襟一粒扣，倒V形小圆角下摆，小刀背分割线自袖窿起至前腰袋盖前边连接，L形折转至侧缝，前侧刀背缝与袋盖相连，小圆角袋盖，袋盖下实用口袋；有领省、刀背缝上有胸省道。
2. 后衣身：后背中缝直通底摆；后刀背缝自袖窿中部起通向底摆。
3. 领子：戗驳领，领面分体翻领，领里一片。
4. 袖子：合体两片袖结构，袖口开衩钉两粒扣</td><td colspan="3">外观造型要求：
1. 整体：规格设计合理，辅料配置合理，造型符合要求，结构平衡，服装里外整洁。
2. 衣身：胸腰松量适中；肩部服帖，有活动量，无不良折痕；门襟不搅不豁；底摆不起吊不外翻。
3. 衣领：松紧适中，左、右领自然过渡。
4. 衣袖：袖山与袖窿衔接平顺，袖体圆顺，袖弯适中，分割合理，无不良皱褶</td></tr>
</table>

考虑学生职业能力的提升，依据女西服变化款式风格、结构及工艺特点，设计梳理本单元学习技能，见表4-2。

表4-2　本单元应掌握的技能和学习目标

职业面向	技能点	学习目标		
		知识目标	能力目标	素质目标
1. 模板操作人员 2. 裁剪人员 3. 样衣制作人员 4. 生产班组长	刀背缝戗驳领女西服口袋、后开衩制作	熟知刀背缝戗驳领女西服口袋、开衩部件构成	能够熟练使用常规缝纫设备，以上一个单元技能为基础，编写工艺流程及缝制操作方法	1. 培养学生能够解读服装企业生产标准 2. 培养学生依据标准文件设计工艺方法 3. 培养学生与他人合作完成项目任务 4. 培养学生独立完成变化款女西服的选料、裁剪、排板、成衣制作方法的能力 5. 培养学生具有胜任企业技术部助理的工作
	刀背缝戗驳领女西服成衣排板、裁剪	熟悉刀背缝戗驳领女西服排板原理	能够进行单件服装排板；能够进行多号型套裁排板	
	刀背缝戗驳领女西服成衣制作	正确解读刀背缝戗驳领女西服款式	能够熟练运用各种机缝、手缝技法进行刀背缝戗驳领女西服成衣缝制；能够正确依据面料性能选择工艺技法	
	女西服变化款领子的制作	正确解读女西服变化款领型特点及构成	能够正确依据面料性能选择适合不同领型的工艺技法；能够熟练运用各种机缝、手缝技法进行女西服变化款的领、袋、袖缝制	

课中探究：围绕学习任务，进行技能学习

学习任务一　四开身女西服局部缝制工艺——衣身后开衩

一、款式图

衣身后开衩正面、背面款式图，如图4-1所示。

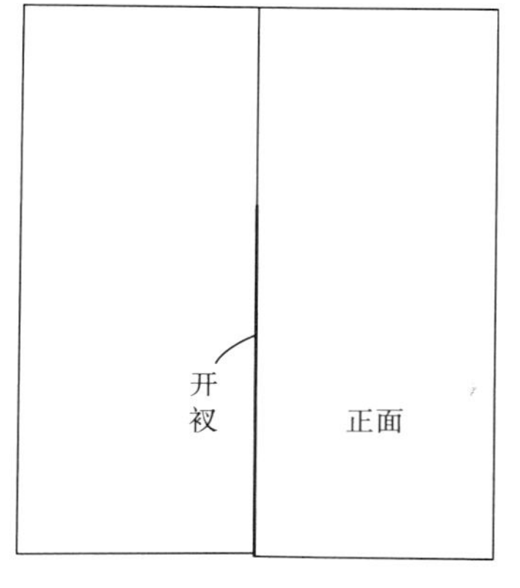

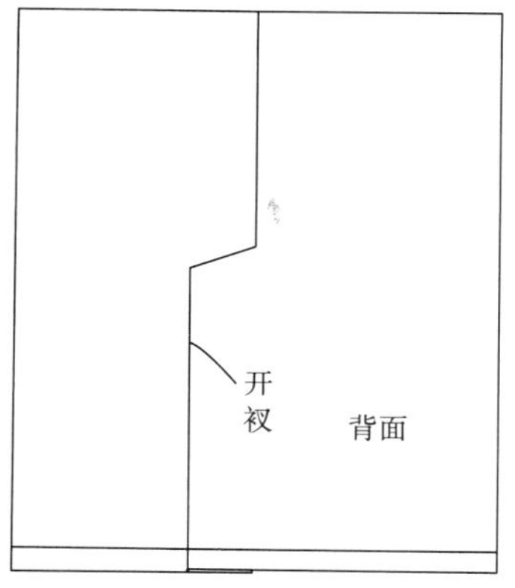

图4-1　衣身后开衩正、背面款式图

二、款式说明

后开衩是服装中较多见的结构之一，之前的开衩制作侧重于手针工艺和机缝工艺兼用，直观便于理解。但服装企业生产的特点是靠效益生存，因此本节讲解全部机缝工艺的后开衩制作。此方法适用于男女西服、裙子以及大衣的制作。

三、裁剪

1. 开衩面料的裁剪

衣身后开衩面料裁剪，如图4–2所示。

2. 开衩里料的裁剪

结合订单中开衩的正面效果，避免裁成一顺儿，后身片里料的正面效果，如图4–3所示。

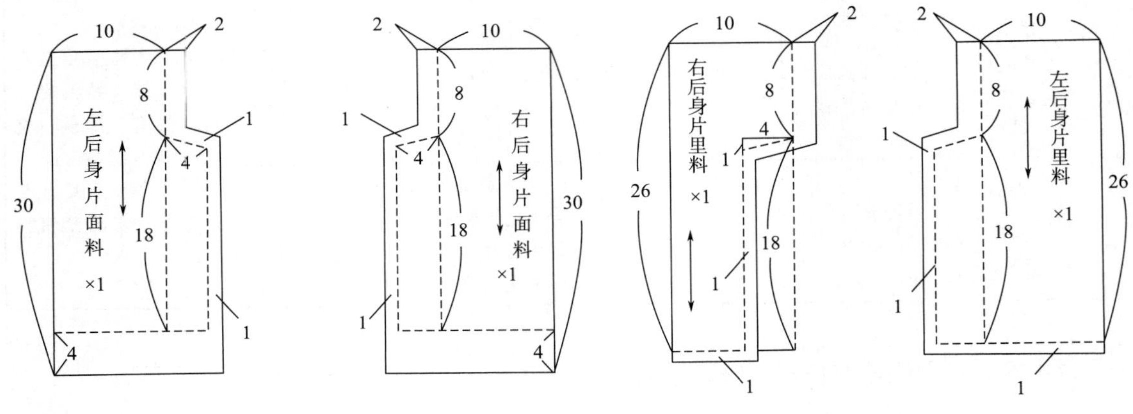

图4–2　开衩面料的裁剪

图4–3　开衩里料的裁剪

3. 开衩衬料的裁剪

为避免面料的正面粘上胶而弄脏面料。剪衬布时依据面料样板，衬布的边缘比面料缩进0～0.3cm，如图4–4所示。

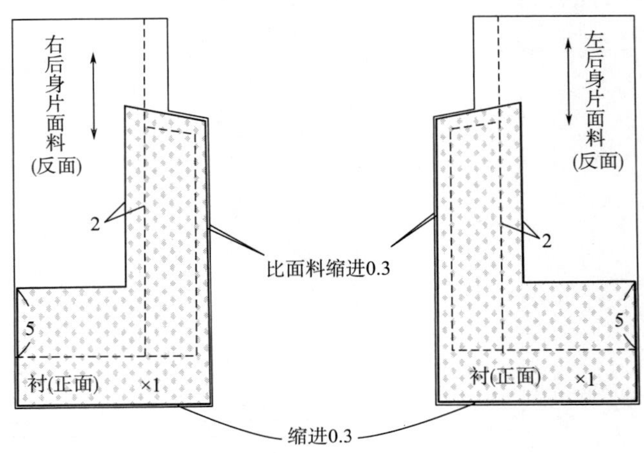

图4–4　开衩衬料的裁剪

四、缝制工艺操作过程

1．粘衬、作标记

结合面料性能等因素画净印线、打线丁、粘衬，如图4-5所示。

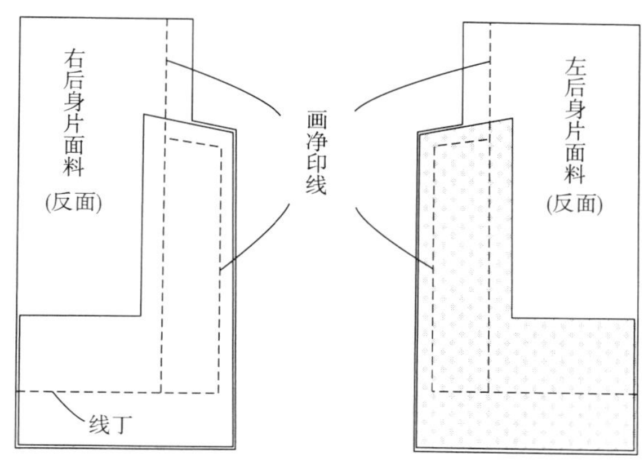

图4-5 粘衬、作标记

2．缝合面料后中缝及开衩顶端

缝合后身片面料后中缝，如图4-6所示。因衣身后开衩用机缝，所以开衩处缝制净印打回针，剪口处只剪一层。接着，劈烫后中缝。

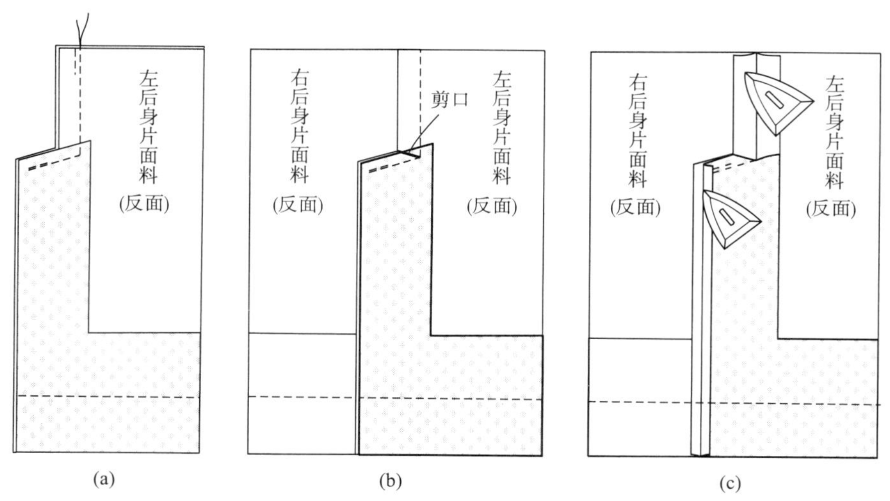

图4-6 缝合面料后中缝及开衩顶端

3．制作后身面料开衩及下摆

首先制作后身面料的开衩和下摆边，如图4-7所示。

熨烫开衩以及下摆折边，熨烫时分析层次关系，确认哪一片制作成对角线效果，画出对角线，剪掉多余的部分。然后，缝合对角线处，清剪缝份并劈烫。接着，翻向正面整理熨烫开衩。

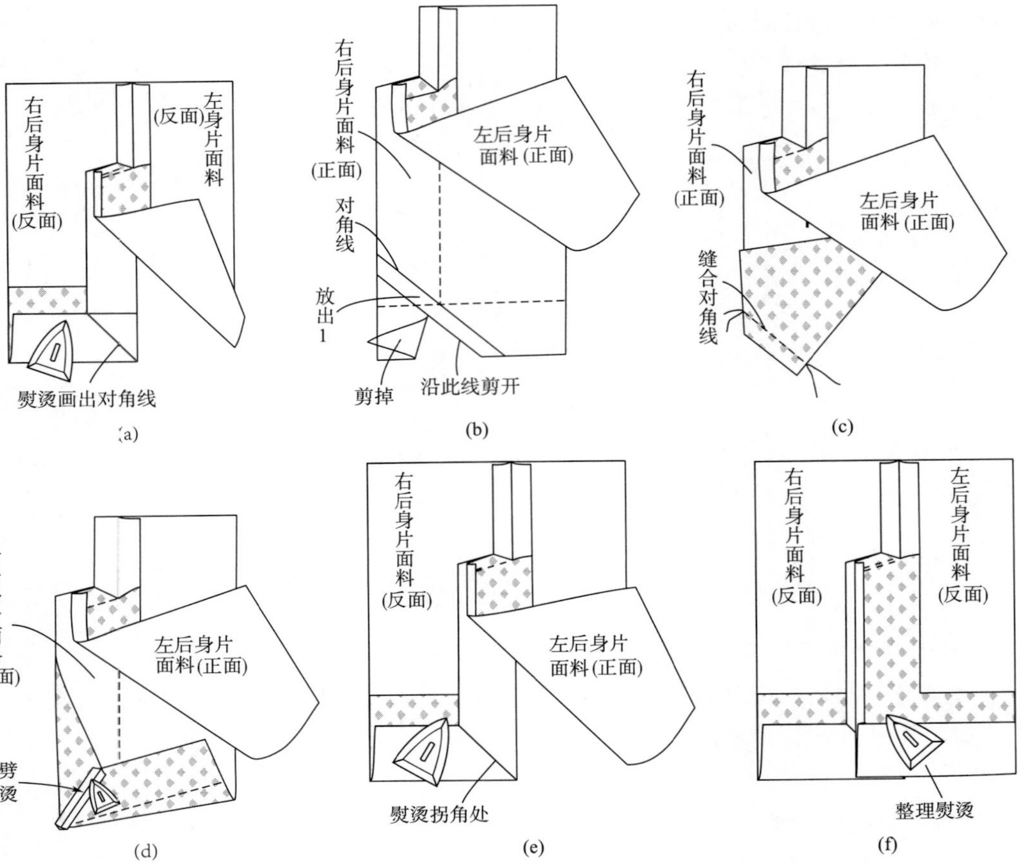

图4-7 制作开衩面料及下摆

4. 缝合里料后中缝

缝合里料后中缝，如图4-8所示。切记缝制开衩最高点净印处，抬起压脚机针扎住衣片，如图4-8（a）所示上层拐角处开剪口。扭转上层衣片，缝合开衩处，如图4-8（b）所示。缝合开衩拐角后，正面效果如图4-8（c）所示。缝合开衩拐角后，反面效果如图4-8（d）所示。

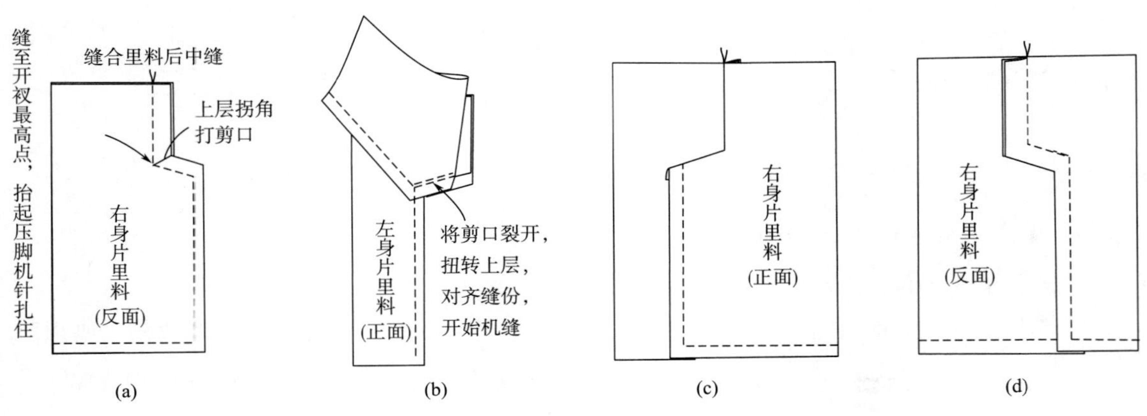

图4-8 缝合里料后中缝及开衩顶端

5. **缝合面料、里料下摆**

缝合面料、里料的下摆，如图4-9所示，要分清面料、里料左右、正反面的对应关系。注意缝份打开以及缝止点的位置。

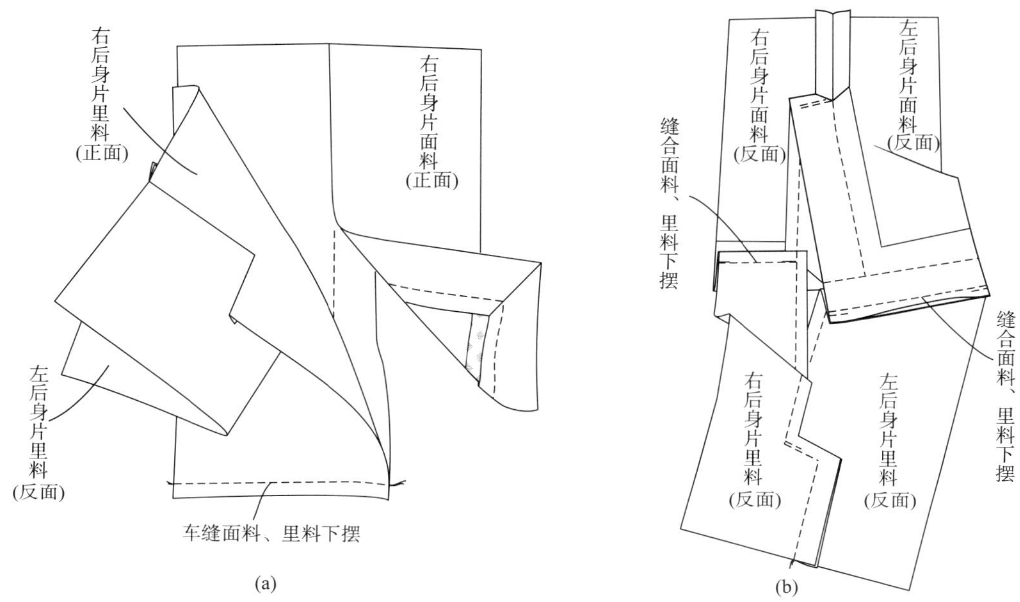

图4-9　缝合面料、里料的下摆

6. **缝合面料、里料开衩**

缝合面料、里料的开衩如图4-10所示。缝合时先缝哪一侧都可以，但切记整理出里子下摆处的余量，用大头针固定后再缝合。根据熟练度和个人习惯，右侧开衩的下摆处可以留下1～2cm，用手针缭缝。在开衩拐角处将四层缝份固定。最后，手针缭缝下摆折边（此工序图略）。

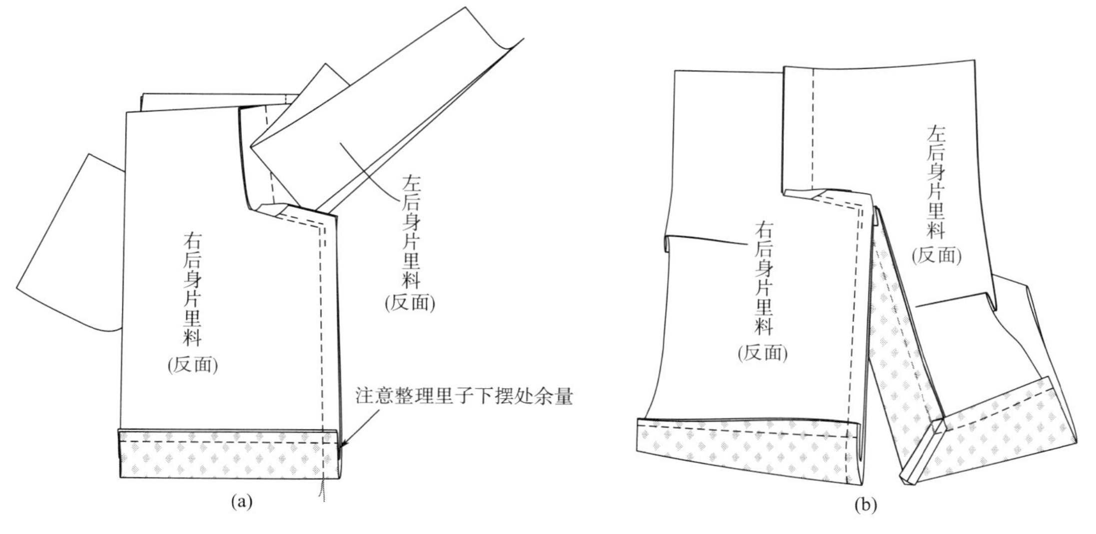

图4-10

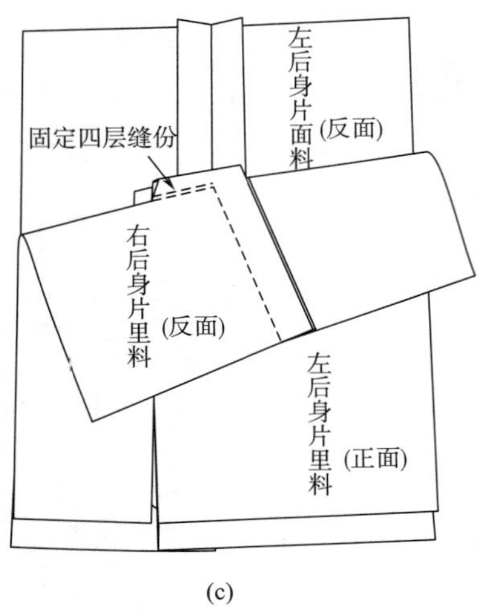

(c)

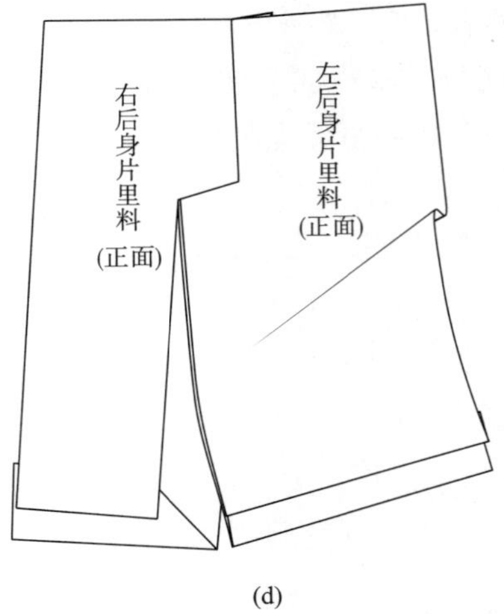

(d)

图4-10 面料、里料开衩结合

课后延学：根据学习任务，完成实训操作

实训任务一：全里女西服后开衩制作实训练习（按制单要求协作完成）

实训任务二：拓展技能——半里女西服后开衩制作实训练习（按制单要求协作完成）

学习任务二　四开身刀背缝戗驳领女西服成衣缝制工艺

一、款式图

四开身刀背缝戗驳领女西服款式图，如图4-11所示。

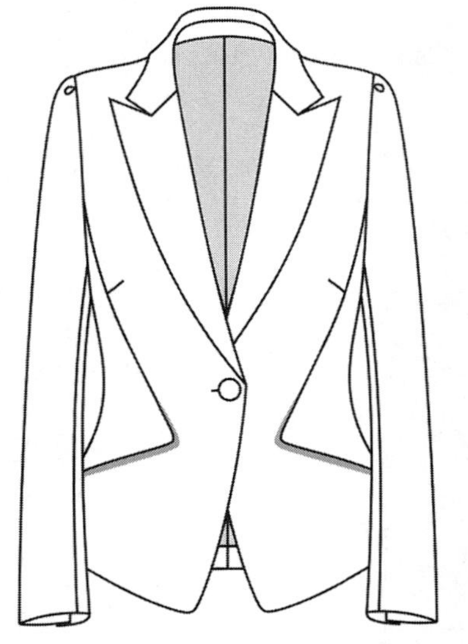

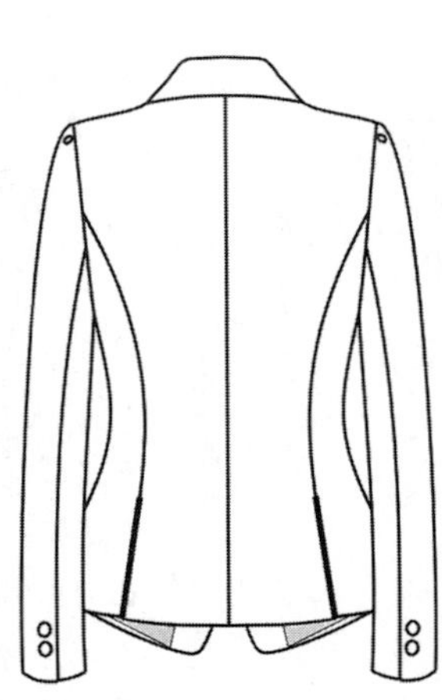

图4-11 四开身刀背缝戗驳领女西服款式图

二、款式说明

衣身四开身结构，八片构成；门襟一粒扣，倒V形小圆角下摆，小刀背分割线，自袖窿起至前腰袋口前边连接，L形折转至侧缝，前侧刀背缝与袋口相连；领下和刀背缝上有胸省道；后衣身背中缝直通底摆；后刀背缝自袖窿中部起通向底摆，设有两个开衩；领子戗驳领，领面分体翻领，领底一片；袖子为合体两片袖结构，袖山处设有两个对褶，袖口开衩钉两粒扣；是一款时尚优雅的女西服。

三、裁剪

1. 面料的裁剪

面料裁剪，如图4–12所示。

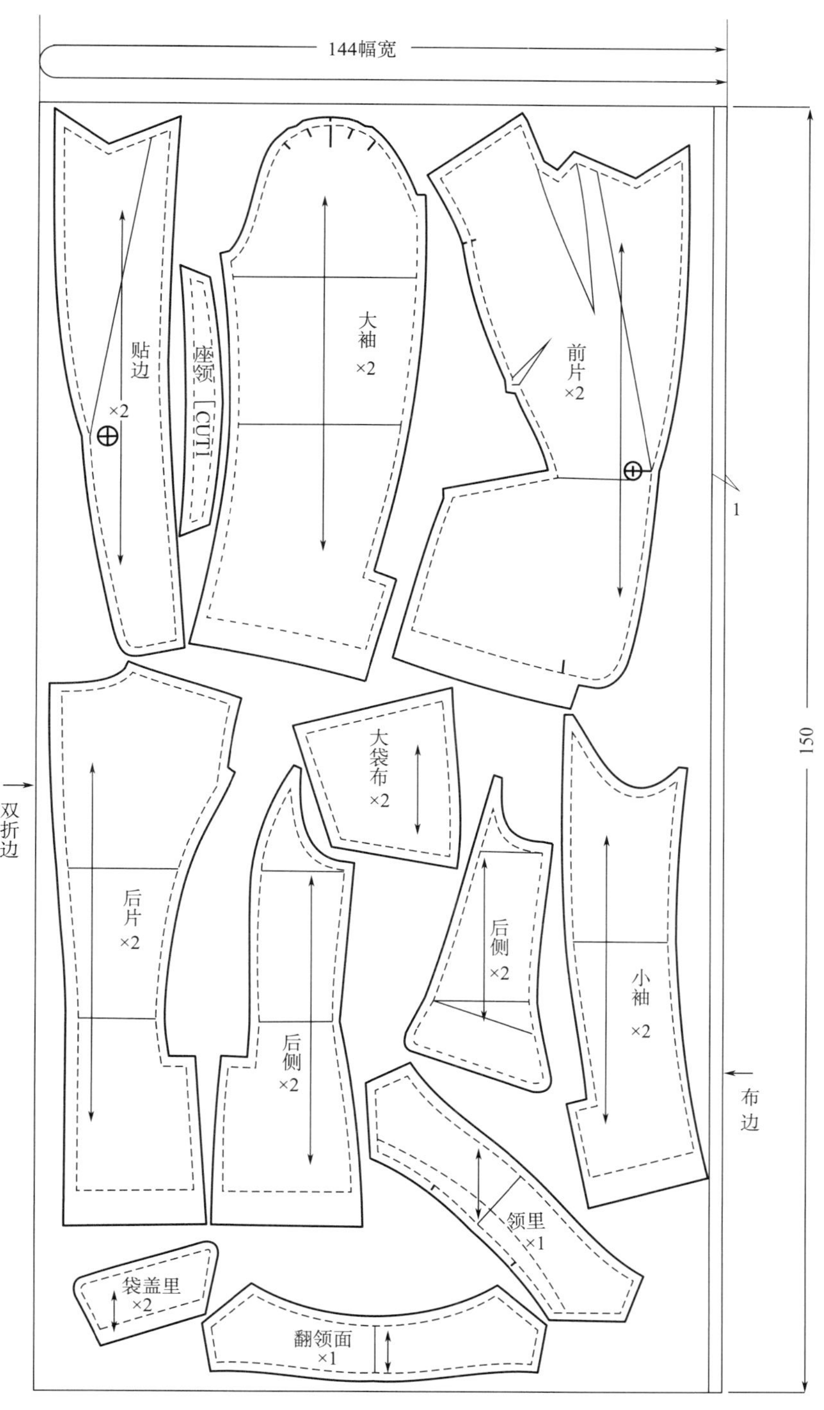

图4–12　面料的裁剪

2. **里料的裁剪**

里料裁剪，如图4-13所示。

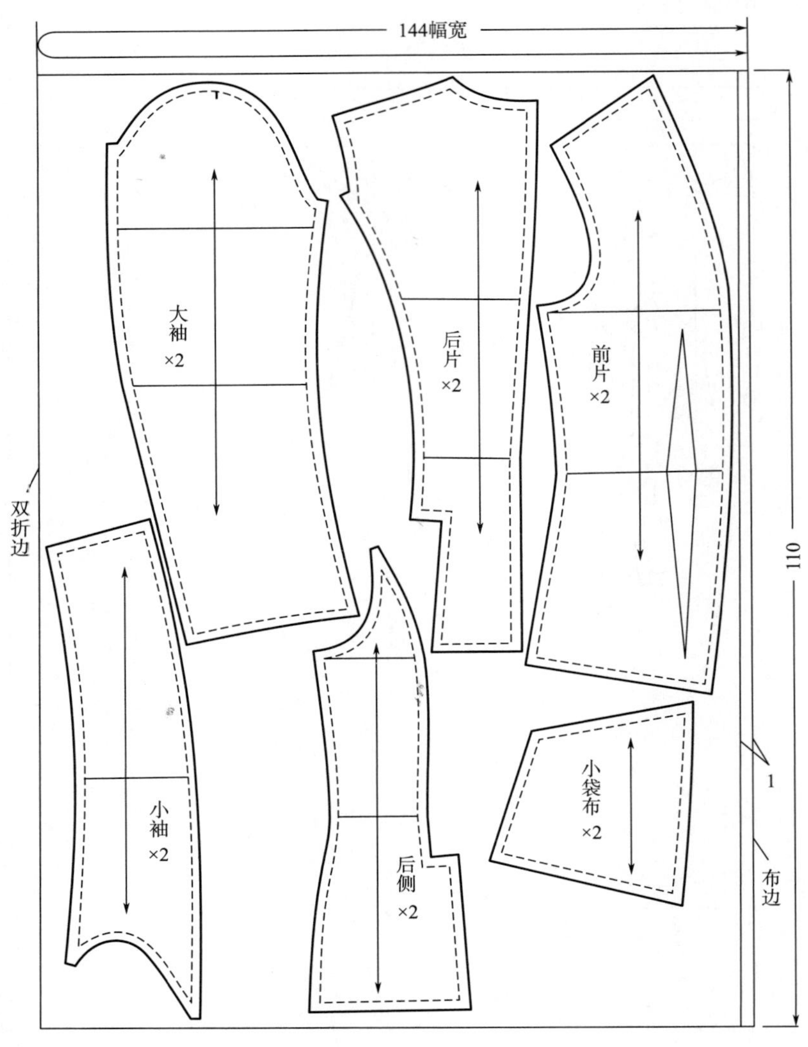

图4-13 里料的裁剪

3. **衬料的裁剪**

衬料裁剪，如图4-14所示。

四、缝制工艺操作过程

面料、里料、衬料裁剪完毕后，进行粘衬、清剪多余缝份、作标记等工作，这些缝制前的准备工作做完之后，进入成衣的正式缝制。

（一）前身片面料的制作

1. **粘牵条**

在驳口线朝袖窿一侧，紧贴驳口线粘驳口牵条，此时牵条可略拉紧。在门襟止口处内侧紧贴净印线粘牵条，下摆圆角处在牵条内侧打剪口，如图4-15所示。

2. **前衣身面料收省缝、熨烫省缝**

剪掉多余领省量，自领口净印处起针缉缝领省，在距离省尖合适的位置放入垫布，使效果更加平整。刀背省由于短小要结合面料情况，可以放入垫布，省缝较宽的地方，剪开劈烫；省缝较窄的地方，不剪开劈烫，如图4-16所示。

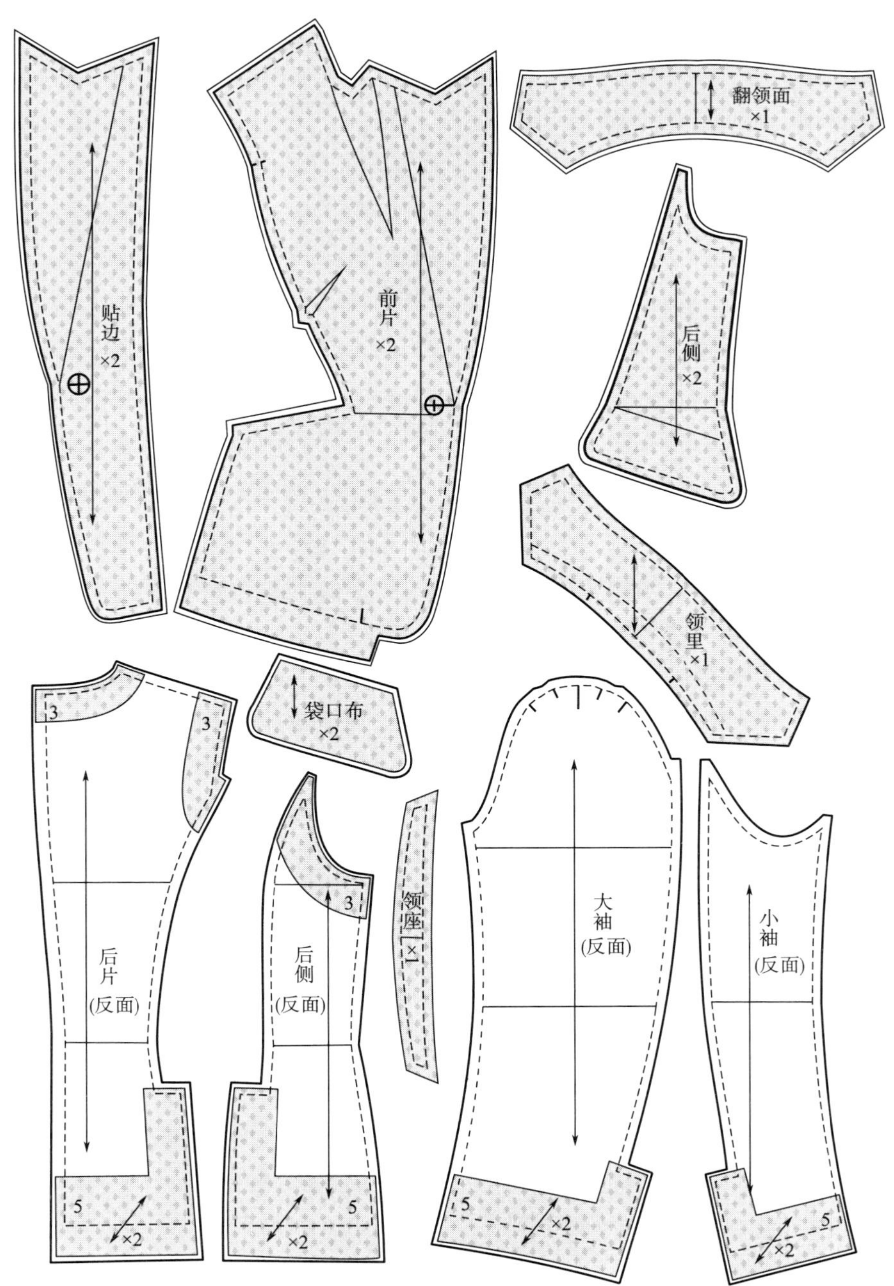

图4-14　衬料的裁剪

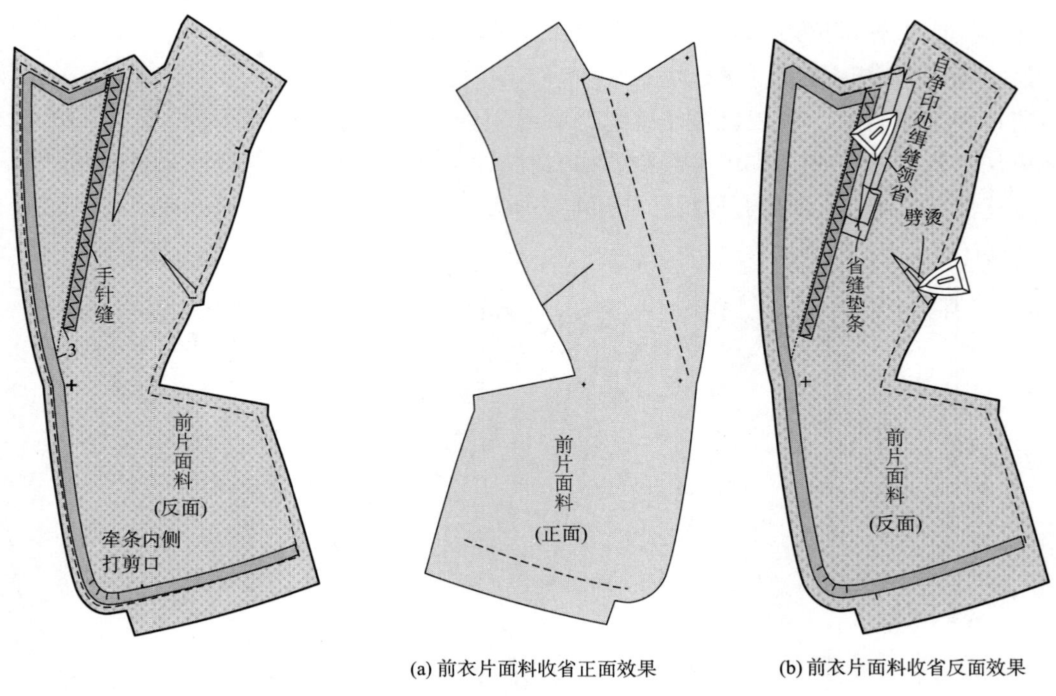

图4-15　粘牵条

图4-16　前片面料收省、熨烫省缝

3. **前侧片面料缝制袋盖**

修剪袋盖里料并画出净印线，详见图示。然后把前侧片面料（刀背片）与袋盖里料正面相对，可用手针固定袋盖里料，按照袋盖里料的缝份大小进行缝制，在袋口圆角处给袋盖面料一定的吃量，接着，清剪缝份剩0.5cm，翻烫袋盖，袋盖面料止口吐0.1cm，如图4-17所示。

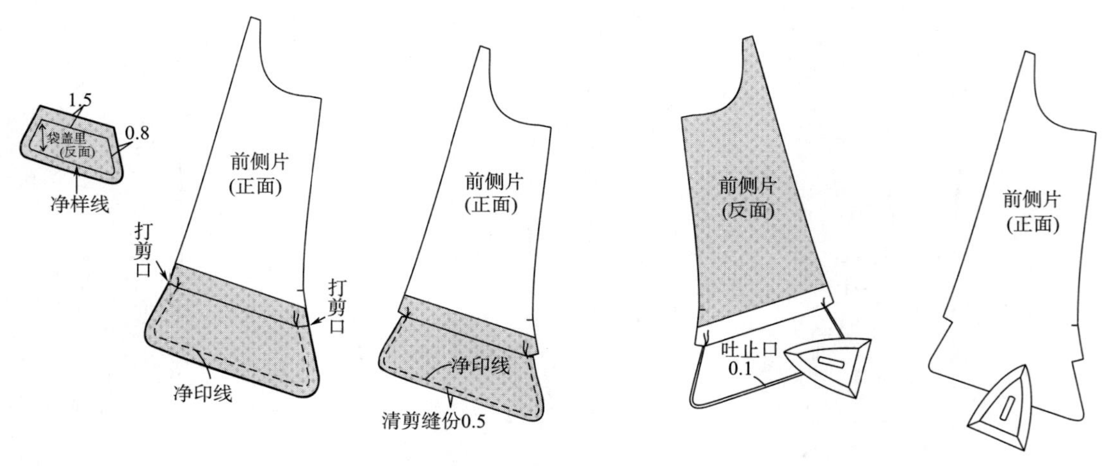

图4-17　前侧片面料缝制袋盖

4. **绱大片袋布**

大片袋布与前身片正面相对，自侧缝毛边处起针，按净印线缝制袋口端点，袋口端点处打剪口，进行倒烫。然后，在身片正面压袋口明线0.5cm，如图4-18所示。

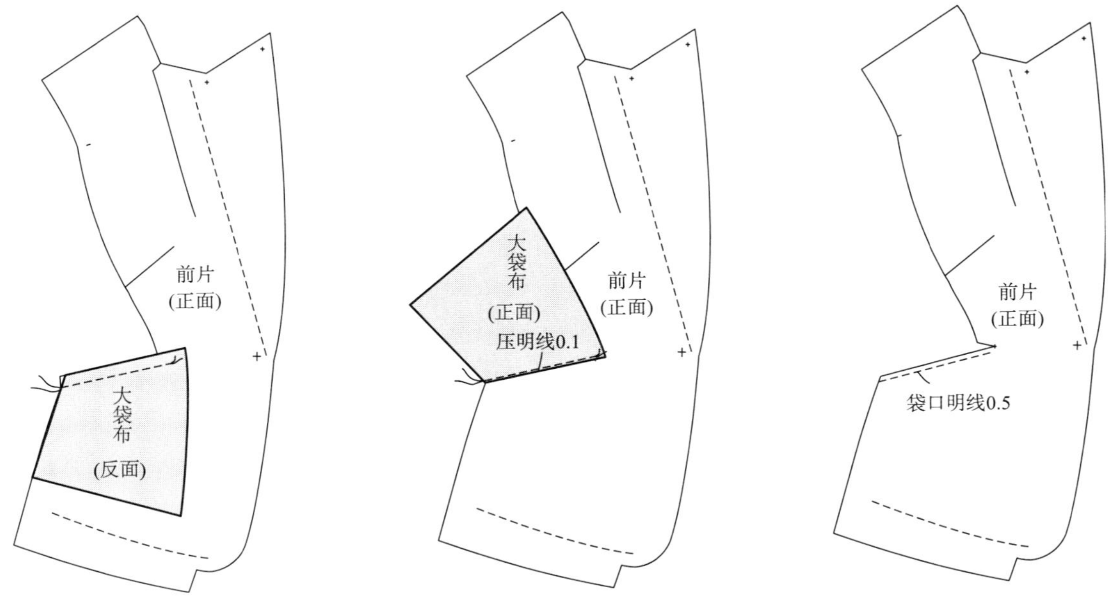

图4-18　绱小片袋布

5. **缝合左、右前身片与前侧片（刀背线）**

缝合左、右前身片与前侧片面料，注意腰部对位以及胸部造型，自袖窿开始缝合，缝到袋口端点打回针，打回针要清楚结实。劈烫刀背时，如果面料可塑性较差，缝份可清剪掉0.2cm，如图4-19所示。

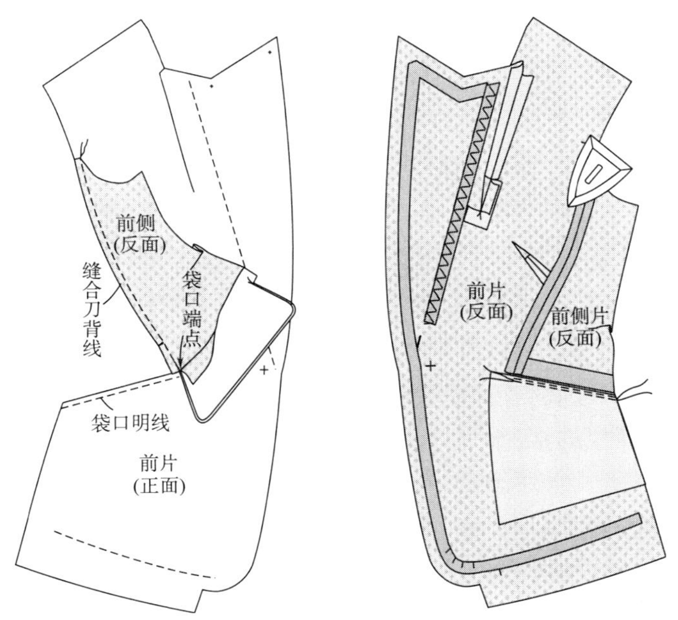

图4-19　缝合左、右前身片与前侧片并劈烫

6. 绱大片袋布

首先将大片袋布与袋口里缝合，注意袋口端点要缝到位，打回针要结实、清楚。整理袋口造型，固定袋口的侧缝处，然后缝合两片袋布，如图4-20所示。

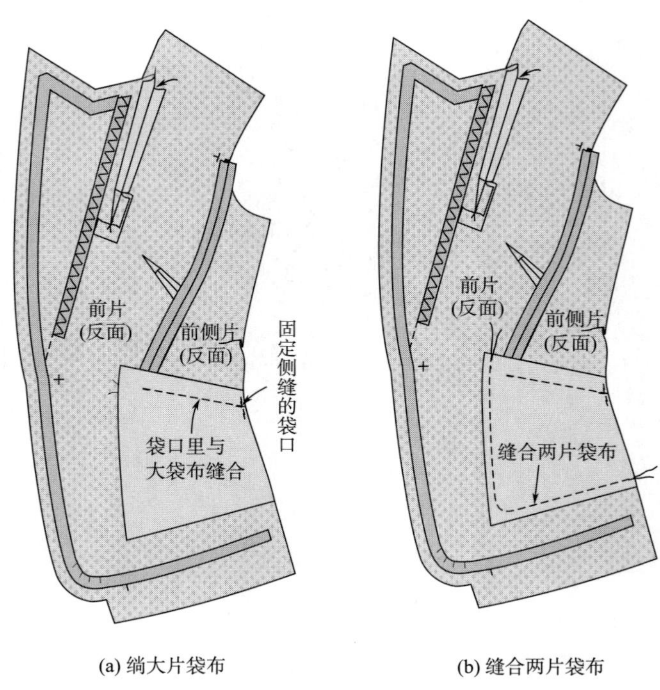

(a) 绱大片袋布　　(b) 缝合两片袋布

图4-20　绱大片袋布

7. 前身片面料制作完成正面效果

组合前身片面料时，左、右前身片刀背线及口袋制作，要与款式图以及板型相符，工艺方法合理，造型准确符合设计意图。检验左、右身片需要对称的部位是否对称，如图4-21所示。

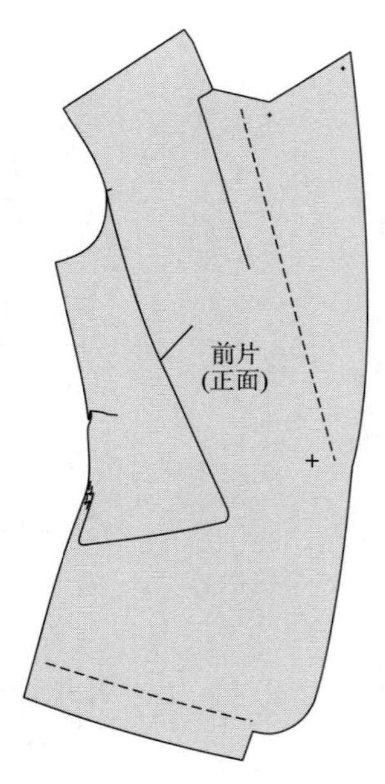

图4-21　前身片面料制作完成正面效果

（二）后身片面料制作

1. 后身片下摆开衩角的制作

首先在后身片面料上画出净印线，放出缝份，剪掉多余部分，此处要做得精确。正面对正面叠合缉缝开衩的角，按净印缝合，缝合时注意松紧度的把控，防止正面松垮。接着，清剪缝份、劈烫缝份，翻向正面熨烫整理，如图4-22所示。

2. 缝合、劈烫后中缝

按净印线缝合后身片面料后中缝，要对齐对位记号，劈烫后中线。整理熨烫下摆折边，折边宜略紧一点，如图4-23所示。

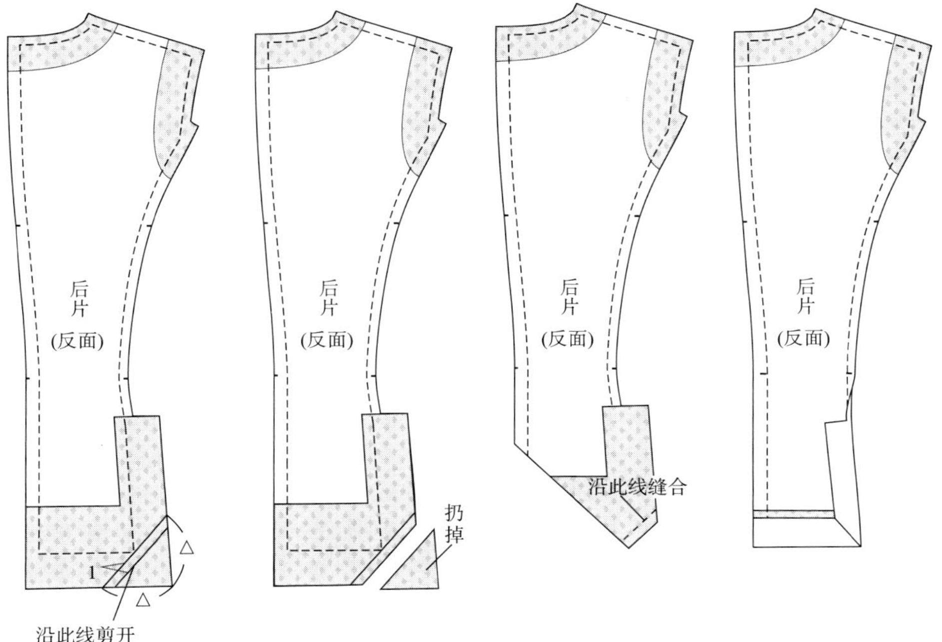

图4-22　下摆开衩角的制作

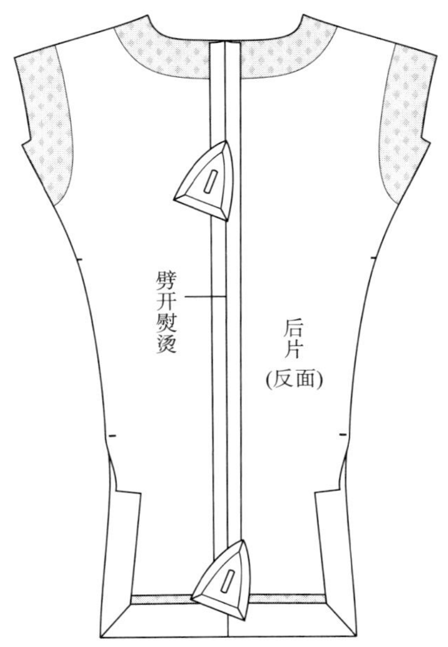

图4-23　缝合、劈烫后中线

3. 缝合、劈烫刀背线

按净印线缝合左、右后刀背缝，要对齐对位记号，后侧片开衩拐角处打剪口。劈烫后刀背时，可结合面料可塑性清剪掉缝份0.2cm。整理熨烫开衩折边，折边宜略紧一点，如图4-24所示。

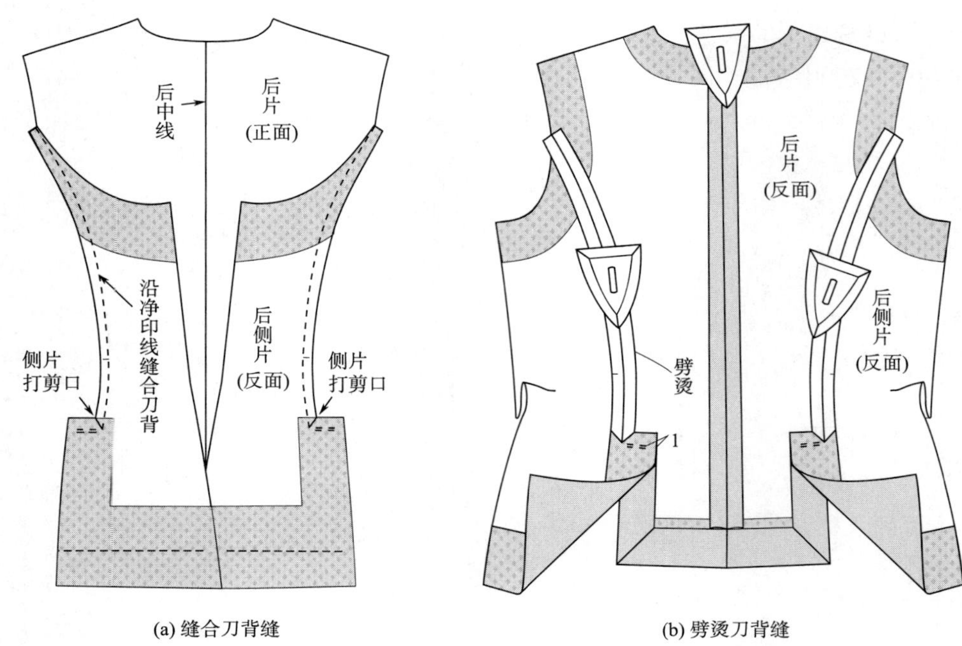

(a) 缝合刀背缝　　(b) 劈烫刀背缝

图4-24　缝合、劈烫刀背缝

4. 熨烫开衩及下摆

熨烫开衩及下摆时，要考虑与板型尺寸、开衩外观造型以及开衩上下层的层次关系等。开衩制作工艺要流畅合理，注意下摆折边的松紧度应略紧一点较好，要熨烫平整服贴，左、右开衩分别是后片压侧片，如图4-25所示。

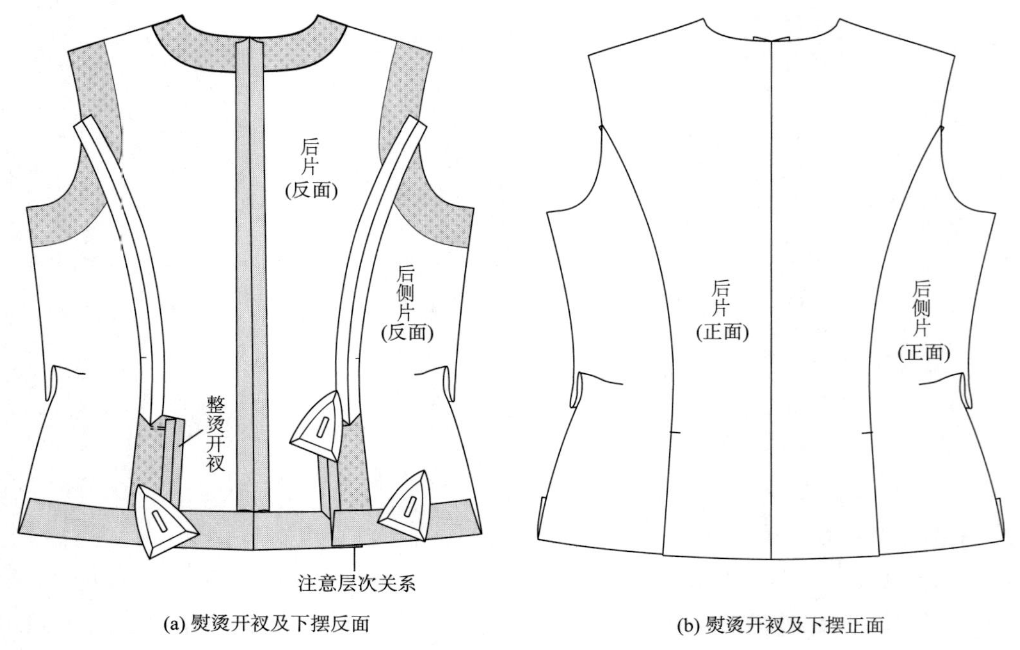

(a) 熨烫开衩及下摆反面　　(b) 熨烫开衩及下摆正面

图4-25　熨烫开衩正、反面及下摆

（三）前身片里子的制作

贴边与前片里料缝合的方法有自下摆起针或自领口拐角起针，如果领省后制作，此时自领口拐角起针并预留5cm缝合较适合，自下摆起针缝制贴边与前片里料。另外，凡是面料与里子缝合的情况，熨烫时缝份一律倒向里子。缝制下摆处也要结合下摆的工艺方法，考虑要不要预留3cm，此处下摆的工艺采用机缝技法，因此，一直缝制下摆，如图4-26所示。

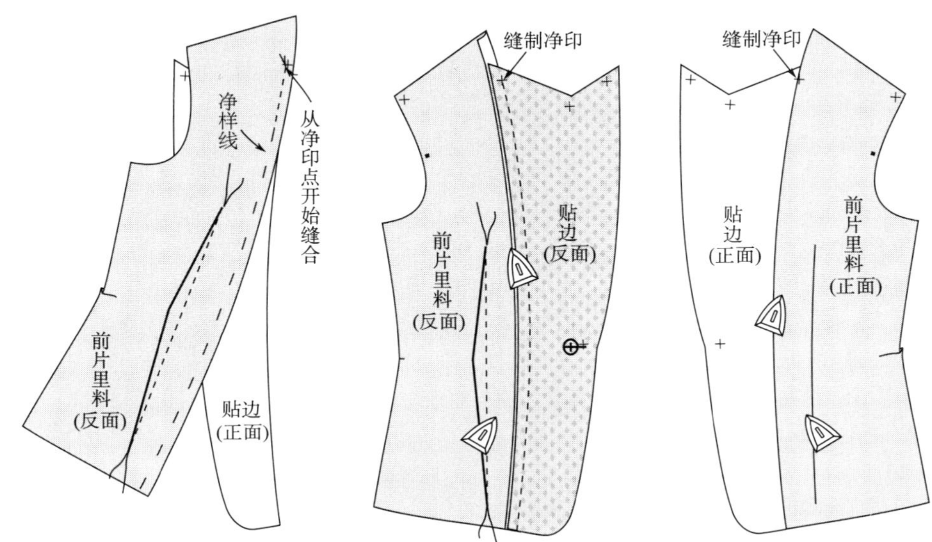

图4-26　前身片里子的制作

（四）后身片里子的制作

1. 里料后中线的缝合、倒烫

缝合里料的后中线，倒烫后中线，如图 4-27所示。

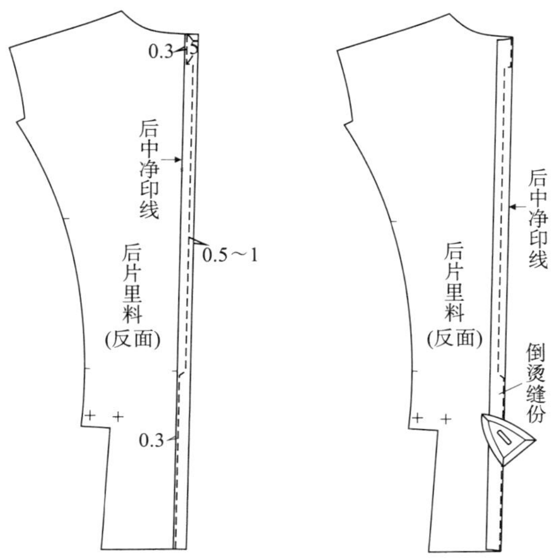

图4-27　里料后中线缝合、倒烫

2. 缝合后片里料刀背缝

后侧片放在上面，与后片里料正面对正面比齐缝合，自袖窿处起针缝合，要对齐对位记号，缝制开衩最高点处停止，机针扎住，压脚抬起，后侧片拐角处打剪口，扭转后侧片，缝合开衩拐角，在开衩的净印处结束，打回针。打剪口要精准，不要随意，如图4–28所示。

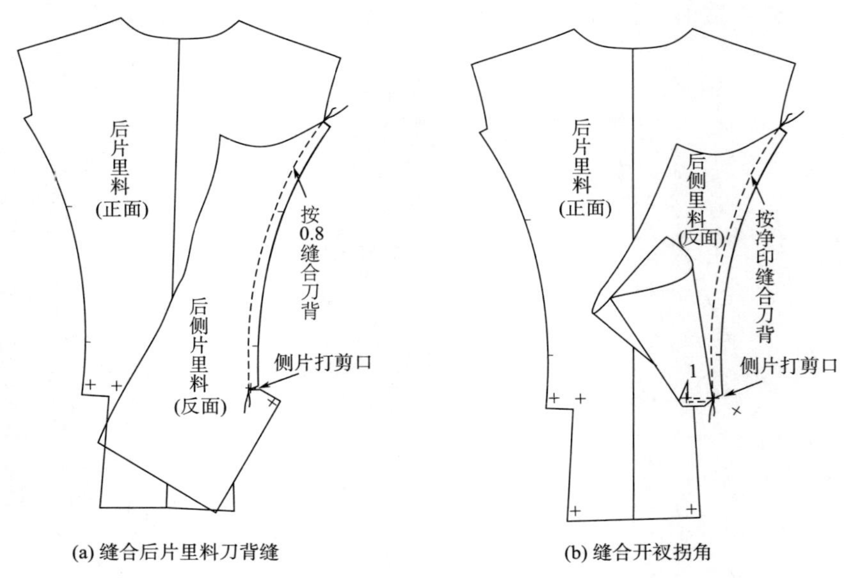

图4–28 缝合里料后身刀背缝及开衩顶端

3. 熨烫后片里子刀背缝

正确熨烫注意缝份的倒向以及面料与里料开衩的层次对应关系。熨烫后片里子刀背缝正反面如图4–29所示。

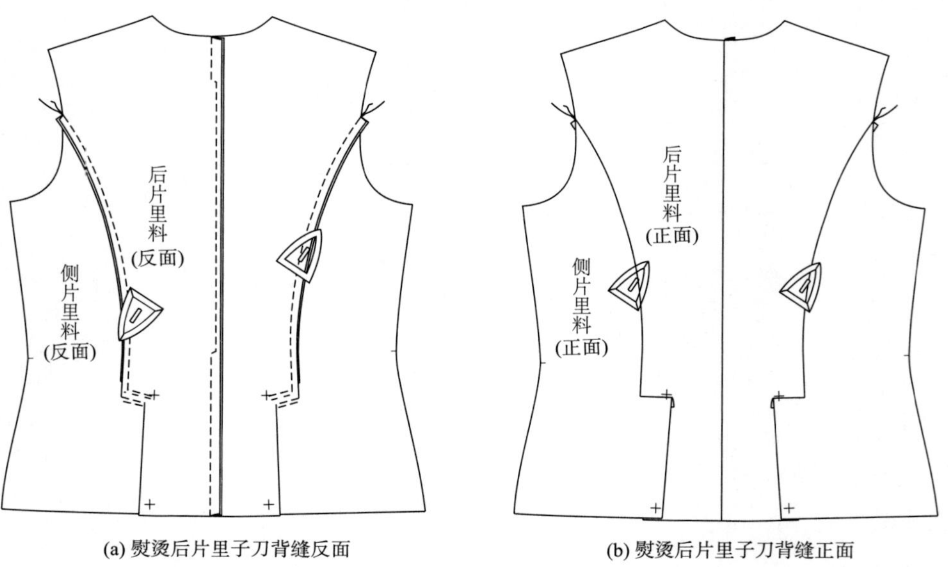

图4–29 熨烫里料后身刀背缝及开衩

（五）缝合前后身片面料、里料的肩缝、侧缝

前后身片面料、里料的缝制方法较为简单，缝合时要注意面料、里料正面相对，结合材料性能、工艺方法、板型因素，依据前后身片面料、里料的层次关系整理修剪领口、袖窿、下摆处的缝份。

1. 缝合面料侧缝并劈烫缝份

缝合前、后身片面料侧缝并劈烫缝份，如图4–30所示。

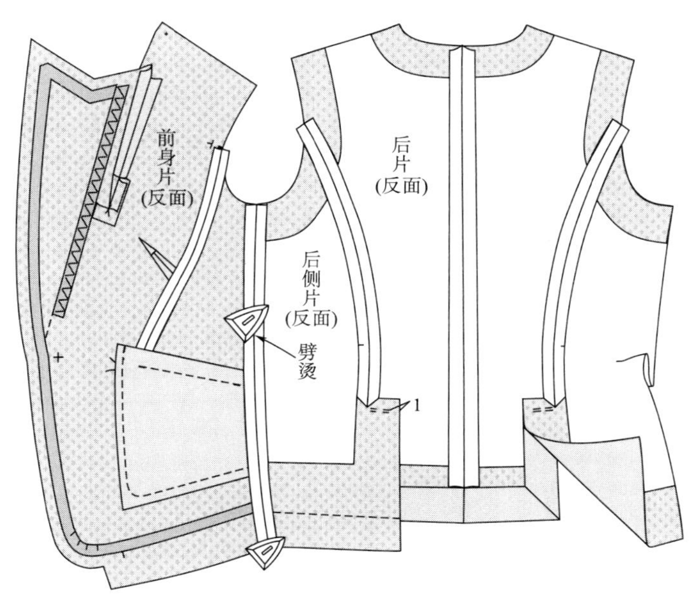

图4–30　缝合面料侧缝并劈烫缝份

2. 缝合面料肩缝并劈烫

从肩端起针，在小肩中间一段放入吃势，要吃均匀，缝制颈侧点外一针，打回针。接着进行劈烫肩缝，如图4–31所示。

3. 缝合里料肩缝、侧缝

缝合前、后身片里料的肩缝、侧缝，缝份向后身倒烫。

（六）绱领子

1. 绱领里

（1）缝合领里与前身片面料串口线，起始点均为净印点，打回针要打结实。

（2）整理领口拐角缝份，自领口拐角起针，继续绱领里。

（3）对齐肩缝与领子的颈侧点。

（4）对齐后领口中点与领里后中线。

（5）在衣身驳角绱领点、后领口拐弯处打剪口，劈烫装领里的缝份，如图4–32所示。

2. 绱领面

（1）缝合领面与前门襟贴边串口线，起始点均为净印点，打回针要打结实。接着，劈烫串口线。

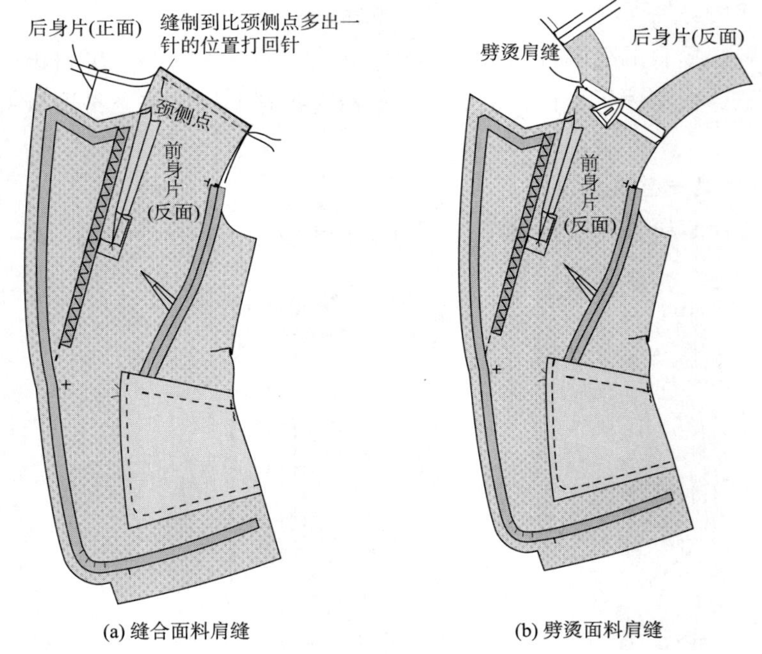

(a) 缝合面料肩缝　　(b) 劈烫面料肩缝

图4-31　缝合面料、里料肩缝并熨烫

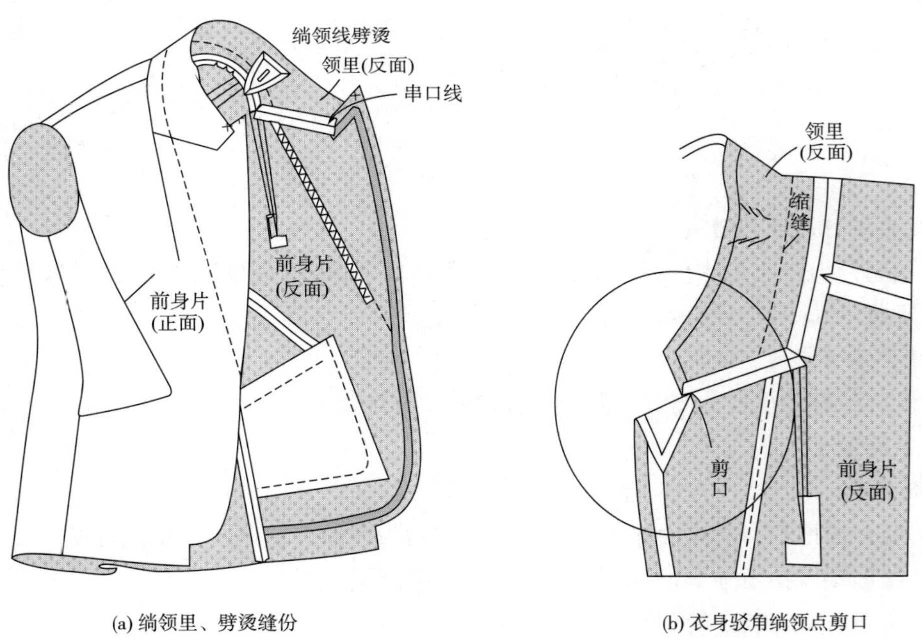

(a) 绱领里、劈烫缝份　　(b) 衣身驳角绱领点剪口

图4-32　绱领里并熨烫整理

（2）整理领口拐角缝份，自领口拐角起针，继续绱领面。

（3）对齐肩缝与领子的颈侧点。

（4）对齐后领口中点与领面后中线，如图4-33所示。

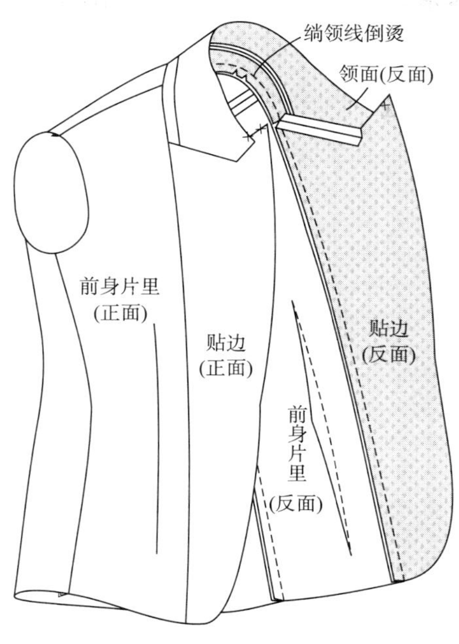

图4-33 绱领面

（七）车缝止口（领、门襟外口）

手针固定领面、领里、驳头处、前门襟、前下摆，图略（参考上一单元）。

1. 手针固定绱领点

用双线或四股线固定领面、领里、前身片面料、贴边的绱领终止点处，切记一定要用手针将这四片固定紧，仔细检查串口处缝份，如图4-34所示。

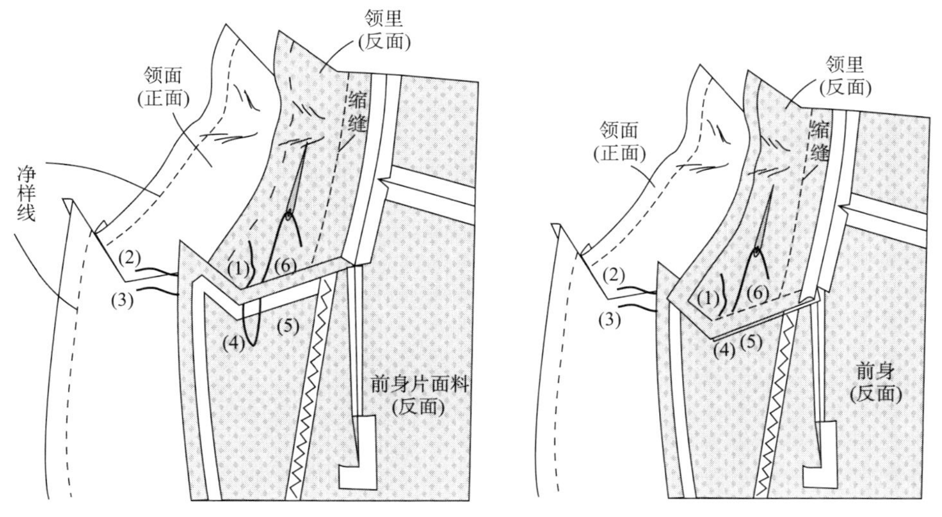

图4-34 手针固定绱领点

2. 车缝领外口、门襟止口

前身片面料反面朝上车缝领外口、门襟止口，如图4-35（a）、图4-35（b）所示。

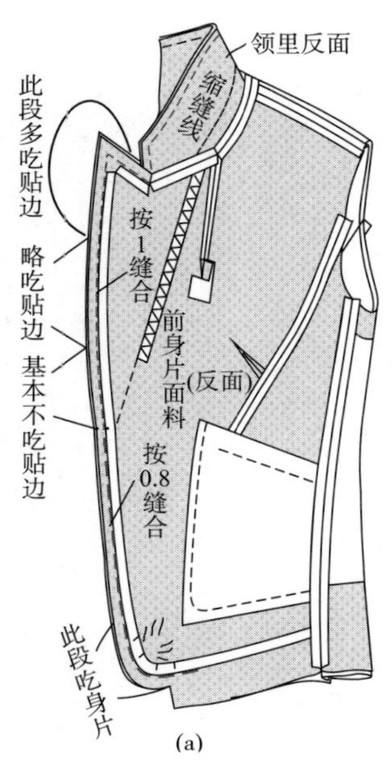

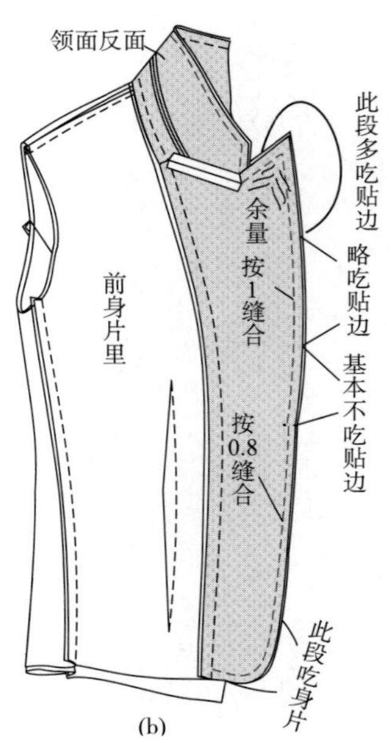

图4-35 车缝领外口、门襟止口

3. 清剪、熨烫领面、领里外口与门襟

先是两层一起清剪缝份，剪掉0.4cm，为了使拱针缝在缝份上，不露出表面，清剪缝份呈层次；领子处再清剪领里缝份，剪掉0.2cm；驳头处可清剪前身片面料缝份，剪掉0.2cm；门襟处和下摆角处可清剪贴边缝份，剪掉0.2cm。倒烫领子、驳头、门襟处的缝份，翻向正面，进行熨烫。注意左右领型、门襟的对称调整，如图4-36所示。

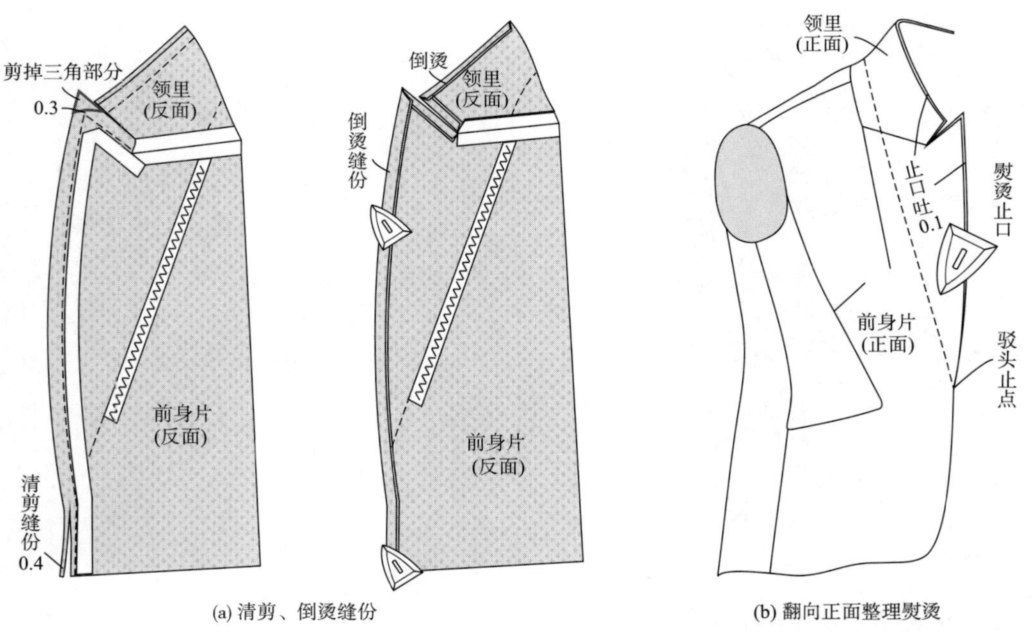

图4-36 清剪、熨烫领面、领里外口、门襟

4. 手针绷缝止口

手针大针码绷缝领子外口、门襟止口，如图4-37所示。

图4-37　手针绷缝止口

5. 手针绷缝领里、领面装领线的缝份

此工序在反面朝外的状态下操作，手针绷缝领里、领面装领线的缝份，这是一道永久性手针工序，缝线要结实，也可以采用机缝的方法，如图4-38所示。

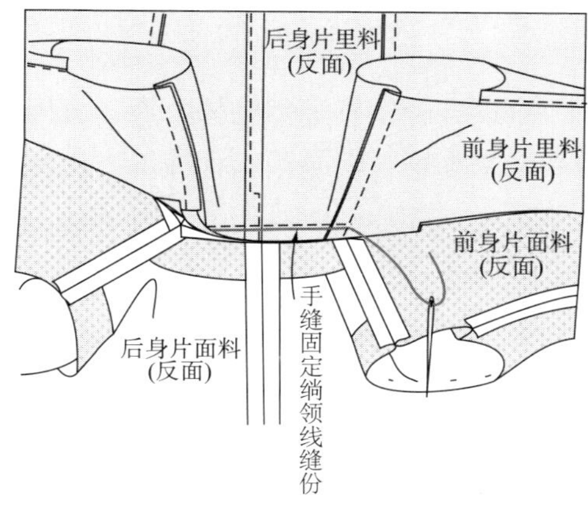

图4-38　手针绷缝装领线的缝份

（八）做下摆、开衩

1. 机缝面、里料下摆

首先整理下摆，观察下摆造型，进行修剪调整，然后，熨烫下摆折边。从领口、肩部至下摆理顺里子与面料的层次关系，修剪调整里子下摆及里料的开衩处。接着，机缝面料、里料的下摆处。缝合时注意侧缝至门襟圆角处的顺畅，注意前片下摆的里料与面料缝边的尺寸关系。因有两个开衩，所以整件衣服的下摆需要分三次机缝，缝合时，开衩处的缝份是打开

的状态，如图4-39所示。

2. **翻向正面熨烫整理下摆**

注意里子与面料下摆之间的层次关系，后中线处的下摆缝至净印点结束。整理熨烫里子下摆的余量，如图4-40所示。

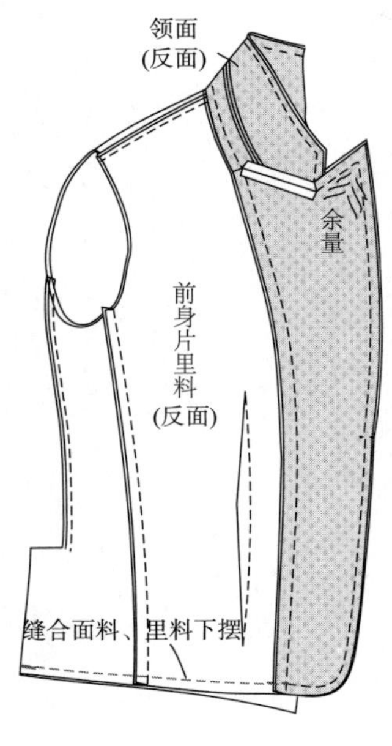

图4-39 机缝面里料下摆

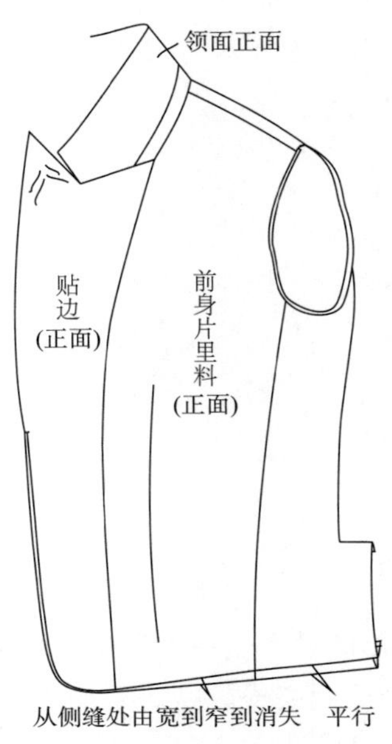

图4-40 翻向正面熨烫整理下摆

3. **做开衩**

机缝里子与面料的开衩，整理叠合里子下摆处的余量，可用大头针固定，从开衩上端净印起针缝制下摆。另一侧开衩，从开衩上端净印起针缝制下摆折边毛边处结束。手针缭缝下摆折边，接着，翻向正面整理熨烫，如图4-41所示。

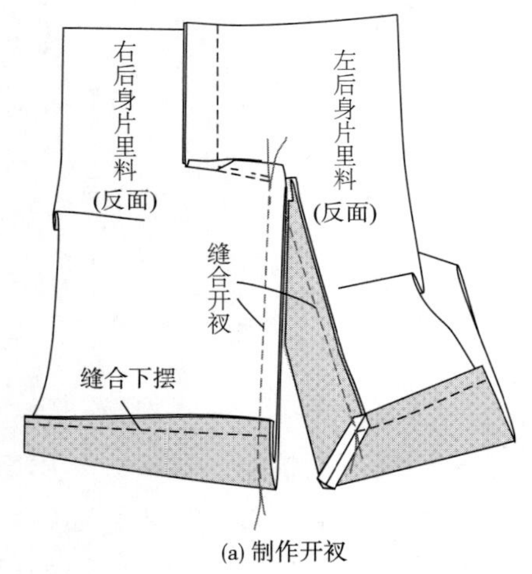

(a) 制作开衩

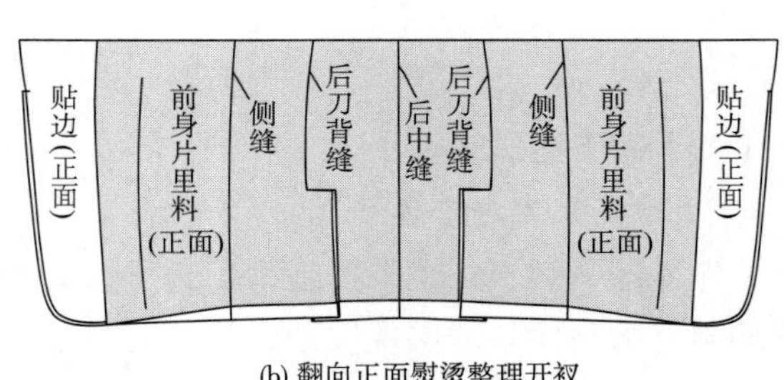

(b) 翻向正面熨烫整理开衩

图4-41 做开衩

（九）做袖子

1. 做袖面

（1）作标记、袖山收省。依据样板作大、小袖省位等对位标记；接着，收袖山省道，如图4–42所示。

（2）做袖开衩。大袖与小袖正面相对一起缝合袖外侧缝、袖开衩。劈烫袖外侧缝，小袖开衩处缝份打剪口，倒烫大袖烫开衩，如图4–43所示。

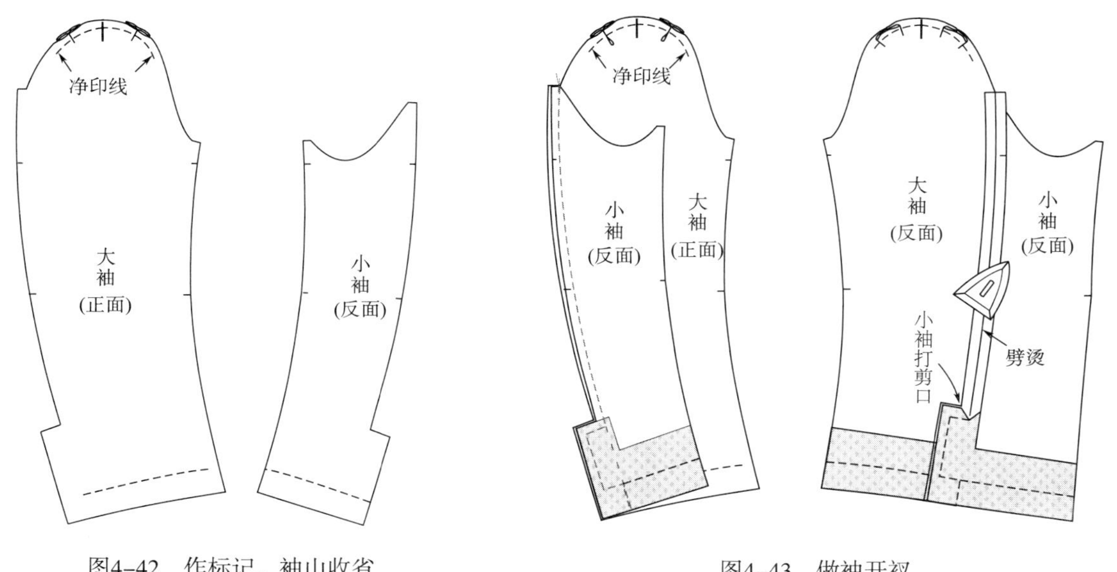

图4–42　作标记、袖山收省　　　　图4–43　做袖开衩

（3）合袖底缝。拔烫大袖面料，折烫大、小袖面料的袖口。缝合袖底缝，劈烫袖底缝，如图4–44所示。

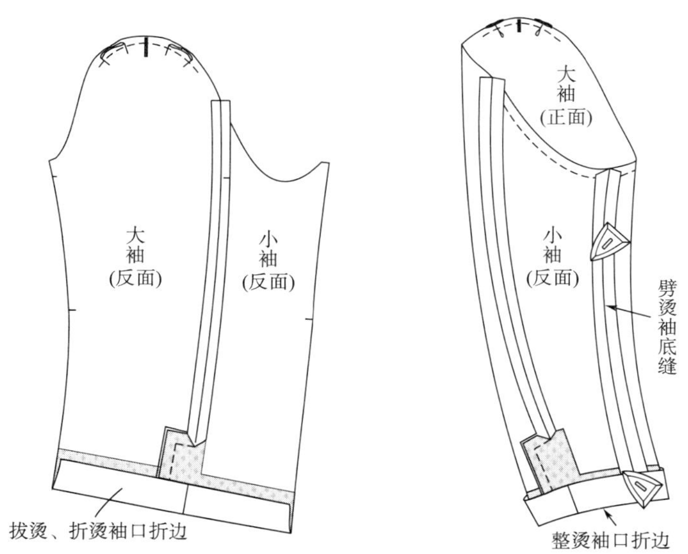

图4–44　合袖底缝、熨烫袖缝和袖口

2. 做袖里

缝合袖里料的袖外侧缝时，在净印线外侧0.2cm处缝线，以给出活动量；在一侧袖子的袖底缝留口，口的大小长度可控制在15～20cm，以方便外翻，如图4-45所示。

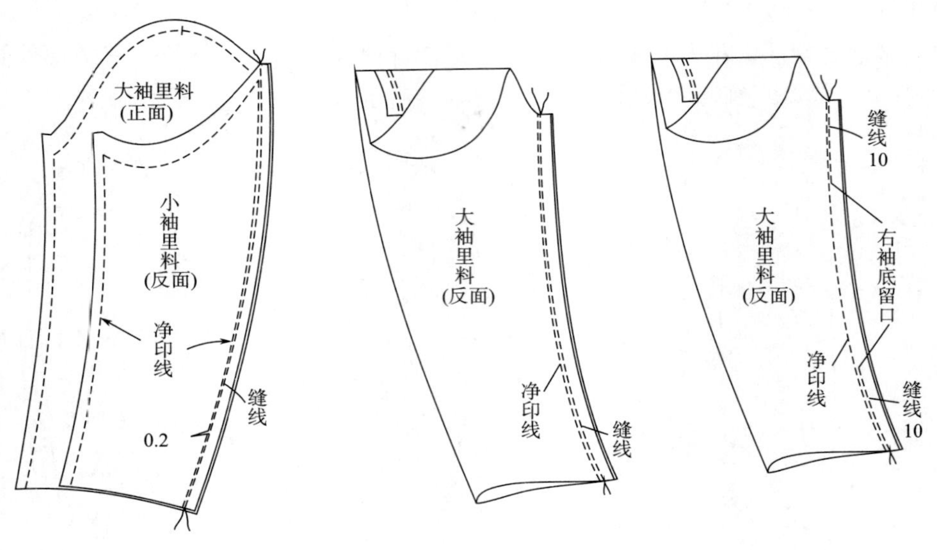

图4-45 做袖里

3. 熨烫袖里

熨烫袖里时缝份一律倒向大袖，按净印线倒烫，目的是给出活动量，如图4-46所示。

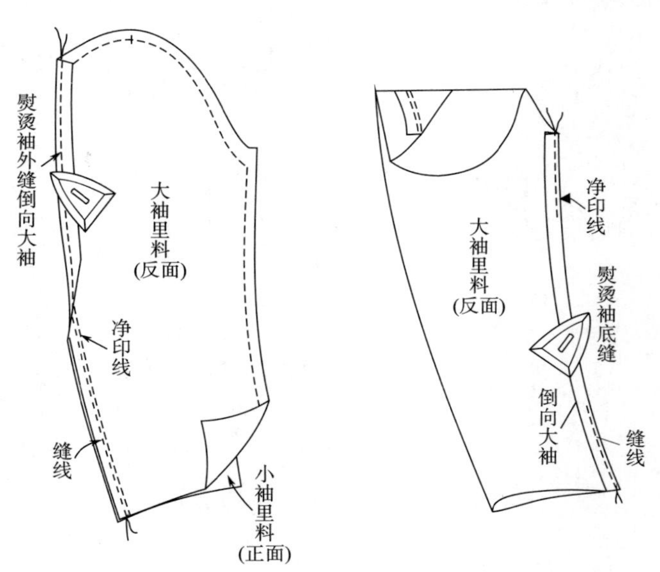

图4-46 熨烫袖里

4. 袖子面料、里料袖口缝合

缝合袖口时面料与里料袖缝对位，然后手针缭缝袖口折边，如图4-47所示。

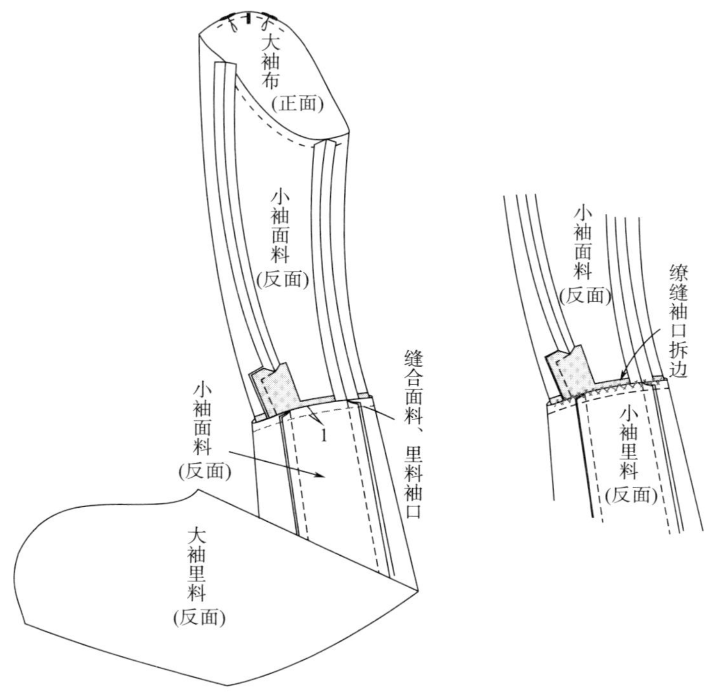

图4-47　袖子面料、里料袖口缝合

5. **固定袖缝的缝份**

手针固定袖子面料、里料袖缝的缝份，如图4-48所示。

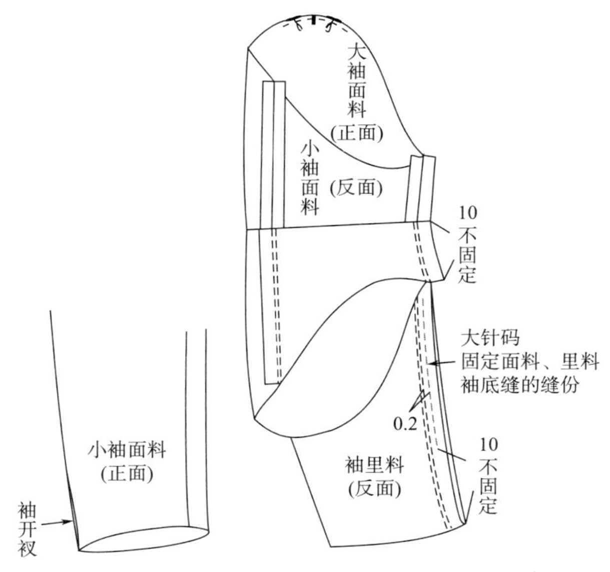

图4-48　手针固定袖子面料、里料缝份

6. **抽袖山、烫袖山**

用棉线抽袖包，线迹距袖山净样线0.2cm，针迹大小为0.1～0.2cm，同时根据布料质感状况以及板型设计分配调节袖山吃量，抽袖包时，线迹上不要出现碎褶；然后熨烫袖山，将袖山烫出立体感；最后将袖山与袖窿比合一下，使袖山与袖窿的尺寸吻合，如图4-49所示。

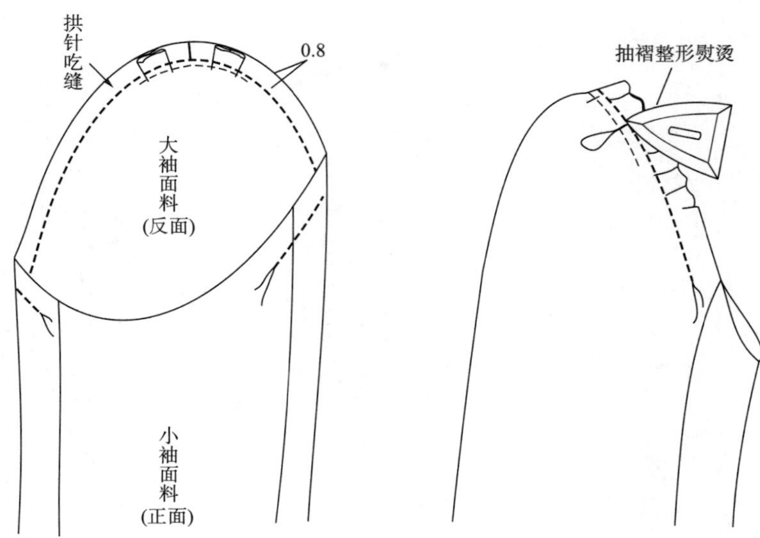

图4-49 抽袖山、烫袖山

（十）绱袖子

1. 假缝绱袖子

首先把袖子与衣身的对位记号用大头针固定，再用大头针或用手针将袖子面料缝合在身片上，接着，确认袖子的方向是否正确；袖山的吃量是否均匀，然后，观察袖子的造型、方向等状态，如图4-50所示。

2. 机缝绱袖子

袖子假缝调试到最佳状态后，袖子在上面，衣身在下面，从衣身后侧附近（袖外缝）起针经袖窿最低点、袖山点机缝一圈儿。因后背、袖底经常运动，拉力最大，因此在此段再缝一遍，如图4-51所示，接下来熨烫袖窿，要一小段一小段地熨烫。

3. 绱袖山条

袖山条宽度一般为3cm，袖山条长度一般是袖外缝经肩点至前腋点之间的尺寸，或以此为基础稍短一点。袖山条宜采用可塑性好、厚度与衣身面料相同的材料。绱袖山条既可以机缝也可以手缝，如图4-52所示。

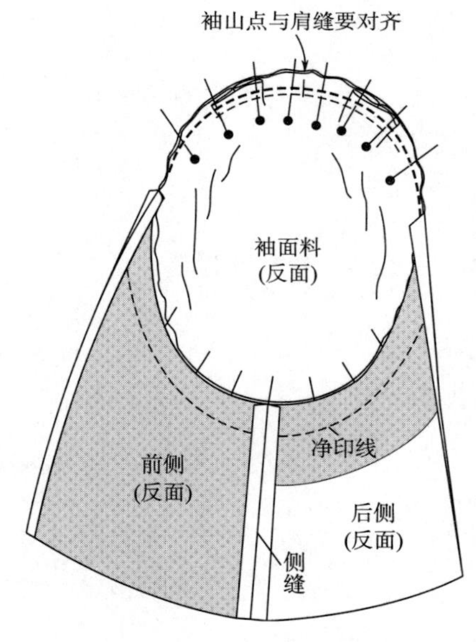

图4-50 假缝绱袖子

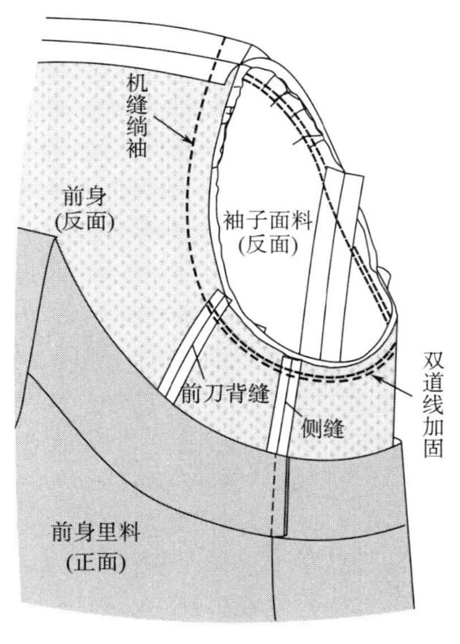

图4-51　机缝绱袖子

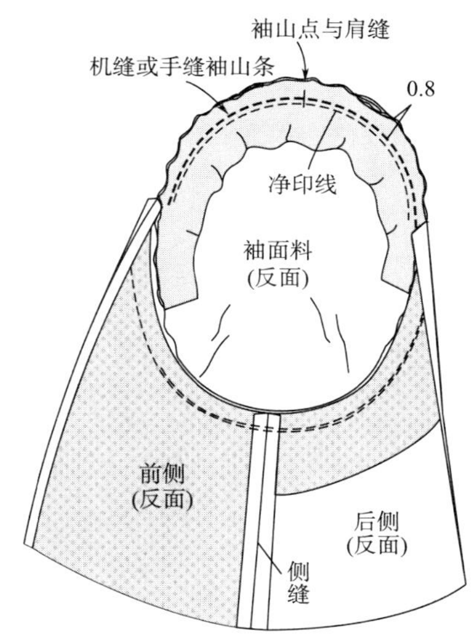

图4-52　绱袖山条

4. **绱垫肩**

将垫肩对折，画出垫肩中间线的标记，此标记对齐后肩缝的缝边；然后，依据垫肩大小、流行等因素，垫肩探出袖窿毛边0～0.5cm，从反面用手针将垫肩固定在后肩缝份上，如图4-53（a）所示；接下来，在正面沿着袖窿线手针固定垫肩的袖窿处，如图4-53（b）所示；然后在衣身反面采用倒回针装垫肩，抽线时不能太紧，以垫肩表面不凹陷为宜，如图4-53（c）所示。

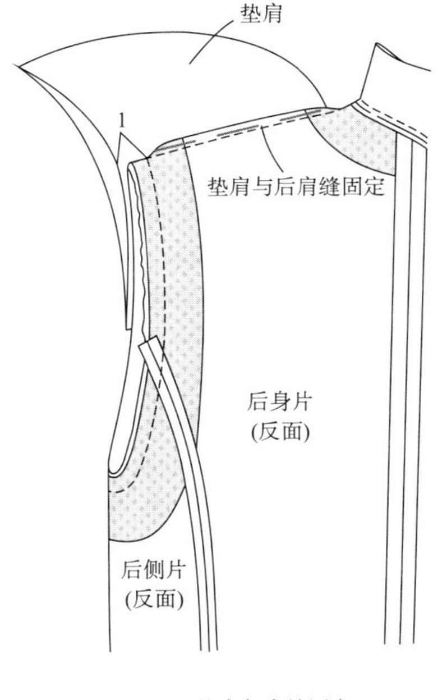

(a) 垫肩与肩缝固定

(b) 衣身正面固定垫肩

图4-53

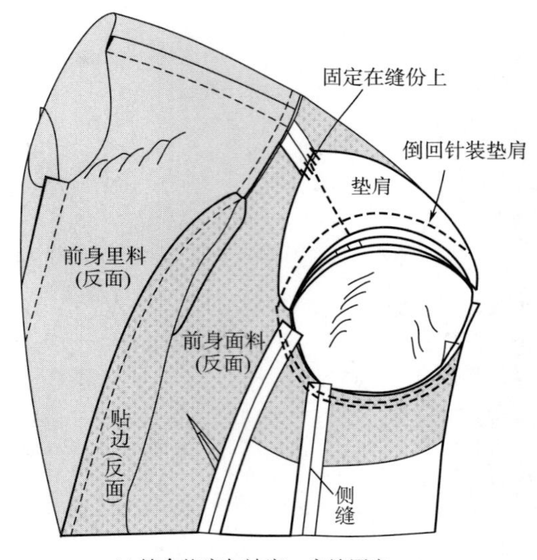

(c) 缝合垫肩与袖窿、肩缝固定

图4-53　绱垫肩

5. **绱袖里**

本款绱袖里采用机缝。袖里料的袖山也可以先抽缝或者大针码机缝，然后烫好袖包，调整袖山与袖窿的尺寸相互吻合，再用大头针固定对位点，接着机缝袖里子，如图4-54所示。

（十一）固定面料、里料肩点处的袖窿

1. **手缝固定肩点**

对齐面料、里料的肩点，固定衣身面料与里料肩点处的袖窿缝份，长度5cm，如图4-55所示。

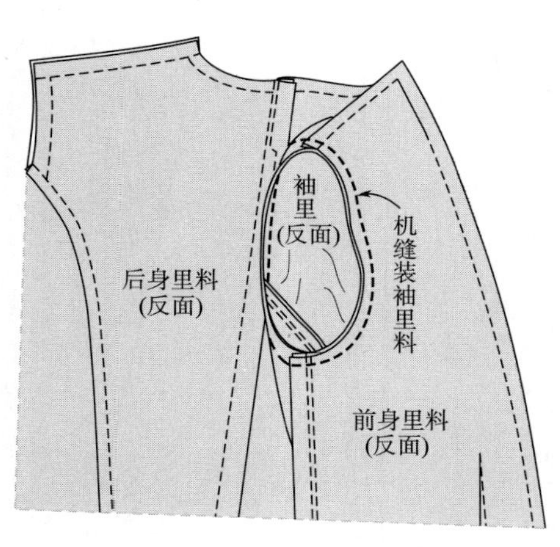

图4-54　绱袖里

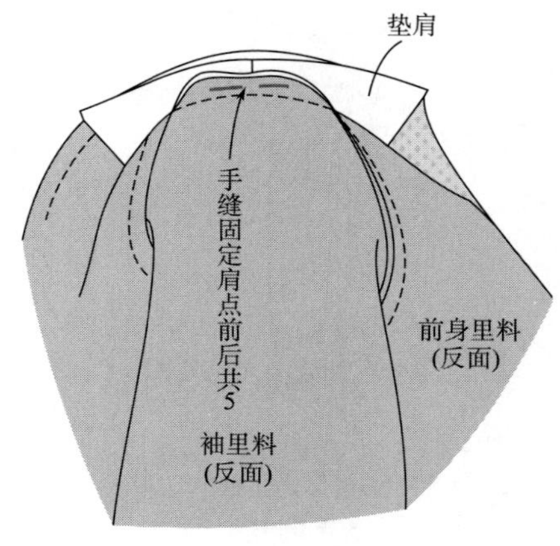

图4-55　固定面料、里料肩点处的袖窿

2. **固定袖窿底部面料、里料袖窿的缝份**

固定袖窿底部面料、里料袖窿的缝份，侧缝前后共6cm，如图4-56所示。

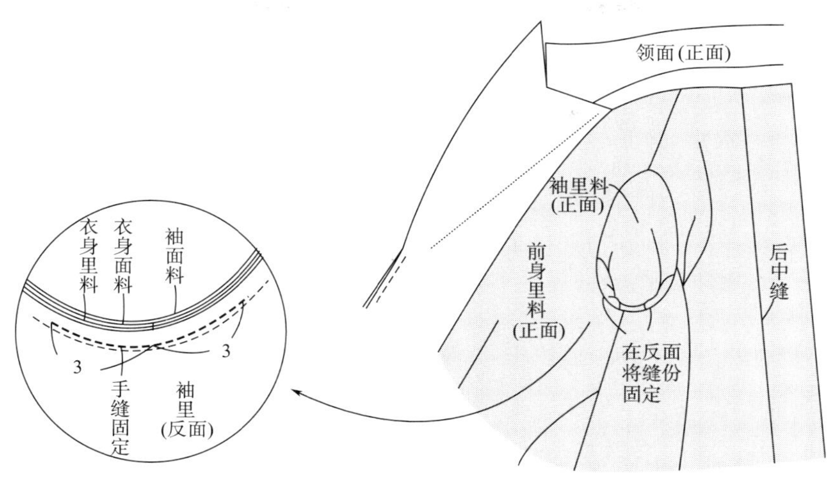

图4-56　固定袖窿底部面料、里料袖窿的缝份

3. **手针固定面料、里料身片的侧缝、后中缝（图略参见上一单元）**

（十二）后整理

1. **门襟止口、领外口拱针缝**

将衣身翻向正面，首先拆掉领子与门襟处假缝线，熨烫整理领子与门襟处，烫出0.1cm止口量，从贴边的下摆处开始，贴边在上进行拱针缝（星点缝），领子与驳头处是领里、衣身面在上进行拱针缝，线迹距离止口0.5cm，如图4-57所示。

2. **驳头翻折线处拱针缝**

门襟止口拱缝之后，折叠驳头，大针码绷缝，距离翻折线2cm处拱针缝，如图4-58所示。

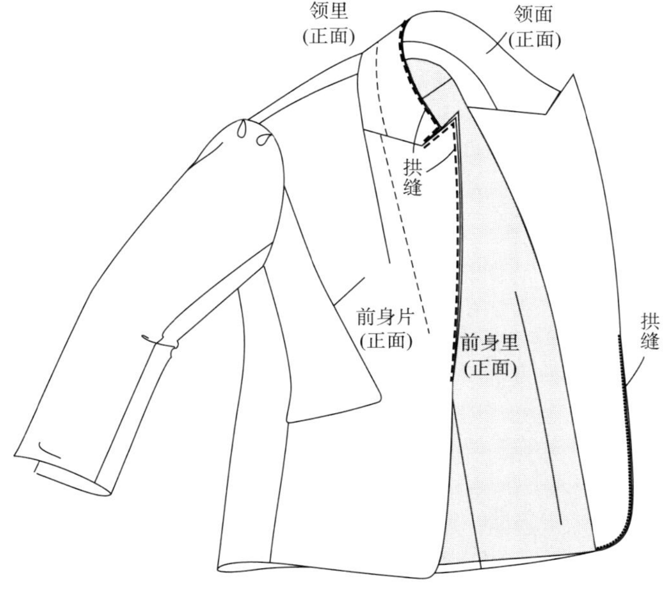

图4-57　后整理

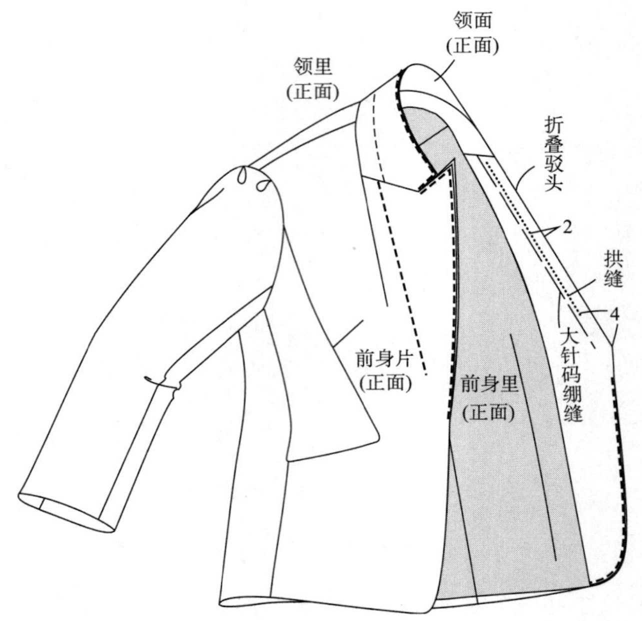

图4–58　驳头翻折线处拱针缝

3. **小袖里缉明线、封口**

小袖里缉明线、封口。

4. **锁扣眼、钉扣**

在右前衣身反面画眼位，选取同色调的丝光线锁圆头扣眼，钉扣要绕线足，线足高度为门襟止口的厚度；用锁扣眼的线重复四次钉扣，为了使扣子钉的结实，尤其是全毛面料时，在贴边上钉垫扣，如图4–59所示。

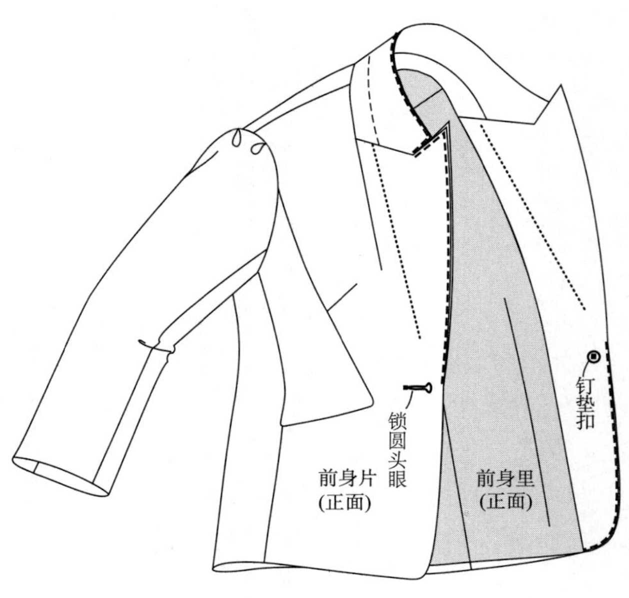

图4–59　锁扣眼、钉扣

5. **整理熨烫**

（1）为了没有熨斗的水印，垫上垫布熨烫。

（2）对省道、缝迹，熨斗熨烫不到位的地方再次熨烫。

（3）口袋在烫台上整烫，带盖下面放入厚纸熨烫。

（4）装领线的缝份用熨斗压烫，使之比较薄且平整。

（5）肩部放在烫台上，整理好形状进行熨烫，袖山处的熨烫，要考虑袖山造型，注意在熨斗压烫袖山处时，不要破坏其圆弧状，

（6）在烫台上确认领子的翻折线熨烫领子。

（7）确认驳头翻折线，上段儿用力压烫，下段儿轻烫即可。

五、质量检验标准

1. **着装检验**

（1）观察是否表现出了设计意图和造型。

（2）观察规格设计是否符合体型。

（3）观察衣身、袖子是否确保运动量。

2. **主要部位尺寸规格要求**

（1）衣长、袖长两长符合尺寸规格要求。

（2）胸围、腰围、臀围三围符合尺寸规格要求。

（3）肩宽、背宽、胸宽三宽符合尺寸规格要求。

（4）领子、驳头、袖口、口袋等符合尺寸规格要求。

3. **缝制工艺要求**

（1）缝制工序正确、完整，线迹顺直、针距适当、无跳线现象。

（2）领子：绱领要正、要平；领子左、右对称；领面纱向顺直、不紧、不吐里；领面缉线顺直、牢固；里领制作平展、规范合理。

（3）驳头：驳头吃势均匀不反吐；驳头长度、宽度左右对称；缉线顺直。

（4）前门：左右前门弧度相同、对称；圆角弯势圆滑、下摆圆角略向里窝服，左右一致；缉线顺直。

（5）口袋：造型准确、左右对称；袋口平服、松紧适宜；缉线顺直、两端封结牢固对称。

（6）袖子：两只袖子对称、方向适当；袖山褶造型正确，吃势均匀适当，外型饱满、圆顺，符合造型要求；袖里松紧适宜无牵吊现象；袖开衩制作方法正确、工序完整美观。

（7）里子：余量适中，缝缀完整、不影响外型。

（8）后开衩：造型准确、左右对称；开衩面里层次得当、平服、松紧适宜；缉线顺直、拐角牢固。

（9）手工：手针工艺齐全、牢固美观；钉扣结实符合规范要求。

课后延学：根据学习任务，完成实训操作

实训任务一：西服衣身后开衩制作

实训任务二：四开身刀背线戗驳领女西服成衣制作

学习任务三　四开身青果领女西服成衣缝制工艺

鉴于前面章节已经系统讲述女西服的缝制工艺，因此，本章节重点讲解女西服变化型款式局部的制作工艺技法。

一、款式图

青果领女西服款式图，如图4-60所示。

图4-60　青果领女西服款式图

二、款式说明

青果领领型其特点是领面与贴边（挂面）连在一起，无串口线。根据青果领的立体效果及领子宽度的变化，结构制图时，领子在颈侧部位与衣身会有重叠的现象。重叠量大的时候，将前领口处的贴边断开与后领口贴边连在一起进行设计。由于领面的后中线连裁，考虑到面料幅宽受限，在第一粒扣向下的贴边进行裁断拼接，确保拼接位置不外露。基于青果领女西服的贴边有两种形式，也就产生了两种不同的缝制工艺方法。

三、缝制工艺操作过程

（一）后领口装贴边的情况

1. 粘衬

前、后身衣片粘衬，如图4-61、图4-62所示。

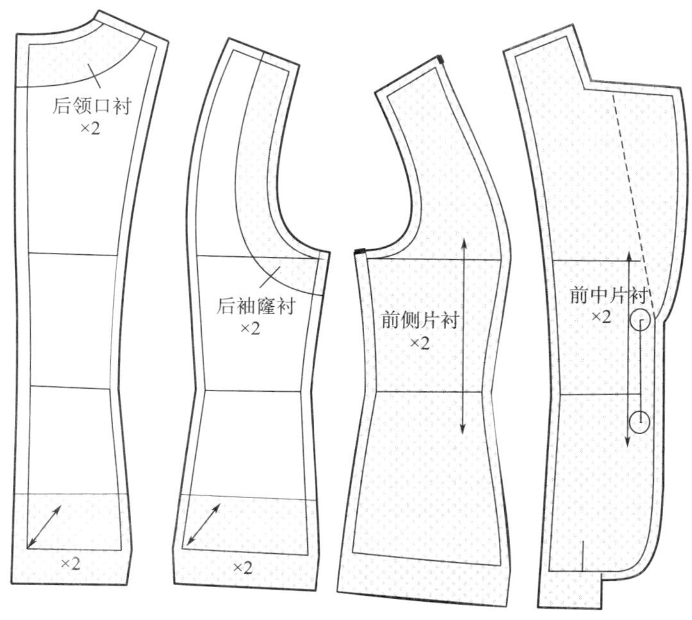

图4-61　衣身粘衬

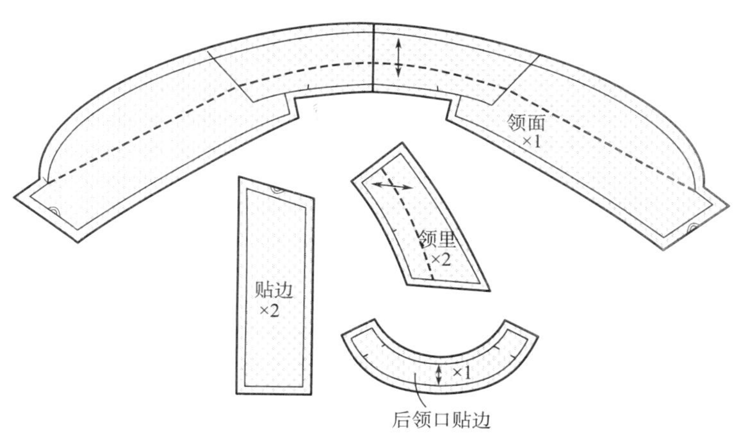

图4-62　零部件粘衬

2. 绱领里

绱领里，如图4-63所示。

3. 装后领口贴边

装后领口贴边并拼合门襟贴边，如图4-64所示。

4. 门襟贴边、领面与衣身里子缝合

门襟贴边、领面与衣身里子缝合，如图4-65所示。

5. 车缝门襟止口

缝门襟止口，如图4-66所示。注意对位记号、吃势等要领，校对无误后清剪止口缝份（详见上一个单元）。

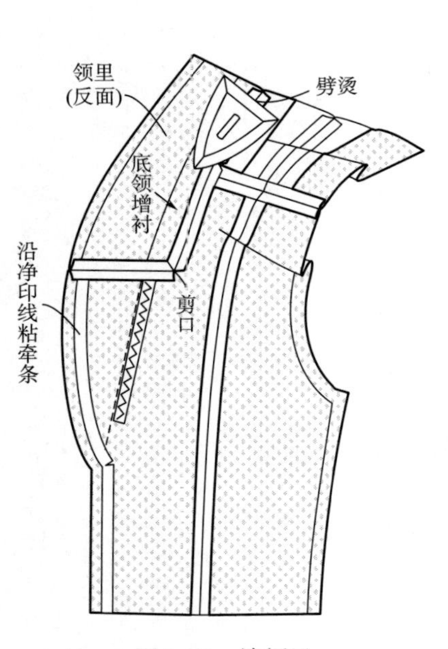

图4-63 绱领里

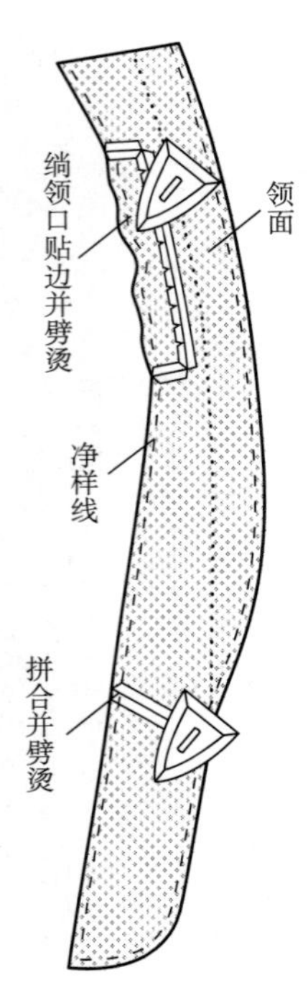

图4-64 装后领口贴边

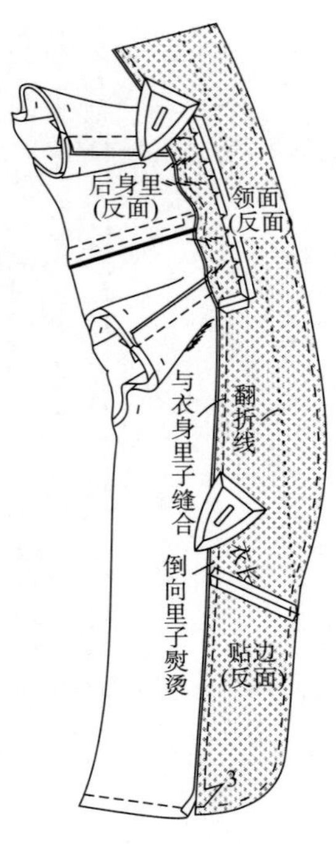

图4-65 门襟贴边、领面与衣身里子缝合

6. **翻烫领子、门襟**

翻烫领子、门襟，如图4-67所示。具体技法参见上一个单元。

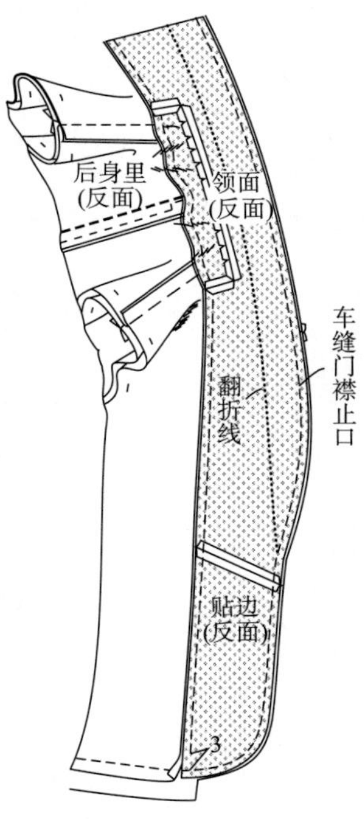

图4-66 车缝门襟止口

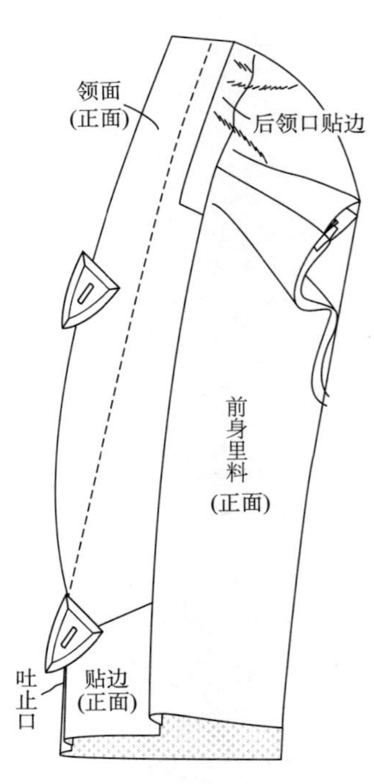

图4-67 翻烫领子与门襟

（二）后领口不装贴边的情况

领子制板重叠量小的时候，后领口可以不装贴边，前衣身的门襟贴边顺着装领线顺直画到下摆处即可。这种结构工艺方法相对简单，下面重点讲解与上一种方法不同部位的操作方法。

1. **粘衬**

粘黏合衬，如图4–68所示。

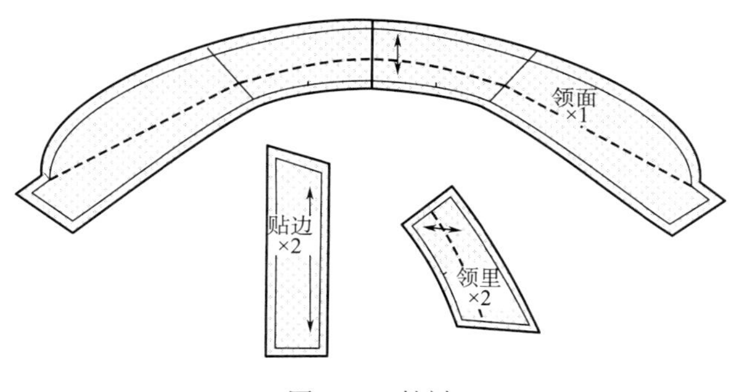

图4–68 粘衬

2. **绱领里**

绱领里（图略，见上一种方法）。

3. **拼合领面与贴边，然后劈烫**

接下来，与前衣身里子缝合；最后车缝门襟止口，如图4–69所示。

4. **翻向正面熨烫、整理**

翻向正面熨烫、整理，如图4–70所示。

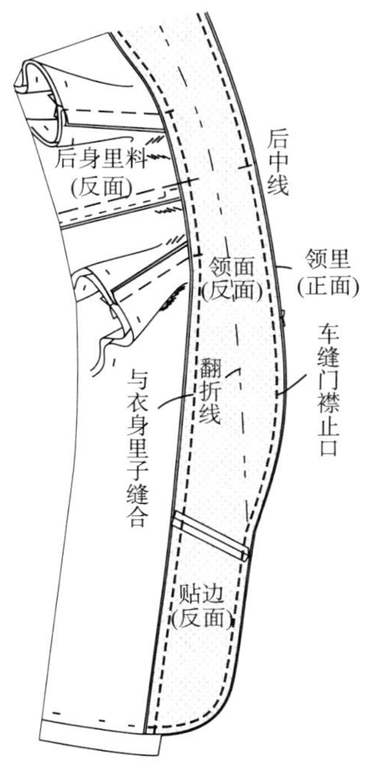

图4–69 车缝门襟止口

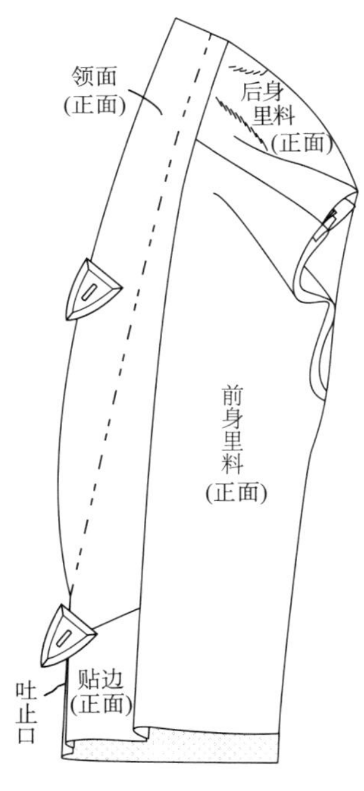

图4–70 翻烫门襟止口

学习任务四　四开身连身领女西服成衣缝制工艺

一、款式图

四开身连身领女西服款式图，如图4–71所示。

二、款式说明

八片构成。前后身带有刀背线、领口省；门襟一粒扣，袖子为一片式带袖口省。领子与身片连裁，环颈部自然直立的领型。由于人体颈部各异，因此需要进行试穿补正，面料选择容易塑型的材料。制作过程中合理粘衬、修剪、补正、熨烫是这款领子的工艺重点。

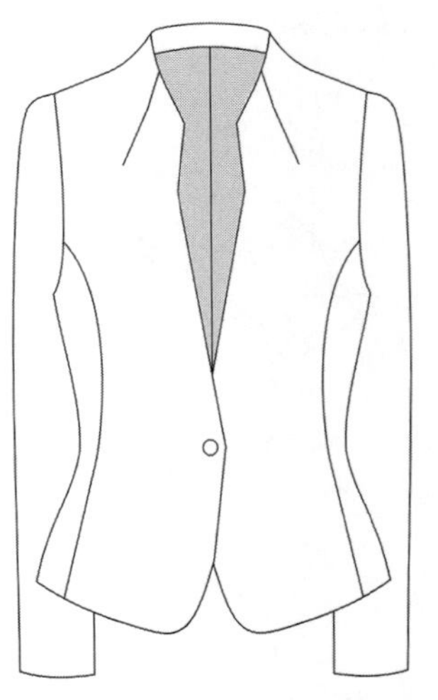

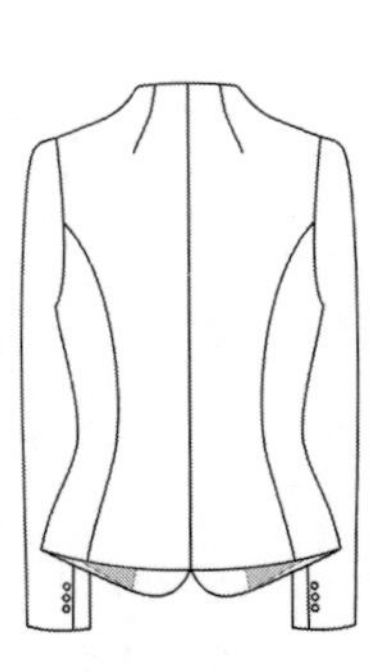

图4–71　四开身连身领女西服款式图

三、裁剪

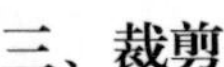

前、后衣身面料的裁剪如图4–72所示。

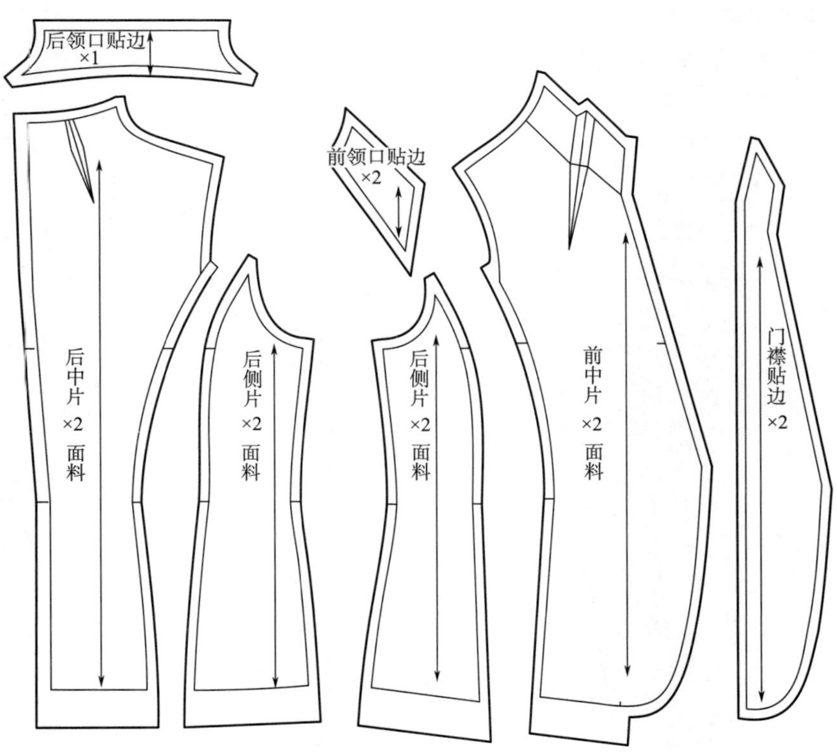

图4–72　面料的裁剪

2. **里料的裁剪**

前、后衣身里料的裁剪如图4-73所示。

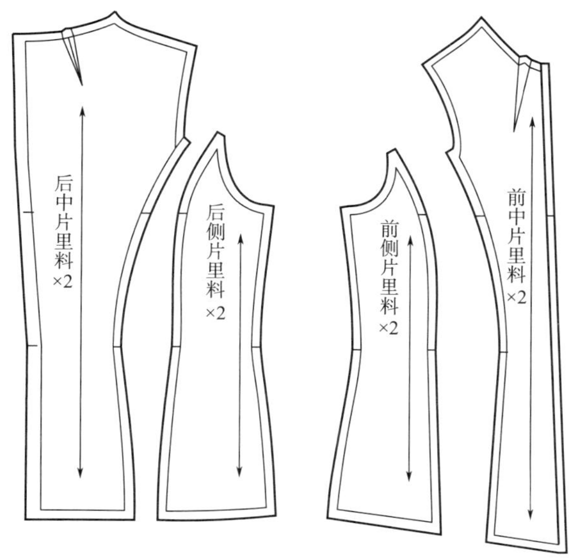

图4-73　里料的裁剪

3. **衬料的裁剪**

前、后衣身衬料的裁剪如图4-74所示。

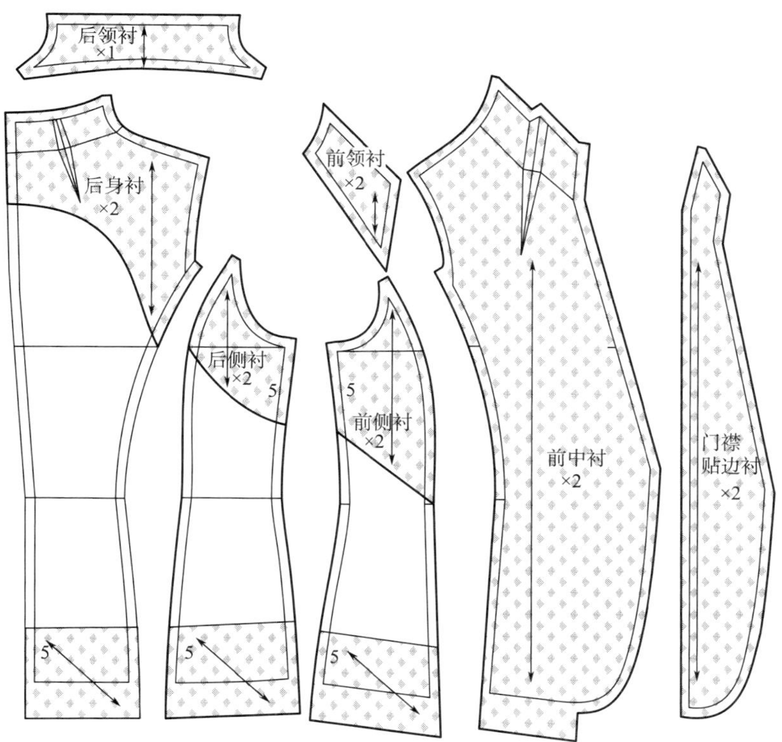

图4-74　衬料的裁剪

四、缝制工艺操作过程

1. 制作后身片

收后中片领省并劈烫；车缝后中片与后侧片；缝合后中缝，缝份劈烫，如图4–75所示。

2. 制作前身片、合肩缝

收前中片省道；车缝前中片与前侧片，缝劈熨烫。缝合后身片与前身片小肩缝并打剪口，如图4–76所示。

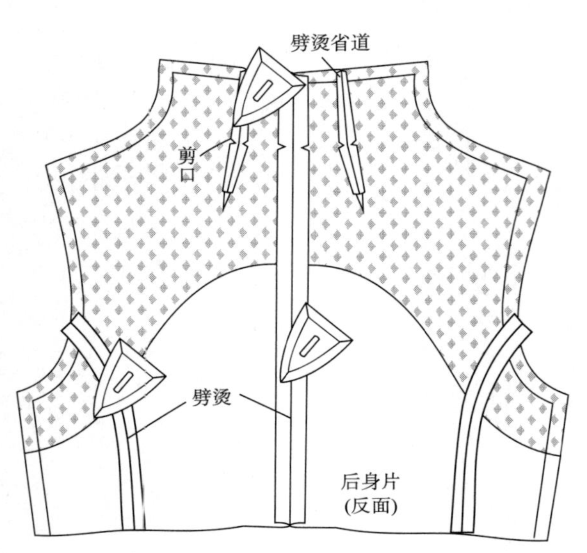

图4–75　制作后身片

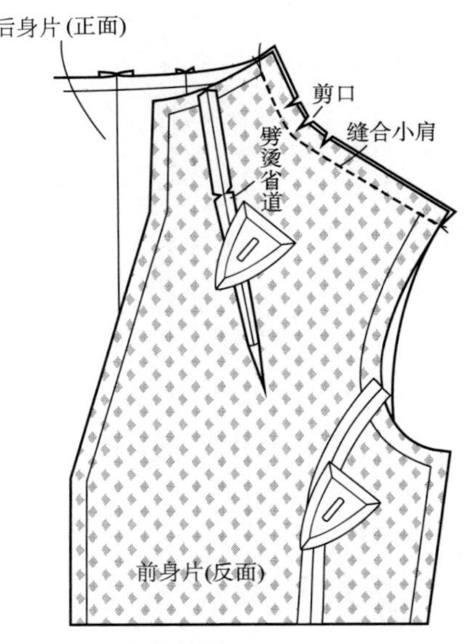

图4–76　制作前身片、合肩缝

3. 缝合领口贴边

将后领口贴边与前领口贴边缝合，并且劈烫缝份，如图4–77所示。

4. 领口贴边与衣身里子缝合

将领口贴边反面与衣身里料正面相对进行缝合，如图4–78所示。

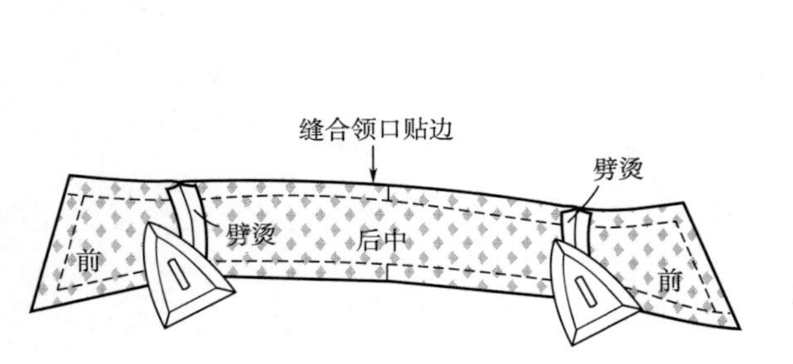

图4–77　缝合领口贴边

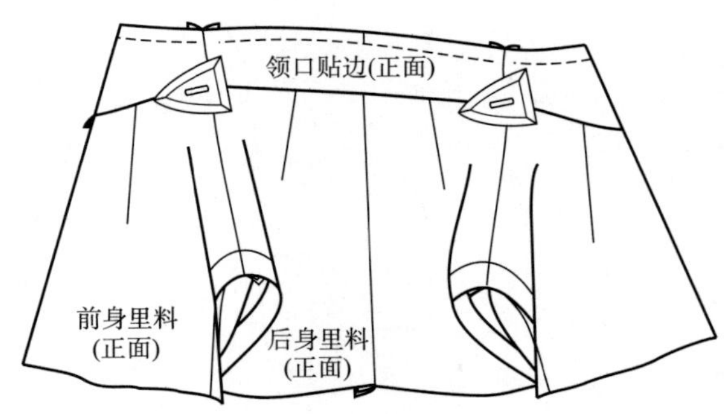

图4–78　领口贴边与衣身里子缝合

5. 绱门襟贴边

绱门襟贴边，缝份倒向里子熨烫，如图4–79所示。

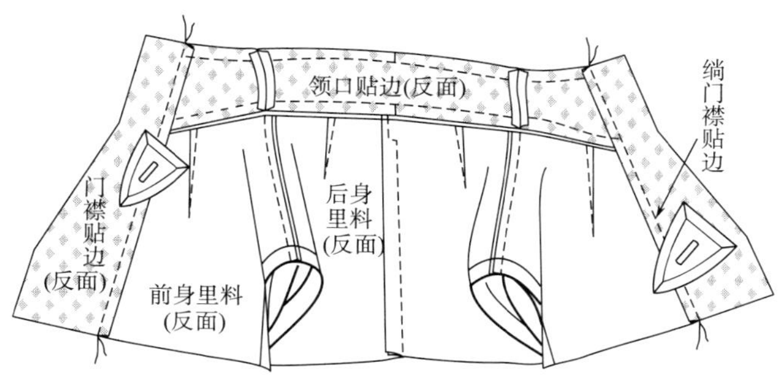

图4-79　绱门襟贴边

6. 车缝领外口及门襟止口

进行领外口及门襟止口车缝时，要注意对齐对位记号，左、右要对称，如图4-80所示。

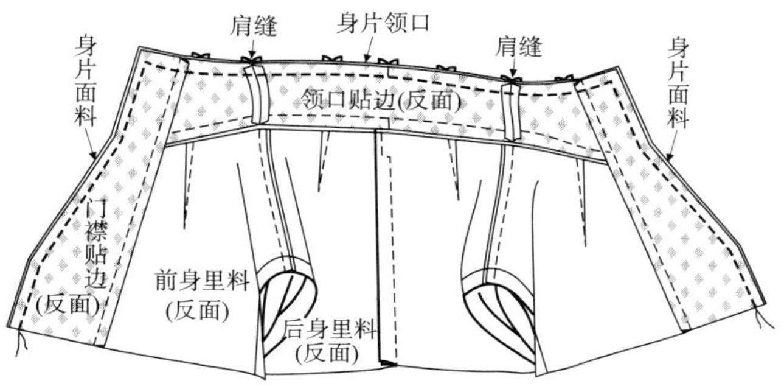

图4-80　车缝领外口及门襟止口

7. 衣身整理、熨烫、止口拱针

（1）清剪止口缝份，衣身翻转至正面整理熨烫，如图4-81所示。

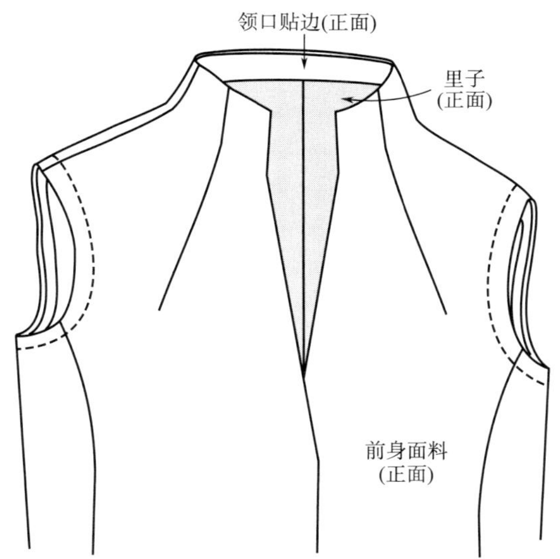

图4-81　衣身整理、整烫、止口拱针

（2）在面料、里料的省道反面手缝固定。

（3）领口、门襟止口处拱针缝。

（4）整烫。

课后延学：根据学习任务，完成实训操作实训练习（按制单要求协作完成）。

实训任务一：青果领女西服成衣制作实训练习（按制单要求协作完成）。

实训任务一：连身领女西服成衣制作实训练习（按制单要求协作完成）。

本单元微课资源（扫二维码观看视频）

33. 戗驳头女西服——西服后开衩的制作（局部缝制）

34. 戗驳头女西服——制作前的准备工作

35. 戗驳头女西服——前身制作

36. 戗驳头女西服——前身里料制作

37. 戗驳头女西服——前门襟止口制作

38. 戗驳头女西服——后身面、里料制作

39. 戗驳头女西服——后身开衩制作

40. 戗驳头女西服——衣身组合工艺

41. 戗驳领女西服——做领子

42. 戗驳领女西服——绱领子1

43. 戗驳领女西服——绱领子2

44. 戗驳领女西服——制作袖面料

45. 戗驳领女西服——制作袖里料

46. 戗驳领女西服——勾缝袖口、手针扦袖口

47. 戗驳领女西服——机缝绱袖面

48. 戗驳领女西服——机缝绱袖里

49. 戗驳领女西服——装垫肩

50. 戗驳领女西服——手工扦下摆

51. 戗驳领女西服——钉扣和整烫

52. 青果领女西服——制作衣身

53. 青果领女西服——绱领里

54. 青果领女西服——绱领面

55. 青果领女西服——身片面料与里料结合

56. 连身立领的制作——衣身面料组合

57. 连身立领的制作——衣身里料组合

58. 连身立领的制作——做领子

59. 连身立领的制作——身片面料与里子结合

学习单元五　男西服缝制工艺

课前导学：以服装企业生产项目为依托，提出学习任务，服装生产任务单见表5-1。

学习任务一：三开身平驳领男西服局部缝制工艺

学习任务二：三开身平驳领男西服成衣缝制工艺

表5-1　服装生产任务单

<table>
<tr><td>客户名称</td><td>×××</td><td>款号</td><td>×××</td><td>款名</td><td>男西服</td><td rowspan="4">成衣主要规格表
号型：175/94A　　单位：cm
<table><tr><td>部位</td><td>后长</td><td>胸围</td><td>腰围</td><td>袖长</td><td>肩宽</td><td>袖口</td></tr><tr><td>尺寸</td><td>74</td><td>106</td><td>80</td><td>62</td><td>46</td><td>15</td></tr></table>
注：未标注尺寸的部位，可根据订单要求、款式图及样板确定。

工艺要求：
1. 面料裁剪纱向正确，经纬纱垂平，达到丝缕平衡，符合成本要求。
2. 粘衬部位有前身、门襟贴边、后身、领子、袖衩等。
3. 针距为 3cm，14 ～15 针。缉线要求宽窄一致，各类缝型正确，无断线、脱线、毛漏等不良现象。
4. 缝份倒向合理，衣缝平整；毛边处理光净整洁，方法得当。
5. 工艺细节处理得当，衣面与衣里缝线松紧适宜，层次关系清晰。
6. 具体缝型、工艺方法，根据订单要求、款式图、样板确定。
7. 里料、衬料、线、垫肩、纽扣等辅料符合订单要求。
8. 后整理：烫平冷却后挂装，不可烫脏、渗胶等。
9. 装箱方法：单色单码</td></tr>
<tr><td>产量</td><td>×××</td><td>面料</td><td>×××</td><td>工期</td><td>×××</td></tr>
<tr><td colspan="6">款式图：

正面　　　　背面</td></tr>
<tr><td colspan="2">款式特征：
1. 男西服基本型，是日常生活中应用较广泛的男西服。
2. 前身：单排两粒扣平驳领圆摆男西服。前身两个双袋嵌线大袋，左前身胸部手巾袋一个；前衣身里子有两个里袋。
3. 后身：后背中缝收腰直通底摆。
4. 袖子：合体两片袖结构，袖口开衩钉三粒扣</td><td colspan="4">外观造型要求：
1. 整体：规格设计、辅料配置合理，造型符合要求，结构平衡，服装里外整洁。
2. 衣身：胸腰松量适中；肩部服帖，有活动量，无不良折痕；门襟不搅不豁；下摆不起吊，不外翻。
3. 衣领：松紧适中，左、右领自然过渡，熨烫自然立体。
4. 衣袖：袖山与袖窿衔接平顺，袖体圆顺，袖弯适中，分割合理，无不良皱褶。
5. 口袋：左右对称、窝服自然美观</td></tr>
</table>

依据三开身平驳领男西服款式风格及结构特点，设计梳理本单元学习技能，见表5-2。

表5-2　本单元应掌握的技能及学习目标

职业面向	技能点	学习目标		
		知识目标	能力目标	素质目标
1. 模板操作人员 2. 裁剪人员 3. 样衣制作人员 4. 生产班组长	三开身平驳领男西服口袋制作	熟知三开身平驳领男西服口袋部件构成	能够熟练使用常规缝纫设备，以上一个单元技能为基础，编写工艺流程及操作方法完成口袋的制作	1. 培养学生依据标准文件设计工艺方法的能力。 2. 培养学生与他人合作完成项目任务的能力。 3. 培养学生独立完成三开身平驳领男西服裁剪、排板、成衣制作的能力。 4. 培养学生具有胜任企业技术部助理的工作。 5. 培养爱岗敬业的工作作风和吃苦耐劳的工作精神
	三开身平驳领男西服成衣排板、裁剪	熟悉面、辅料裁剪、排板原则与方法	能够进行单件服装排板；能够进行多号型套裁排板；能够正确使用面料、辅料	
	三开身平驳领男西服成衣制作	正确解读三开身平驳领男西服款式	能够熟练运用相关机缝、手缝技法进行三开身平驳领男西服成衣缝制；能够正确依据面料性能、纸样结构选择工艺技法	

课中探究：围绕学习任务，进行技能学习

学习任务一　三开身平驳领男西服局部缝制工艺

一、带袋盖双袋牙挖袋A

1. 款式图

带袋盖双嵌线挖袋A款式图，如图5-1所示。

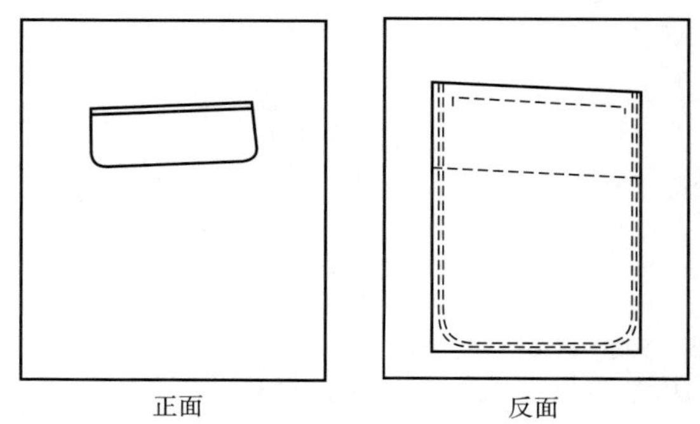

图5-1　带袋盖双袋牙挖袋A款式图

2. 款式说明

带袋盖双袋牙口袋属于一般挖袋的基本型口袋，袋型由袋盖、上袋牙、下袋牙、袋布、挡口布组成，一般多用于男、女西服或大衣等服装。

3. **裁剪**

制作带袋盖双袋牙挖袋时，需要裁剪的裁片有：前身片、大袋盖面料、大袋盖里料、袋布a、袋布b、上下袋牙布、挡口布、袋口衬、袋牙衬。

（1）面料的裁剪，如图5–2所示。

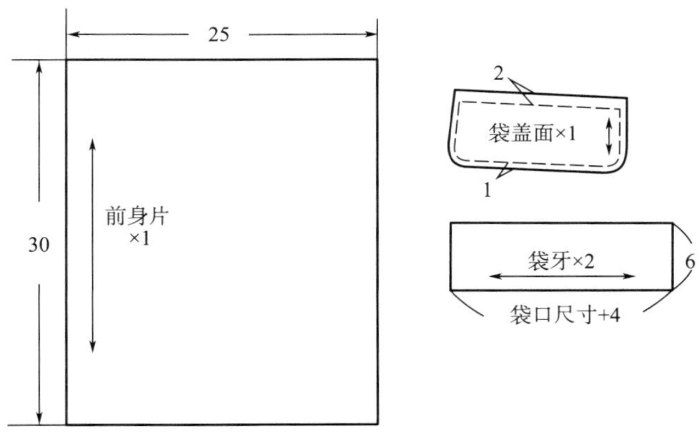

图5–2　面料裁剪

（2）里料的裁剪，如图5–3所示。

（3）衬料的裁剪，如图5–4所示。

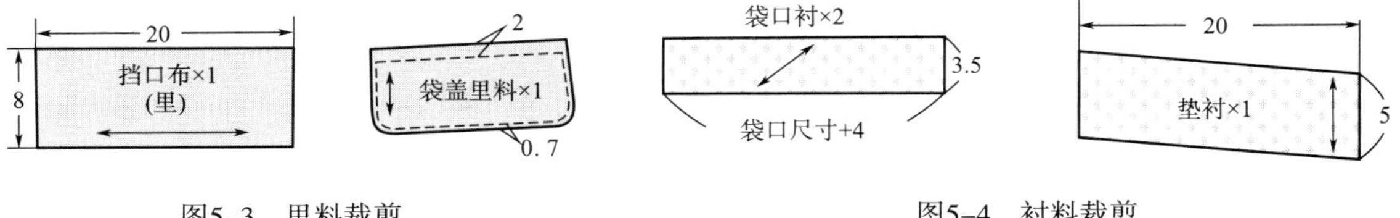

图5–3　里料裁剪　　图5–4　衬料裁剪

（4）袋布的裁剪，如图5–5所示。

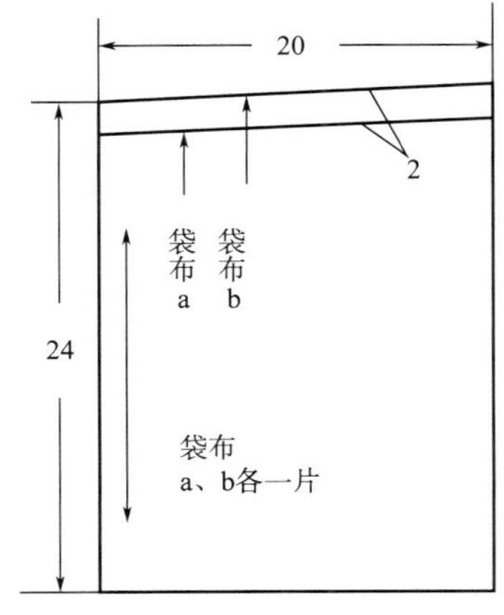

图5–5　袋布裁剪

4. 缝制工艺工程分析及工艺流程

带袋盖双袋牙挖袋A缝制工艺工程分析及工艺流程如图5-6所示。

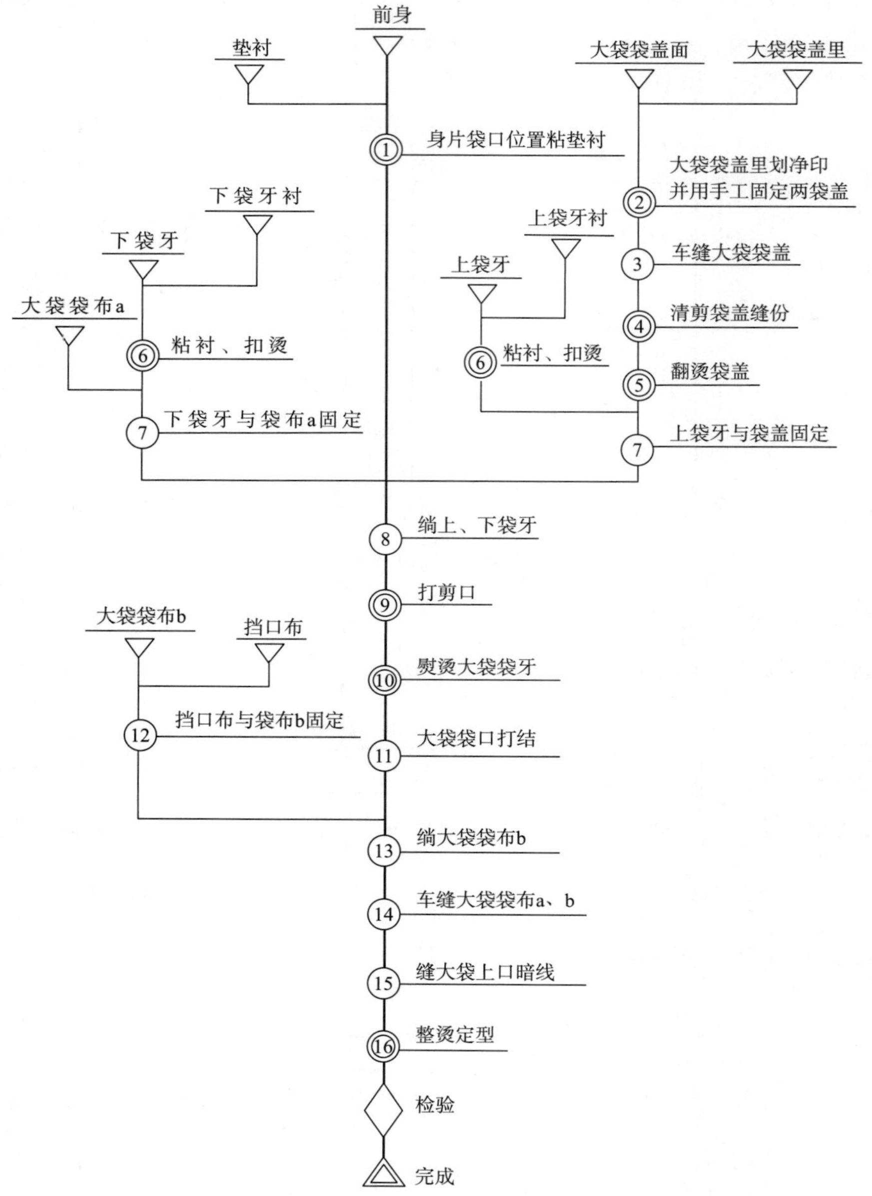

图5-6 带袋盖双袋牙挖袋A缝制工艺工程分析及工艺流程

5. 缝制工艺操作过程

（1）在前身片袋口位置反面粘袋口（垫衬）衬，如图5-7所示。

（2）车袋盖，在袋盖里上划净样线，然后把袋盖面与袋盖里正面相对，并用手工固定两袋盖，按照袋盖里的缝份大小进行缝制，袋盖圆角处给袋盖面一定的吃量，如图5-8所示。

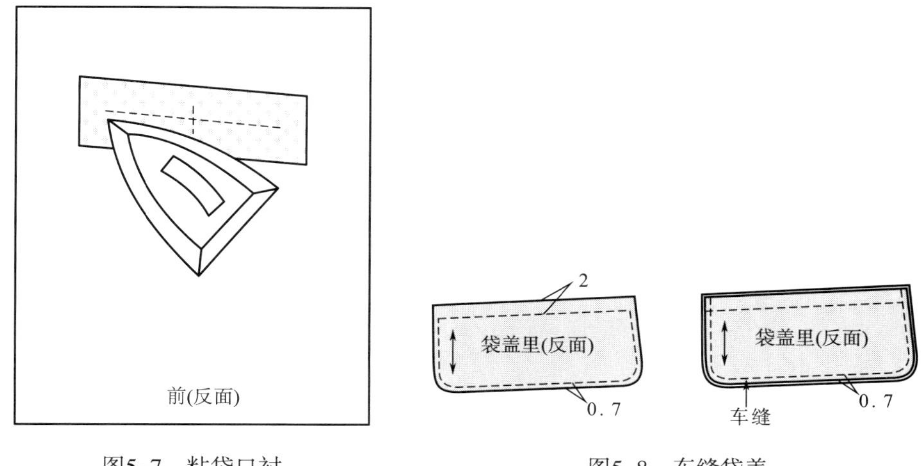

图5-7　粘袋口衬　　　　图5-8　车缝袋盖

（3）清剪缝份，翻烫袋盖，袋盖面吐0.1cm，如图5-9所示。

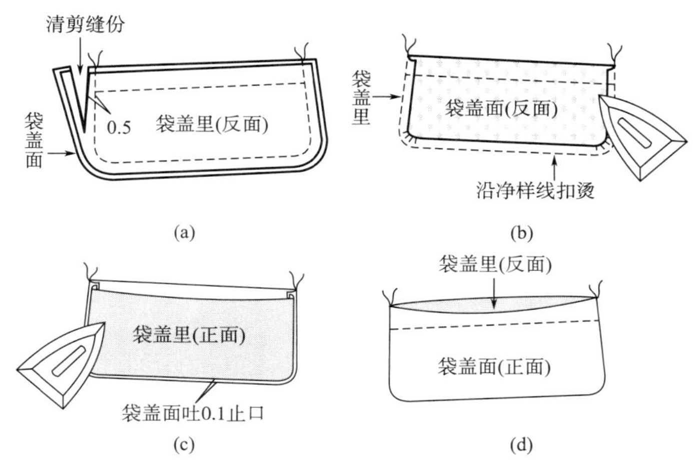

图5-9　清剪缝份、翻烫袋盖

（4）上下袋牙粘衬，并双折扣烫袋牙，如图5-10所示。

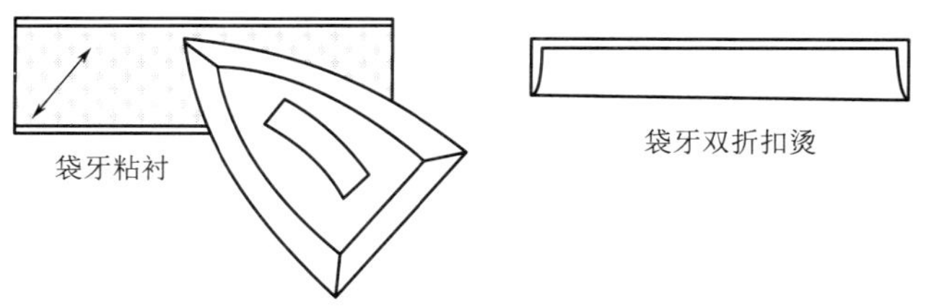

图5-10　袋牙粘衬、扣烫

（5）把上袋牙固定在袋盖上，下袋牙与袋布a缝合，如图5-11所示。

（6）绱袋盖与上袋牙，绱下袋牙与袋布a，缝线两端打回针。两线之间要平行，间隔1cm，如图5-12所示。

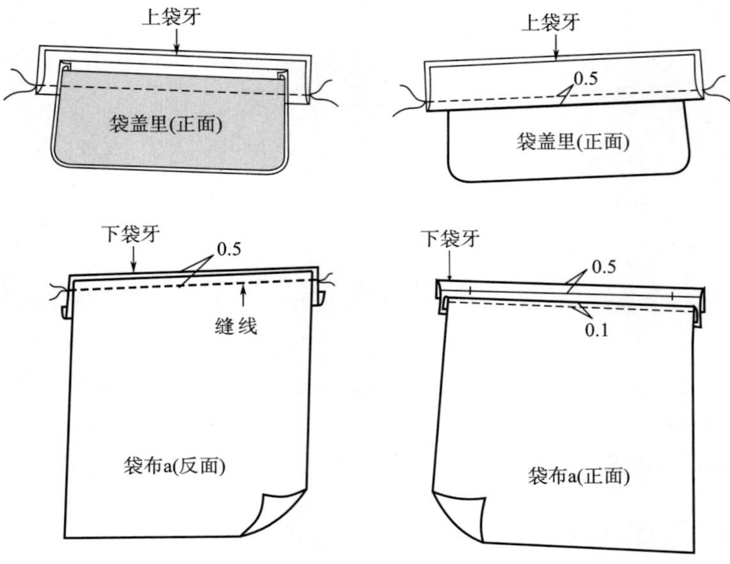

图5-11　固定袋牙和袋布

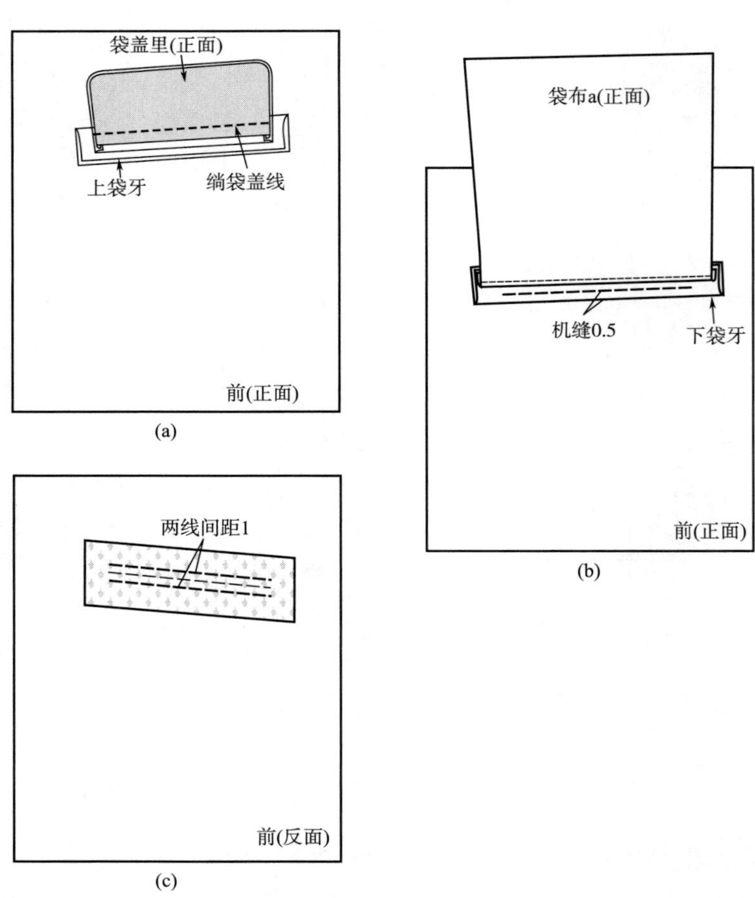

图5-12　绱袋牙

（7）避开袋牙，在袋口位置开剪口。袋口两端开三角剪口，距两端缝线处留一根纱，如图5-13所示。

（8）袋盖翻到正面，袋布a翻到里面，熨烫袋牙，上、下袋牙要宽窄一致，如图5-14所示。

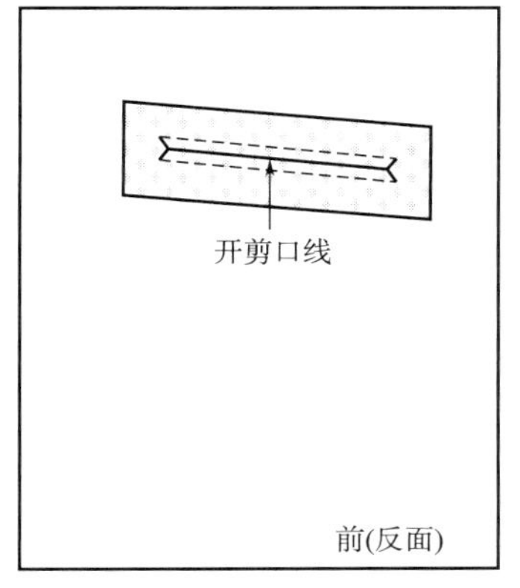

图5-13　袋口开剪口

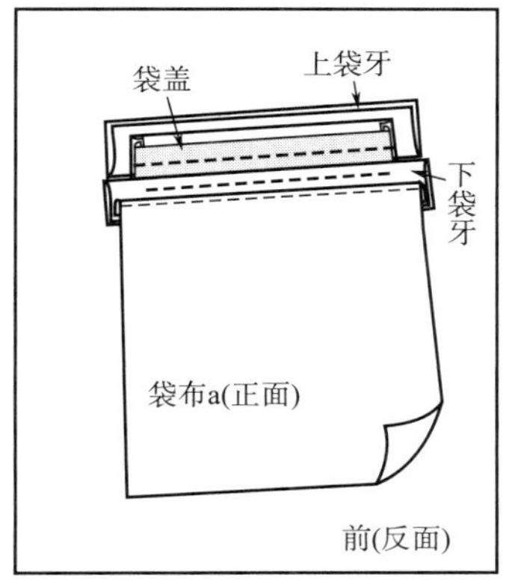

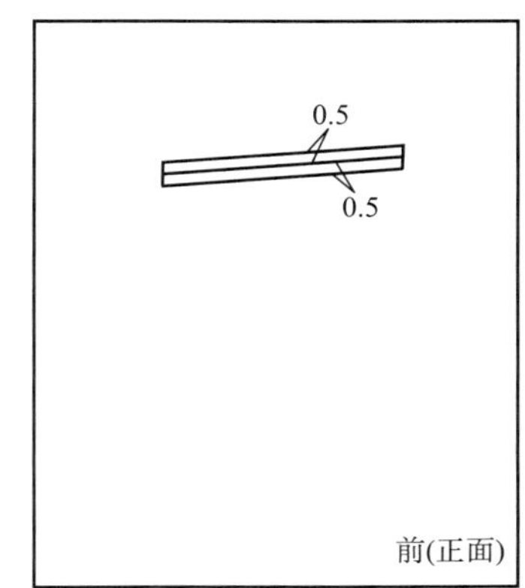

图5-14　熨烫袋牙

（9）绱挡口布，挡口布绱到袋布b上，压0.1cm明线，如图5-15所示。

（10）袋口两端封口，袋口两端三角布与袋牙固定，封结，如图5-16所示。

（11）车缝袋布，把袋布a与袋布b重叠，双线车缝袋布a、b，如图5-17所示。

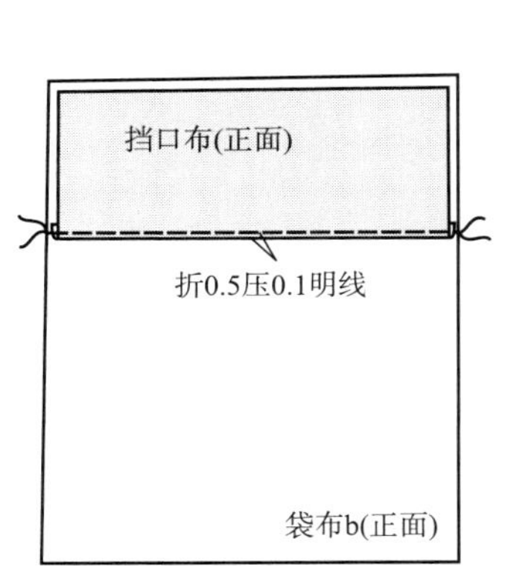

图5-15　绱挡口布图

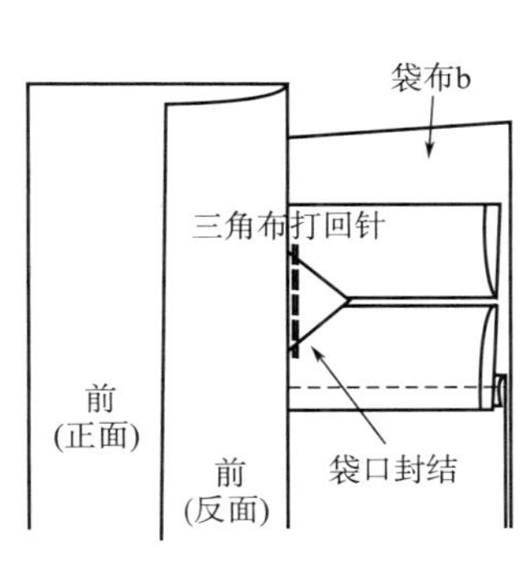

图5-16　袋口两端封口

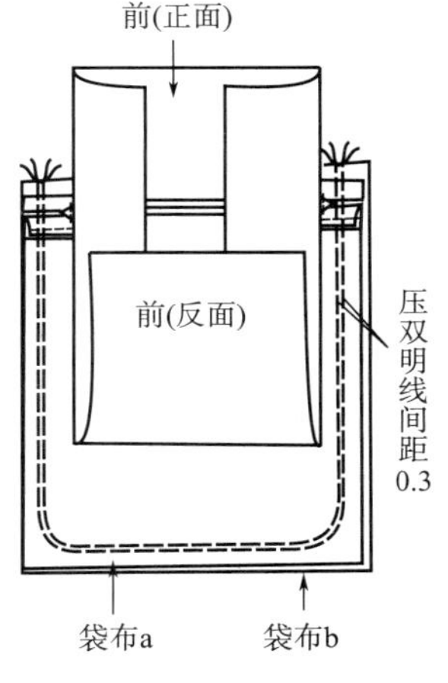

图5-17　车缝袋布

（12）沿绱袋盖线与袋布b缝合，并在袋口两端打回针，如图5-18所示。

（13）口袋袋盖整烫定型，如图5-19所示。

6. **质量检验标准**

（1）裁片、袋位与斜度、袋布等各部位尺寸规格符合局部制作要求，各裁片纱向正确。

（2）缝制工艺要求

①口袋缝制工序正确、完整，袋口大小符合局部制作要求。

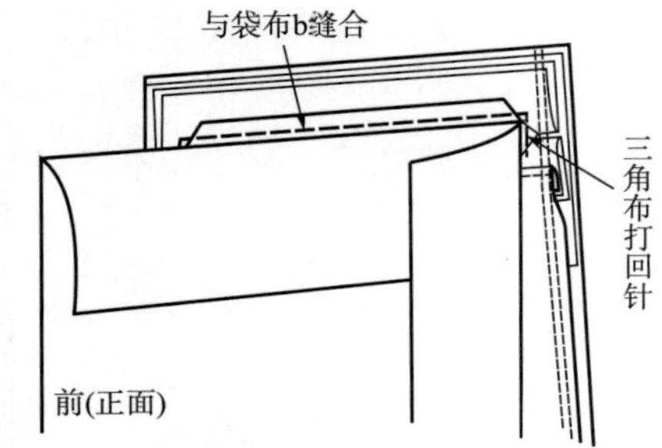

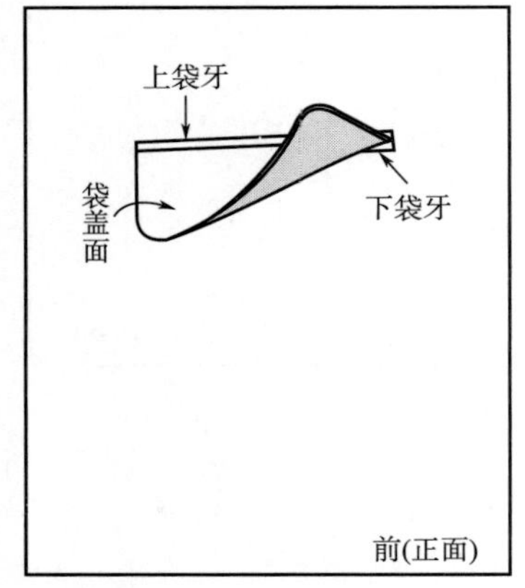

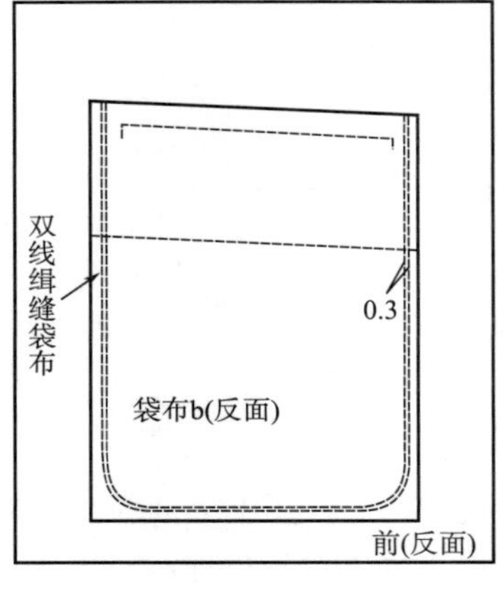

图5-18 口袋上口缉线封口

图5-19 整烫定型

②袋盖平整，袋角圆顺，袋盖宽窄一致，上、下袋牙宽窄一致。

③袋布：上、下两层袋布车缝圆顺。

④袋口方正、平服、无毛露现象，缝结牢固。

⑤挡口布固定在袋布上，袋口里侧无毛露。

（3）其他要求：

①外观：口袋平服、外形美观。

②线迹：各部位线迹顺直、针距适当，无跳线现象。

③整烫：整烫平整、无烫黄、烫焦现象，无水花。

图5-20 带袋盖双袋牙挖袋B款式图

二、带袋盖双袋牙挖袋B

1. 款式图

带袋盖双袋牙挖袋B款式图，如图5-20所示。

2. 款式说明

这款带袋盖双袋牙挖袋与A款式基本相同，不同的是绱袋牙的缝份要进行劈烫。

3. 裁剪

制作带袋盖双牙挖袋时，需要裁剪的裁片有：身片、大袋盖面料、大袋盖里料、袋布a、袋布b、袋牙、挡口布、袋口衬、袋牙衬。

（1）面料的裁剪，如图5-21所示。

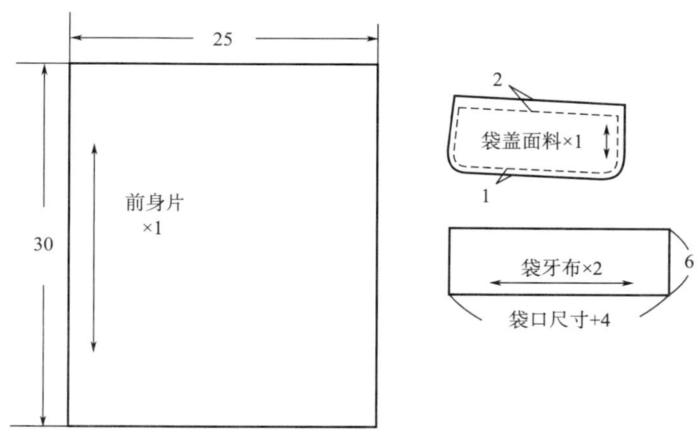

图5-21　面料裁剪

（2）里料的裁剪，如图5-22所示。

（3）衬料的裁剪，如图5-23所示。

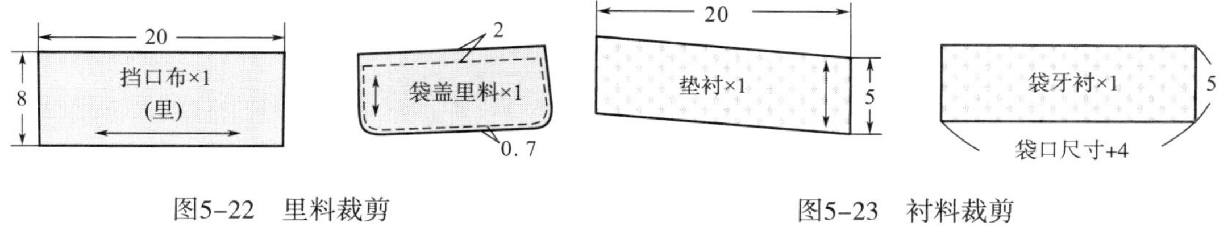

图5-22　里料裁剪　　图5-23　衬料裁剪

（4）袋布的裁剪，如图5-24所示。

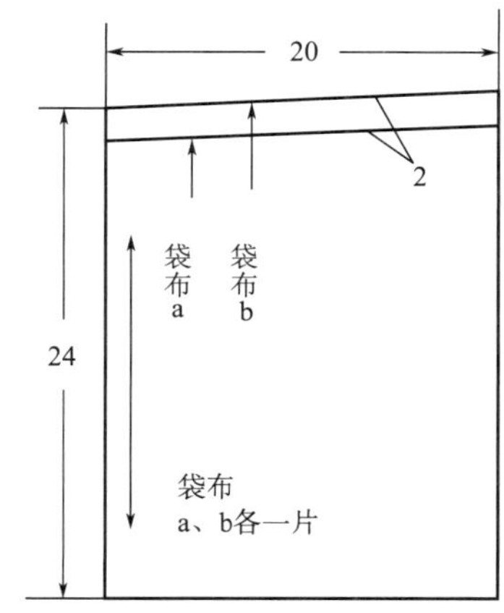

图5-24　袋布裁剪

4. 缝制工艺工程分析及工艺流程

带袋盖双袋牙挖袋B制作工艺工程分析及工艺流程，如图5-25所示。

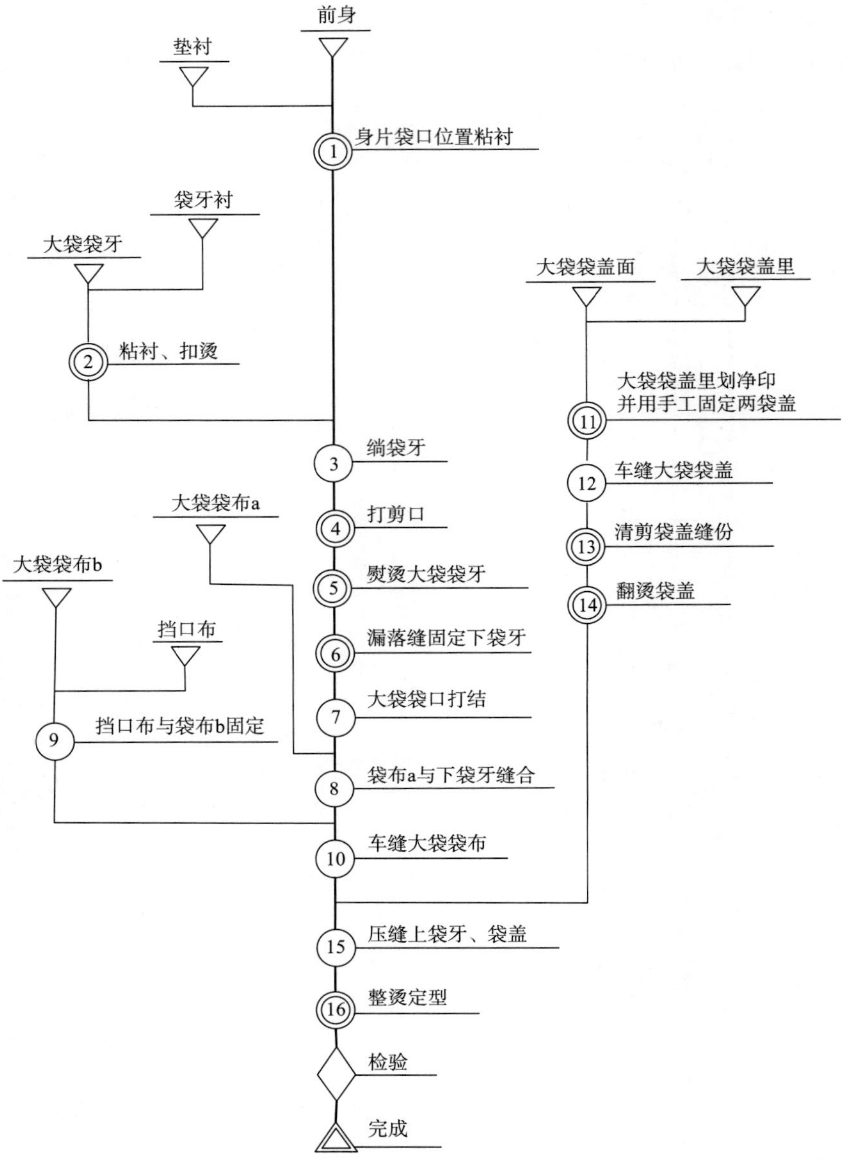

前身
垫衬
① 身片袋口位置粘衬
袋牙衬
大袋袋牙
② 粘衬、扣烫
③ 绱袋牙
④ 打剪口
⑤ 熨烫大袋袋牙
⑥ 漏落缝固定下袋牙
⑦ 大袋袋口打结
大袋袋布a
大袋袋布b
挡口布
⑨ 挡口布与袋布b固定
⑧ 袋布a与下袋牙缝合
⑩ 车缝大袋袋布
大袋袋盖面
大袋袋盖里
⑪ 大袋袋盖里划净印并用手工固定两袋盖
⑫ 车缝大袋袋盖
⑬ 清剪袋盖缝份
⑭ 翻烫袋盖
⑮ 压缝上袋牙、袋盖
⑯ 整烫定型
检验
完成

图5-25 带袋盖双袋牙挖袋B制作工艺工程分析及工艺流程

5. **缝制工艺操作过程**

（1）在前身袋口位置的反面粘垫衬，如图5-26所示。

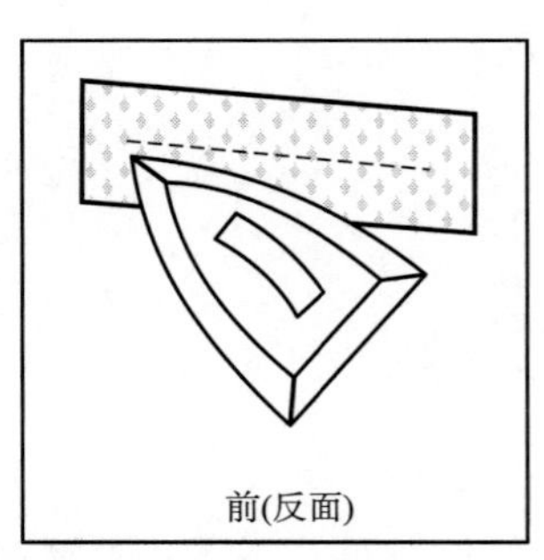

图5-26 袋口位置反面粘垫衬

（2）袋牙粘衬，在粘衬的一面划袋口大、袋口宽的净样线，袋口大15cm，从袋口中间线向两边各划0.5cm 的平行线，如图5-27所示。

（3）绱袋牙，如图5-28所示。

（4）袋口开剪口，如图5-29所示。

（5）劈烫上、下袋牙，掀开袋牙布的上边，将缝边分开烫

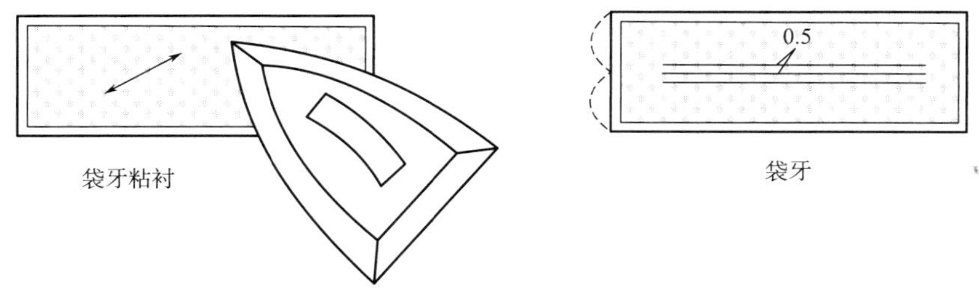

图5-27　袋牙粘衬

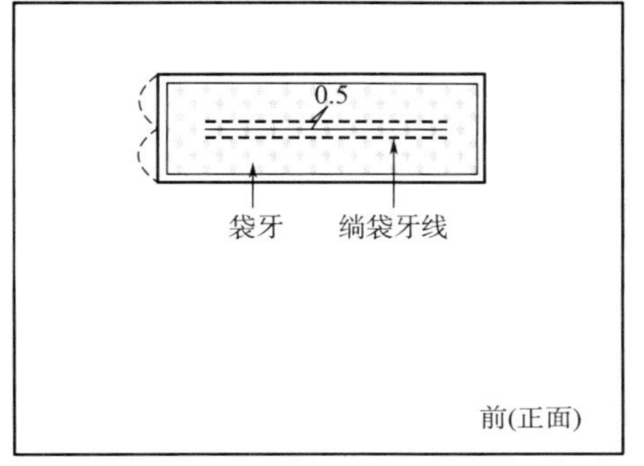

图5-28　绱袋牙

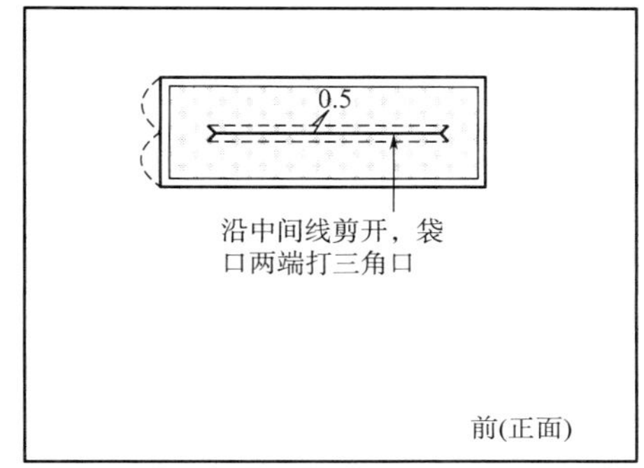

图5-29　袋口开剪口

平，然后用同样的方法整理好袋牙布的下方缝份。将袋牙布在袋口中间对折烫平，上、下袋牙宽均为0.5cm，如图5-30所示。

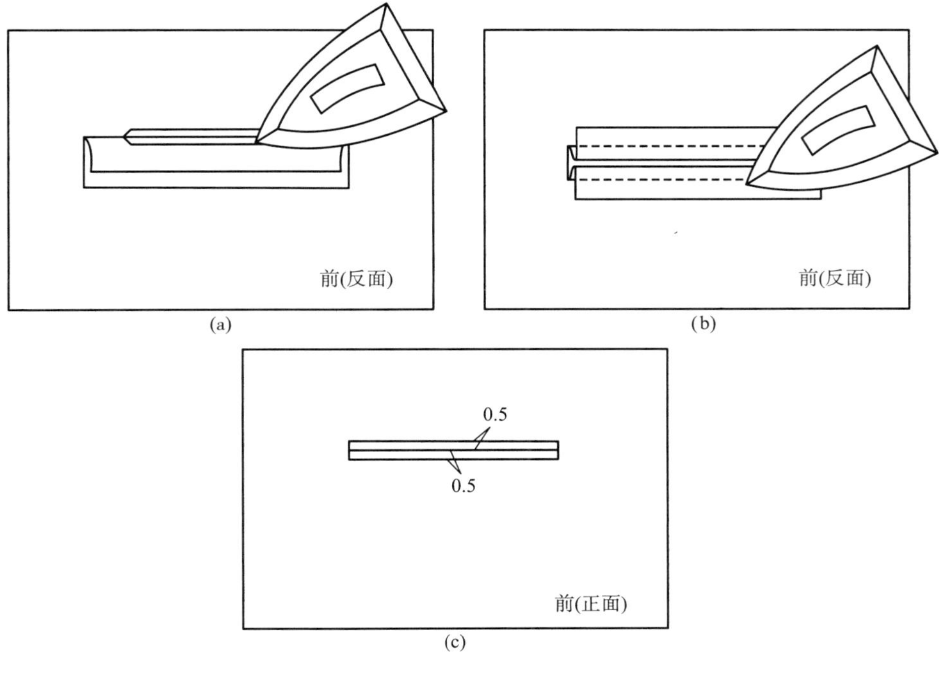

图5-30　劈烫上、下袋牙

（6）漏落缝固定下袋牙，袋口两端打结，如图5-31所示。

（7）袋布a与下袋牙缝合并在大袋袋口打结，挡口布固定在袋布b上，如图5-32所示。

（8）车缝袋布，双趟线车缝袋布a与袋布b，如图5-33所示。

（9）车袋盖，在袋盖里上划净样线，然后把袋盖面与袋盖里正面相对，并用手工固定两袋盖，按照袋盖里的缝份大小进行缝制，袋盖圆角处给袋盖面一定的吃量，如图5-34所示。

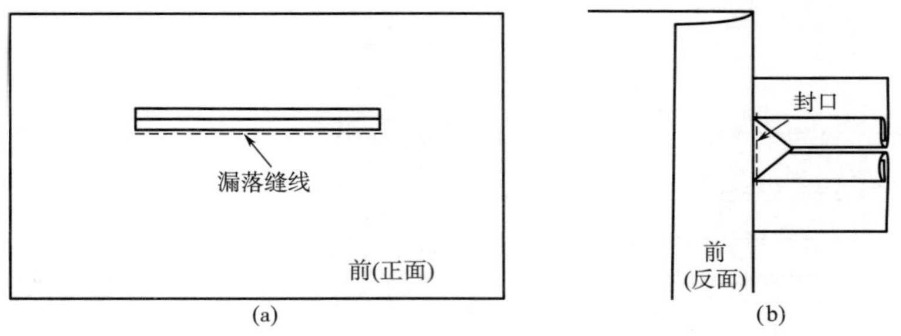

图5-31　固定下袋压、袋口两端打结

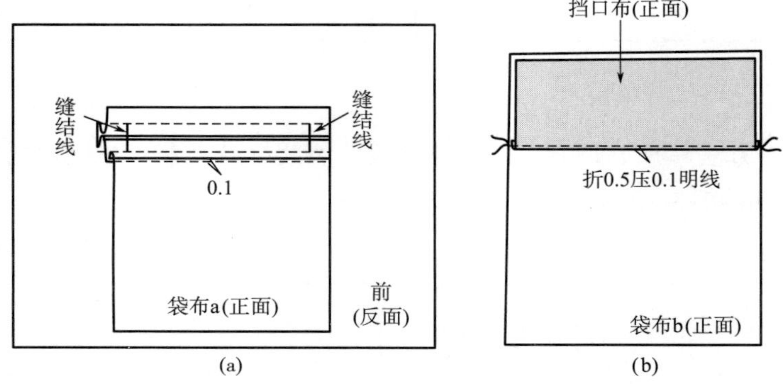

图5-32　绱袋布和挡口布

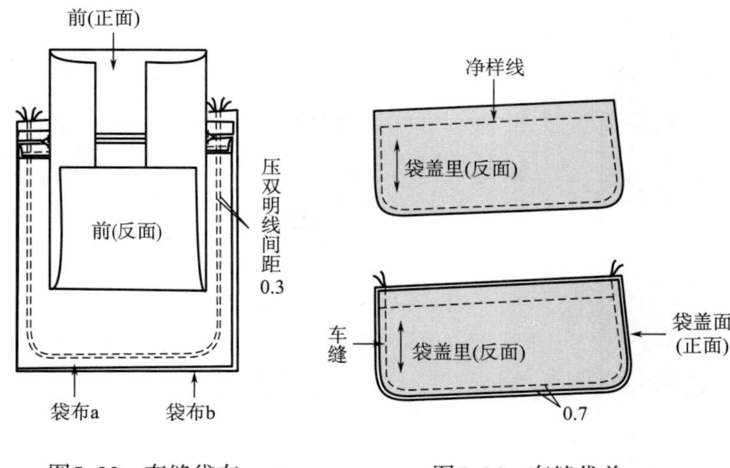

图5-33　车缝袋布　　图5-34　车缝袋盖

（10）清剪缝份，翻烫袋盖，袋盖面止口吐0.1cm，如图5-35所示。

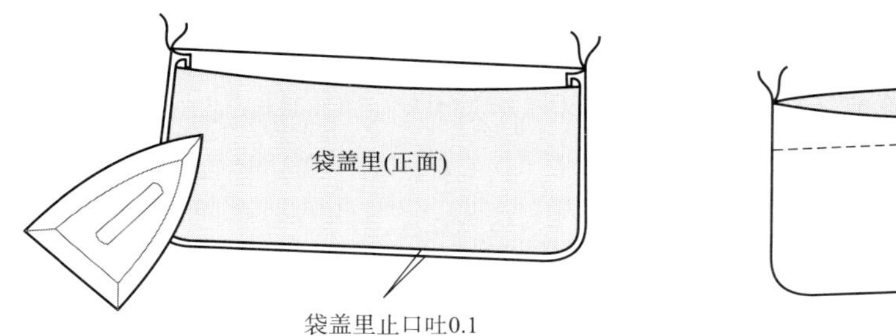

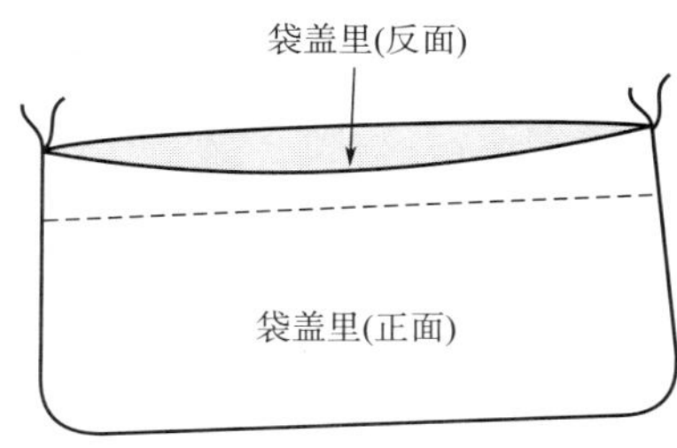

图5-35　翻烫袋盖

（11）袋口上端封口，将袋盖平插到上、下袋牙中间，袋盖与上袋牙、挡口布、袋布车缝在一起，如图5-36所示。

（12）口袋袋盖整烫定型，如图5-37所示。

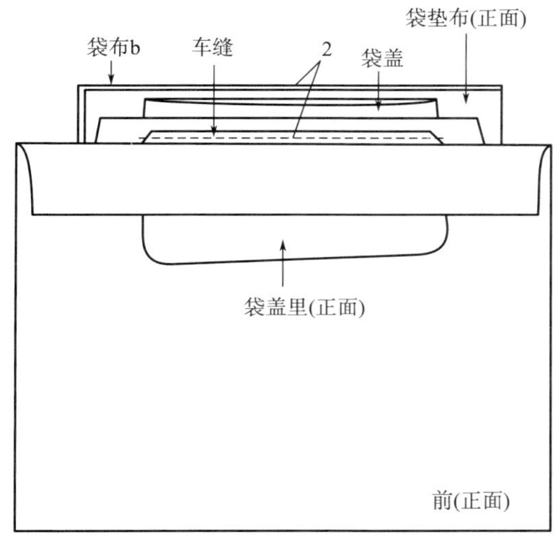

图5-36　袋口上端封口

图5-37　整烫定型

6. **质量检验标准**

（1）裁片、袋位与斜度、袋布等各部位尺寸规格符合局部制作要求，各裁片纱向正确。

（2）缝制工艺要求：

①口袋缝制工序正确、完整，袋口大小符合局部制作要求。

②袋盖平整，袋角圆顺，袋盖宽窄一致，上、下袋牙宽窄一致。

③袋布：大小两片袋布车缝圆顺。

④袋口方正、平服、无毛露现象，缝结牢固。

⑤挡口布固定在袋布上，袋口里侧无毛露。

（3）其他要求：

①外观：口袋平服、外形美观。

②线迹：各部位线迹顺直、针距适当，无跳线现象。

③整烫：整烫平整、无烫黄、烫焦现象，无水花。

三、男西服里袋

1. 款式图

男西服里袋款式图，如图5–38所示。

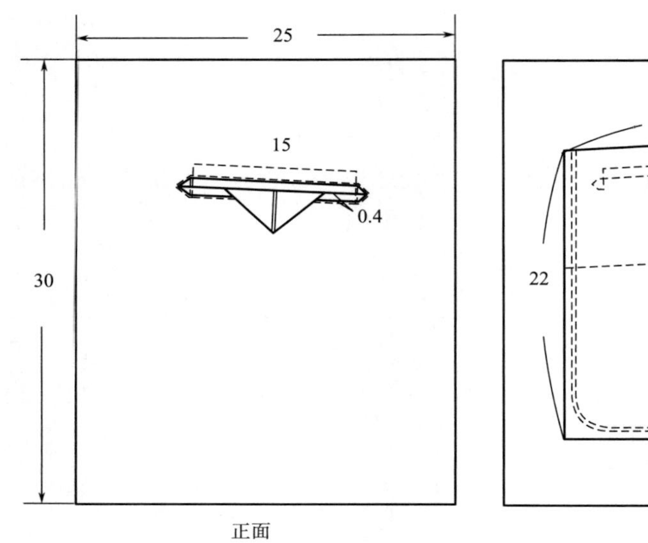

图5–38　男西服里袋款式图

2. 款式说明

此款袋型的袋口是双袋牙口袋，男装里袋中的一种。上、下袋牙的中间插有扣眼襻和扣眼装饰襻，一般多用于男西服或男大衣等服装的里侧口袋。

3. 裁剪

制作男西服里袋时，需要裁剪的裁片有：身片、扣眼装饰襻、袋布a、袋布b、袋牙、挡口布、袋口衬、袋牙衬。请按图示标注的尺寸进行裁剪，如图5–39所示。

4. 缝制工艺工程分析及工艺流程

里袋缝制工艺工程分析及工艺流程，如图5–40所示。

5. 缝制工艺操作过程

（1）在身片袋口位置的反面粘袋口衬，袋牙粘衬，并画好袋牙所需的宽度（上、下袋牙宽各0.4cm）与袋口的长度15cm，挡口布下边扣烫1cm，折烫扣眼装饰襻，如图5–41所示。

（2）缉袋牙，把袋牙布与袋口位置对齐，按袋牙宽度缝线，中央打剪口，如图5–42所示。

（3）翻烫袋牙，把袋牙折叠熨烫后翻到衣片反面，整理袋牙，如图5–43所示。

（4）在袋口下侧，漏落缝缉线固定下袋牙，如图5–44所示。

（5）缉袋布a，下袋牙与袋布a拼接，如图5–45所示。

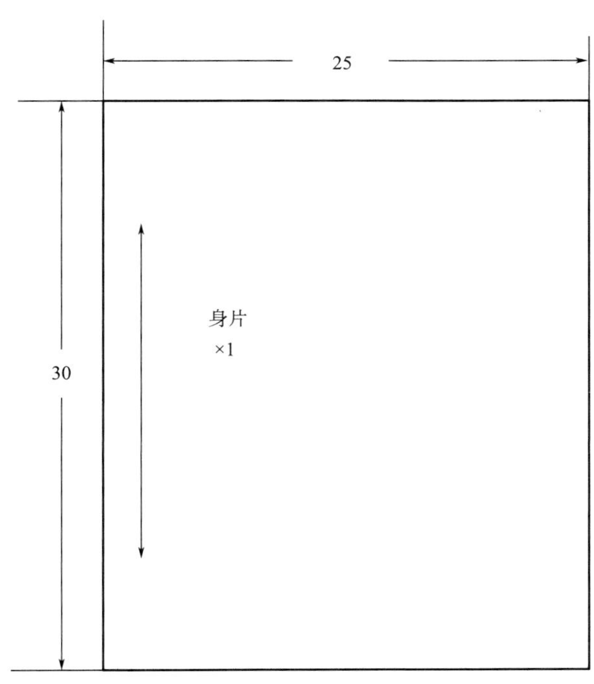
25
30
身片
×1

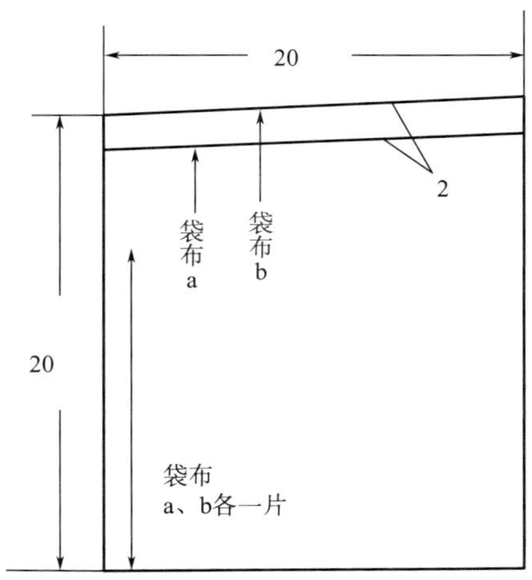
20
20
2
袋布
a
袋布
b
袋布
a、b各一片

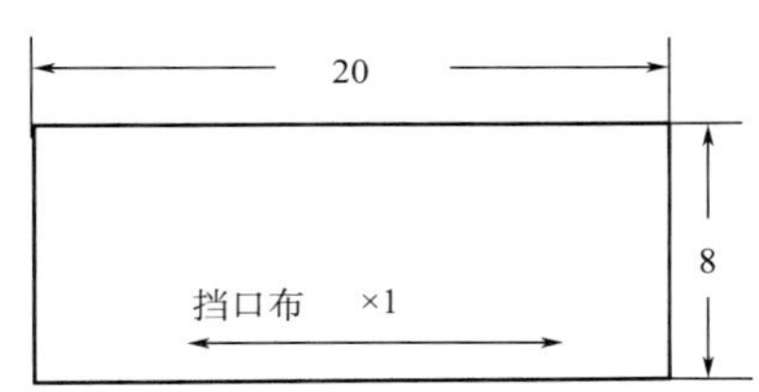
20
8
挡口布　×1

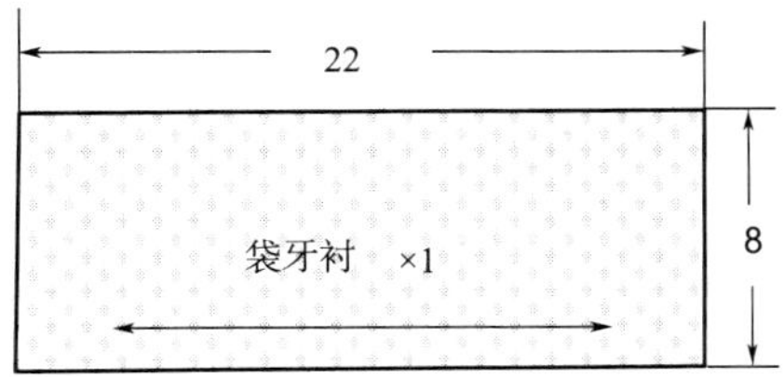
22
8
袋牙衬　×1

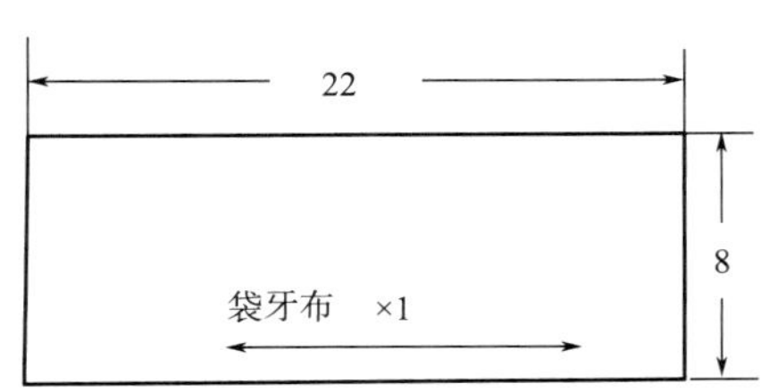
22
8
袋牙布　×1

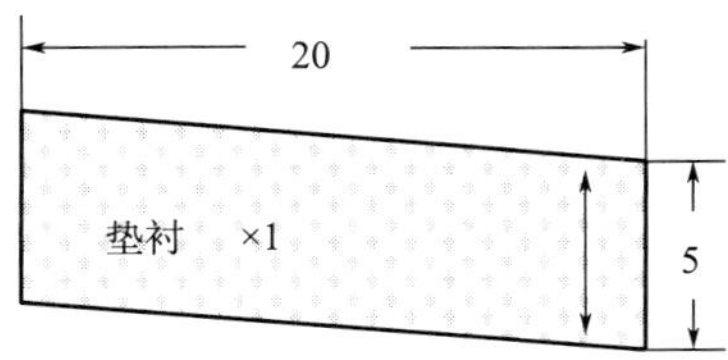
20
5
垫衬　×1

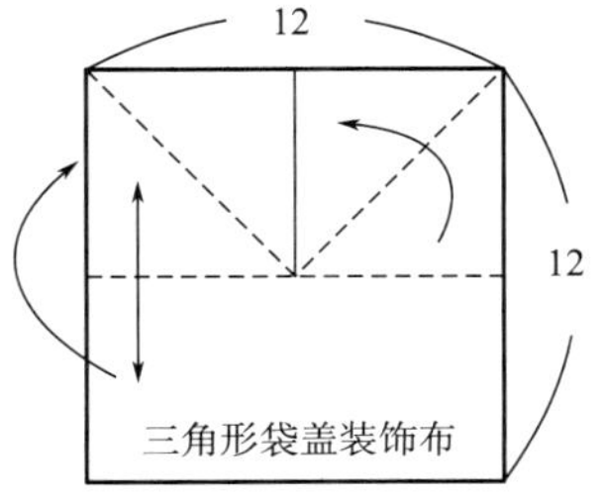
12
12
三角形袋盖装饰布

图5-39　裁剪图

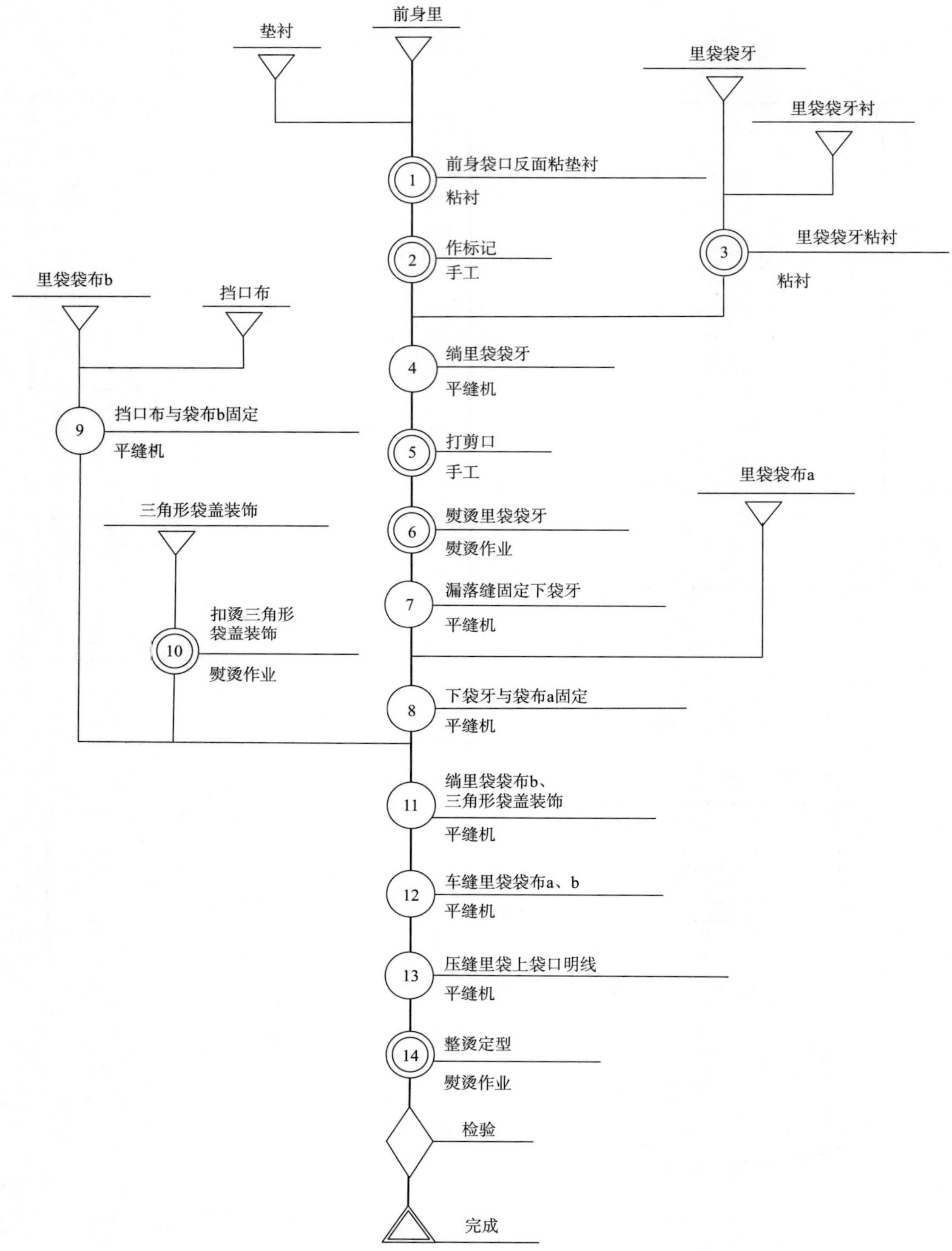

图5-40 里袋缝制工艺工程分析及工艺流程

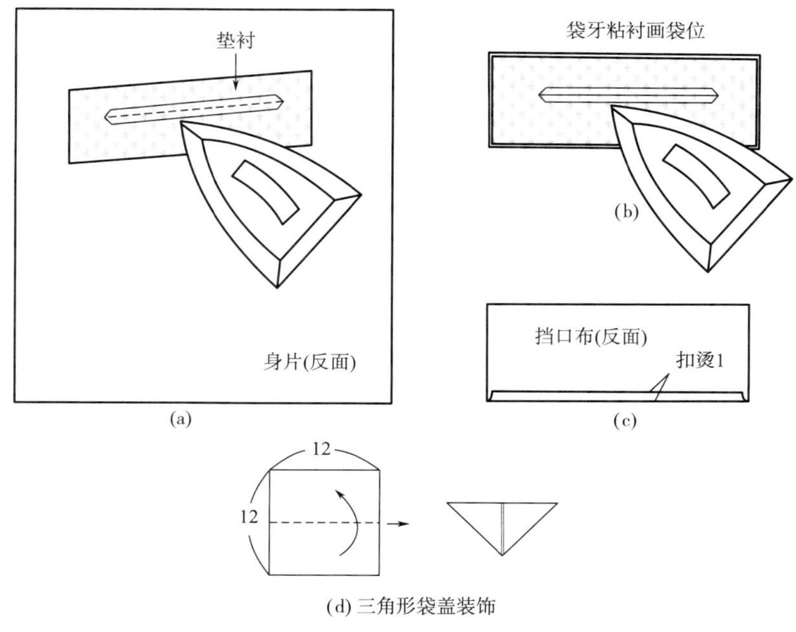

图5-41　袋口位、袋牙粘衬及折烫饰襻

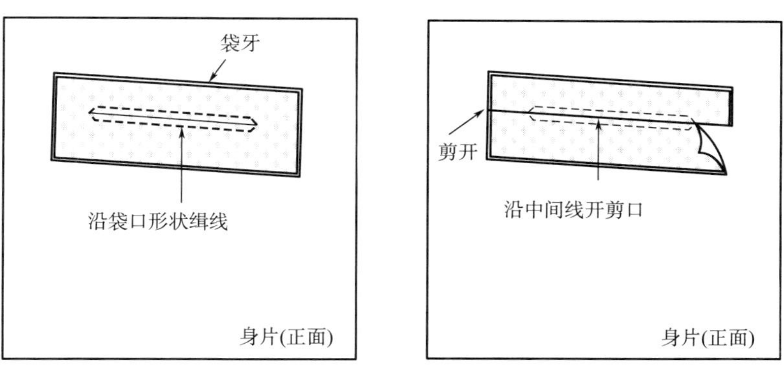

图5-42　绱袋牙

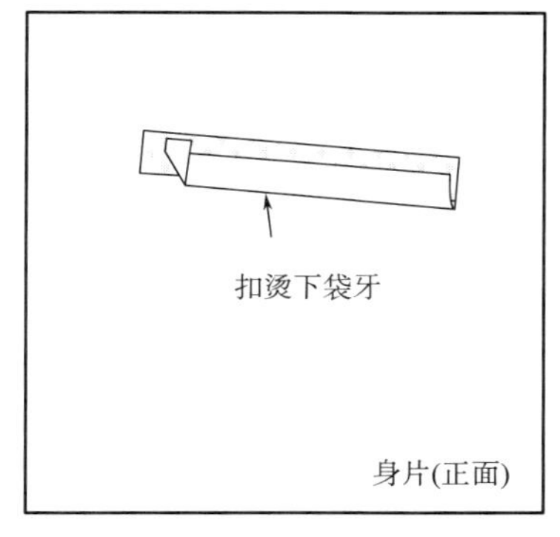

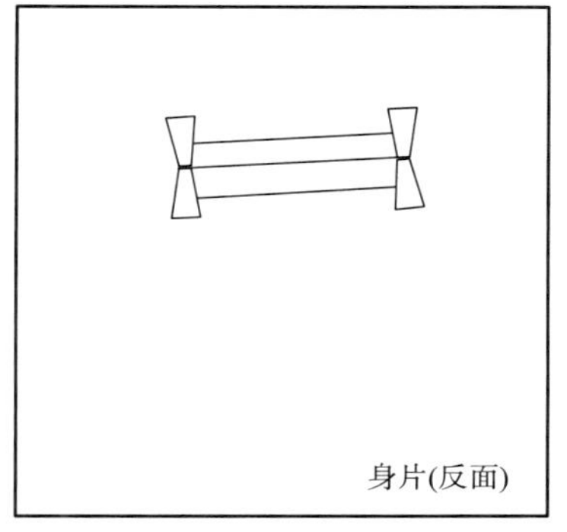

图5-43　翻烫袋牙

（6）绱挡口布，把挡口布固定在袋布b上，如图5-46所示。

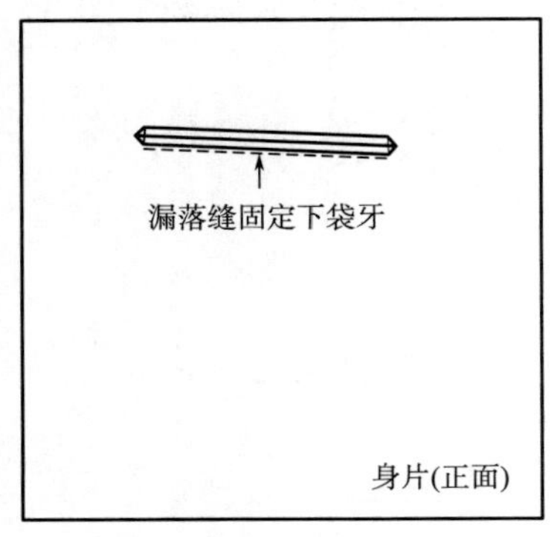

图5-44 漏落缝固定袋牙

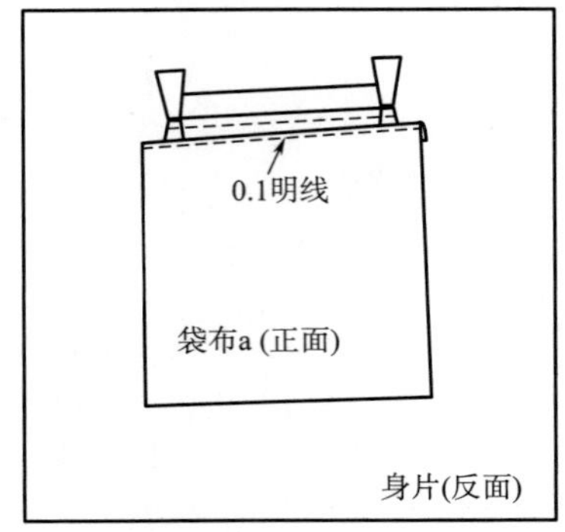

图5-45 绱袋布a

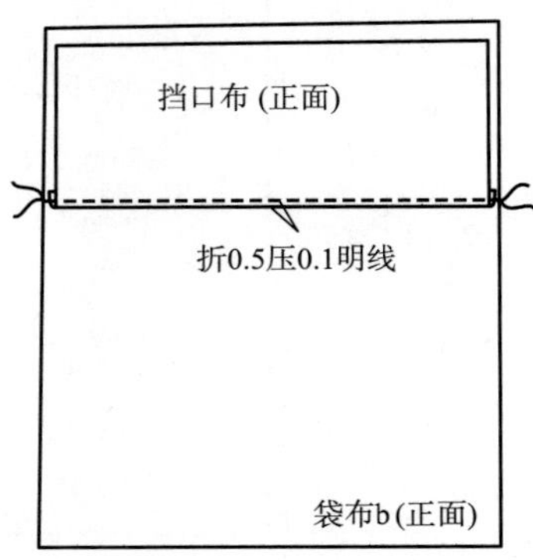

图5-46 绱挡口布

（7）缉缝袋口线，把袋布a与袋布b对齐放好，在袋口上侧透过袋布b漏落缝压线，两端按袋口的形状缉线，打回针，如图5-47所示。

（8）车缝袋布，距袋布边缘1cm缉双线车袋布，两线间距0.5cm，如图5-48所示。

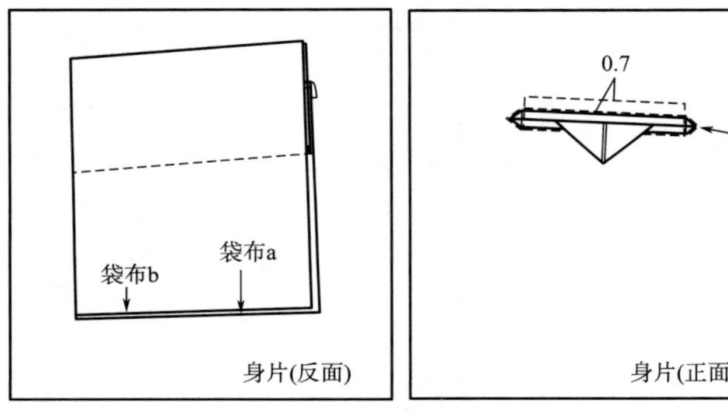

图5-47 缉缝袋口线

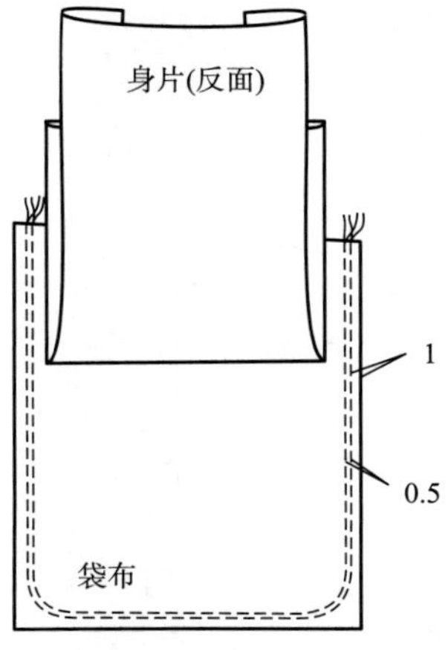

图5-48 车缝袋布

6．质量检验标准

（1）裁片、袋位与斜度、袋布等各部位尺寸规格符合局部制作要求，各裁片纱向正确。

（2）缝制工艺要求：

①口袋缝制工序正确、完整，袋口大小符合局部制作要求。

②上下袋牙宽窄一致。

③袋布：面、里袋布车缝圆顺。

④袋口平服、无毛露现象，缝结牢固，袋口线迹均匀，顺直。

⑤挡口布固定在袋布上，袋口里侧无毛露。

（3）其他要求：

①外观：口袋平服、外形美观。

②线迹：各部位线迹顺直、针距适当，无跳线现象。

③整烫：整烫平整、无烫黄、烫焦现象，无水花。

四、男西服开衩袖

1．款式图

男西服开衩袖款式图，如图5–49所示。

2．款式说明

男西服的袖开衩是一个活开衩，开衩处大袖上钉有三粒纽扣。

3．裁剪

制作男西服袖开衩时，需要裁剪的裁片有：大袖面、小袖面、大袖里、小袖里、大小袖袖口衬。

（1）面料的裁剪，如图5–50所示。

（2）里料的裁剪，如图5–51所示。

（3）衬料的裁剪，如图5–52所示。

4．缝制工艺工程分析及工艺流程图

男西服开衩袖缝制工艺工程分析及工艺流程图，如图5–53所示。

5．缝制工艺操作过程

（1）扣烫袖口，大、小袖面料袖口粘衬，并扣烫大、小袖袖口折边，如图5–54所示。

（2）车缝、翻烫袖口折边，剪去大袖袖角多余部分，车缝并劈开缝份熨烫、翻烫；车缝小袖袖开衩处并翻烫，如图5–55所示。

（3）袖子面料缝合，缝合大、小袖面料的袖外缝和袖内缝并劈烫，如图5–56所示。

（4）袖子里料缝合，缝合大、小袖里料的袖外缝和袖内缝并倒烫，如图5–57所示。

（5）袖口制作，缝合面料与里料的袖口，并用三角针固定袖口折边，如图5–58所示。

（6）固定缝份，袖里与袖面的袖外缝和袖内缝的缝份固定，如图5–59所示。

（7）整烫、钉扣，如图5–60所示。

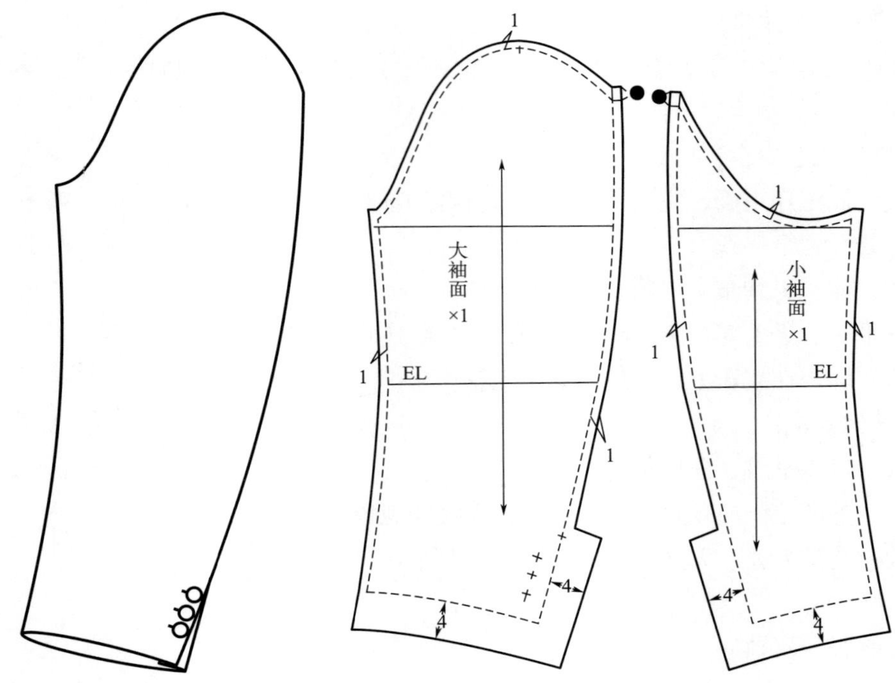

图5-49 男西服开衩袖款式图

图5-50 面料裁剪

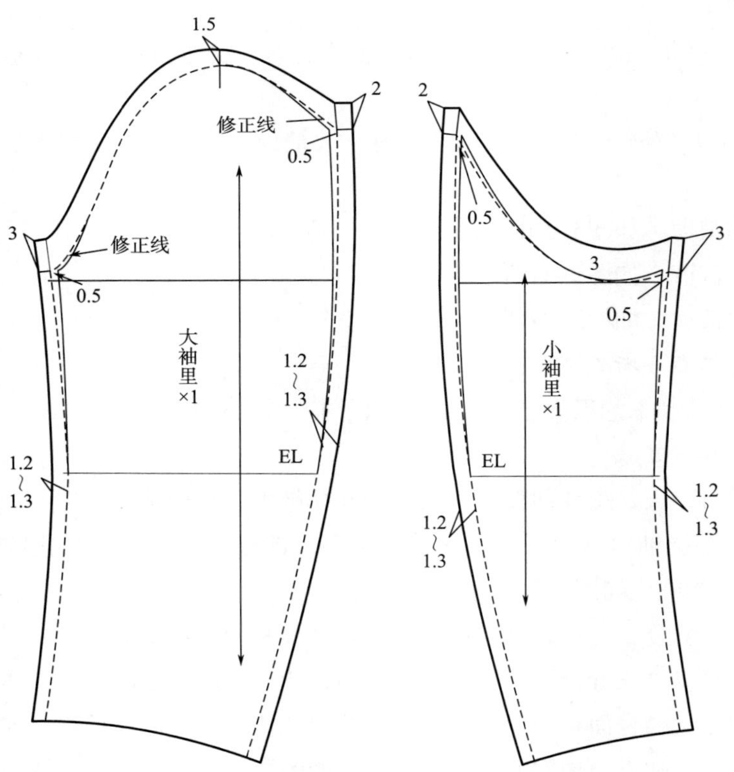

图5-51 里料裁剪

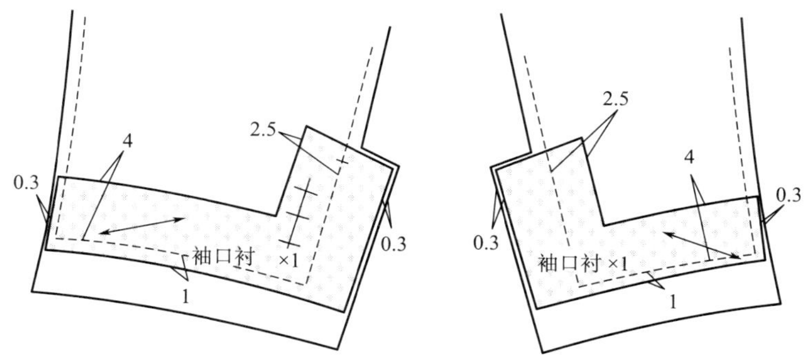

图5-52　衬料裁剪

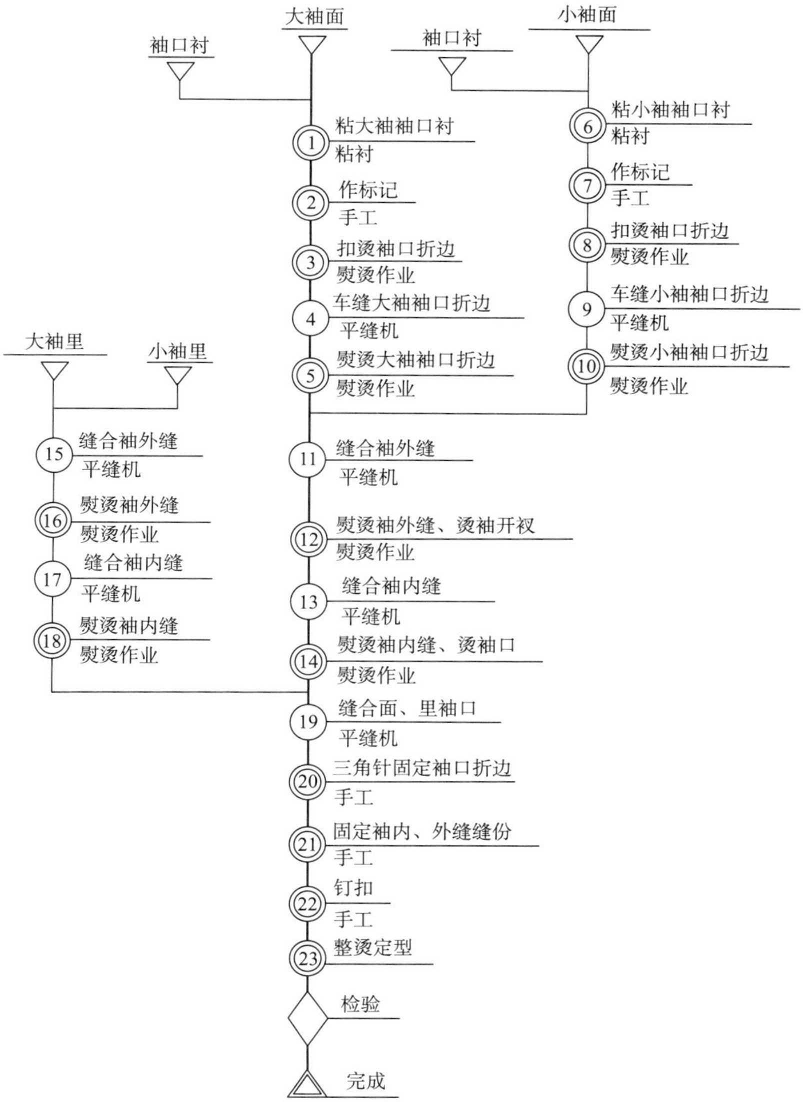

大袖面
袖口衬
小袖面
袖口衬

① 粘大袖袖口衬　粘衬
② 作标记　手工
③ 扣烫袖口折边　熨烫作业
④ 车缝大袖袖口折边　平缝机
⑤ 熨烫大袖袖口折边　熨烫作业

⑥ 粘小袖袖口衬　粘衬
⑦ 作标记　手工
⑧ 扣烫袖口折边　熨烫作业
⑨ 车缝小袖袖口折边　平缝机
⑩ 熨烫小袖袖口折边　熨烫作业

⑪ 缝合袖外缝　平缝机
⑫ 熨烫袖外缝、烫袖开衩　熨烫作业
⑬ 缝合袖内缝　平缝机
⑭ 熨烫袖内缝、烫袖口　熨烫作业

大袖里
小袖里

⑮ 缝合袖外缝　平缝机
⑯ 熨烫袖外缝　熨烫作业
⑰ 缝合袖内缝　平缝机
⑱ 熨烫袖内缝　熨烫作业

⑲ 缝合面、里袖口　平缝机
⑳ 三角针固定袖口折边　手工
㉑ 固定袖内、外缝缝份　手工
㉒ 钉扣　手工
㉓ 整烫定型
检验
完成

图5-53　男西服开衩袖缝制工艺工程分析及工艺流程图

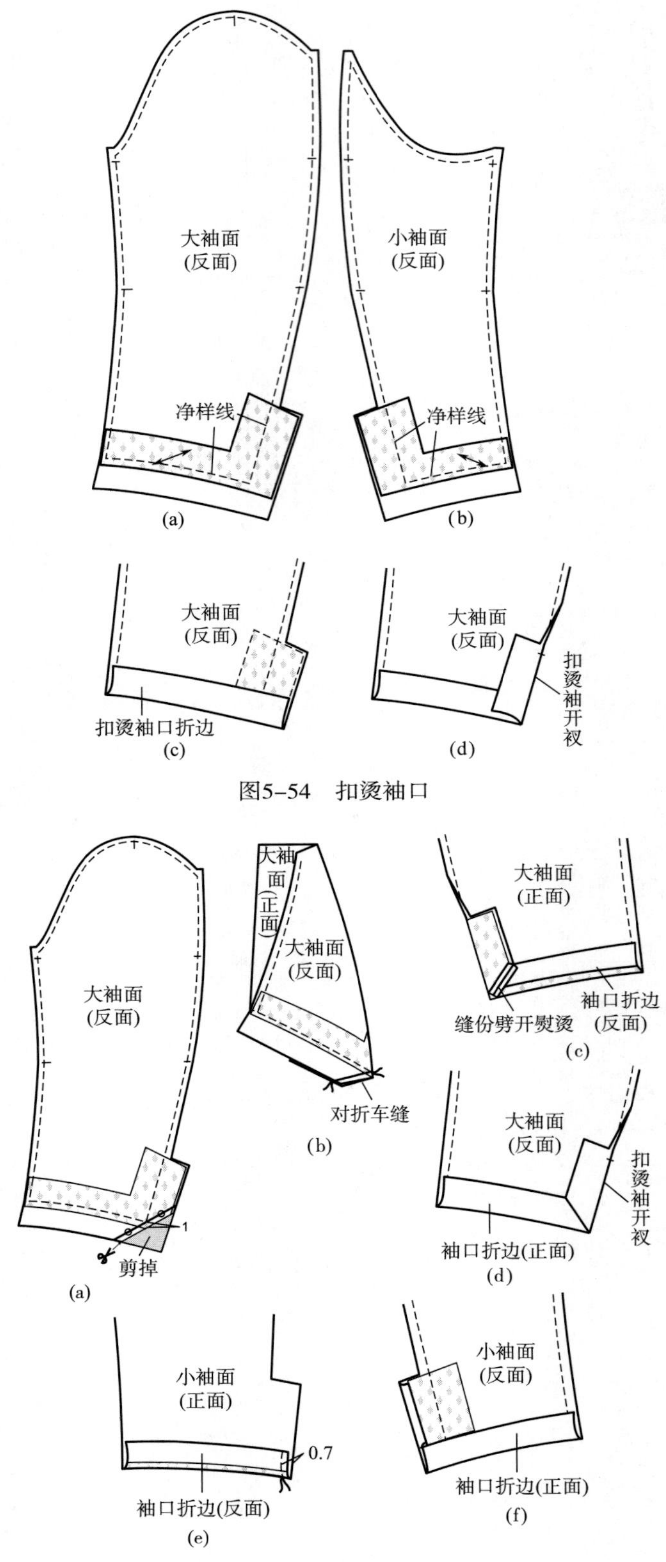

图5-54 扣烫袖口

图5-55 车缝、翻烫袖口折边

大袖面
(反面)
大袖面
(正面)
小袖面
(正面)
缝合袖外缝
开衩缝止点
(a)
大袖面
(正面)
劈烫袖外缝
小袖面
(反面)
缝合袖内缝
开剪口
(b)
大袖面
(正面)
小袖面
(反面)
劈烫袖内缝
(c)
大袖
(正面)
袖开衩
(d)

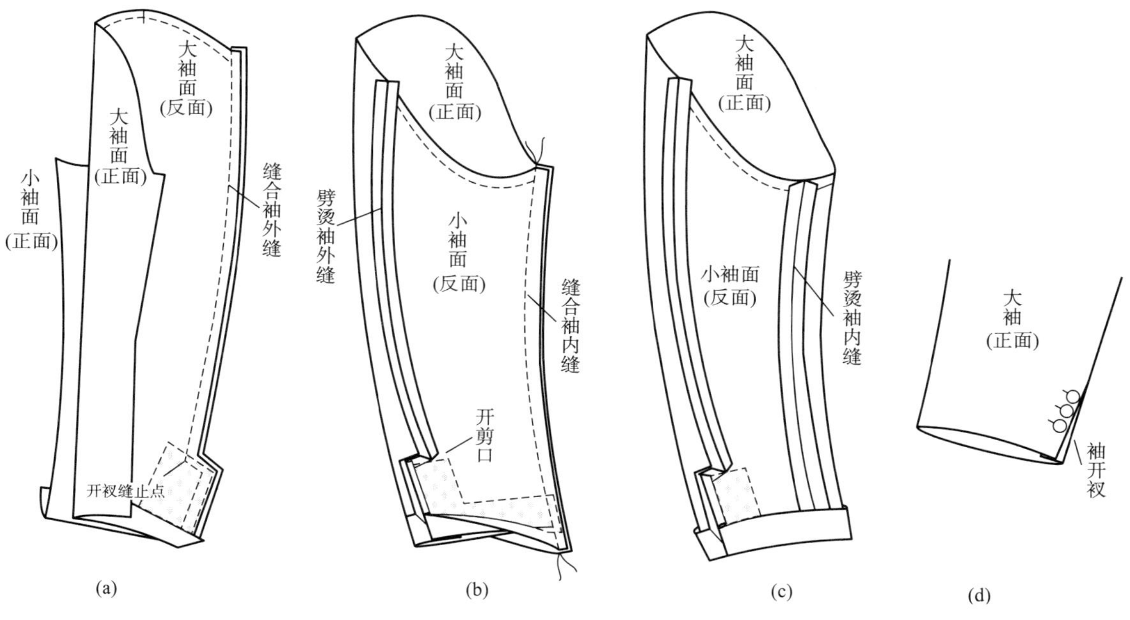

图5-56　袖子面料缝合

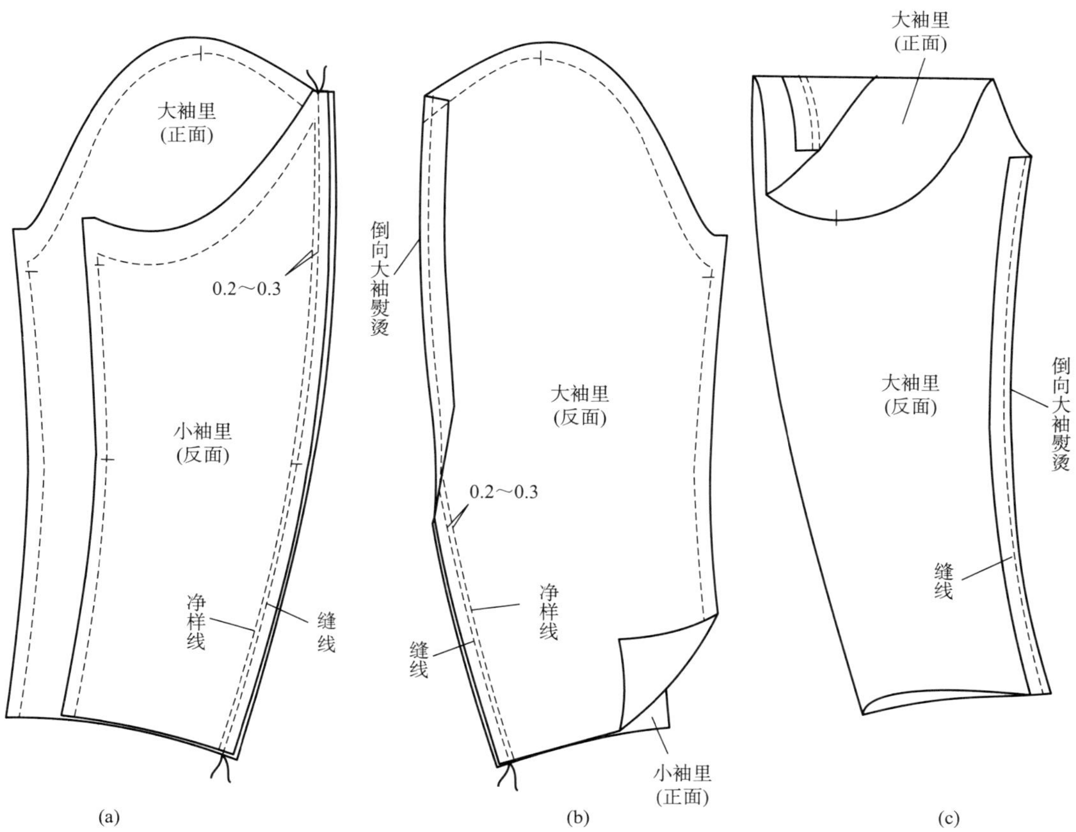

大袖里
(正面)
0.2～0.3
小袖里
(反面)
净样线
缝线
(a)
倒向大袖熨烫
大袖里
(反面)
0.2～0.3
净样线
缝线
小袖里
(正面)
(b)
大袖里
(正面)
大袖里
(反面)
倒向大袖熨烫
缝线
(c)

图5-57　袖子里料缝合

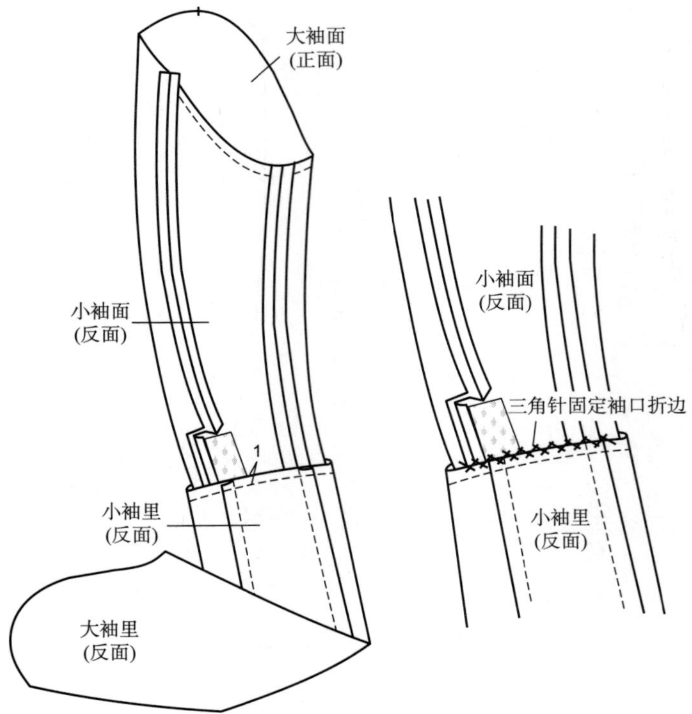

图5-58 袖口制作

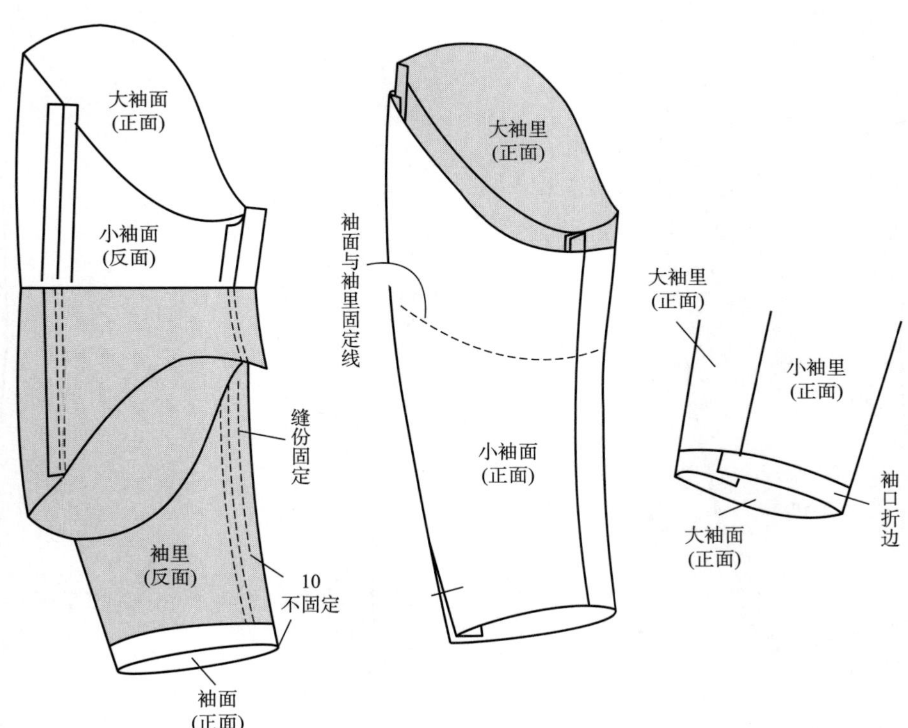

图5-59 固定缝份

6. 质量检验标准

（1）大小袖的袖面、袖里各尺寸规格符合局部制作要求，各裁片纱向正确。

（2）缝制工艺要求：

①袖开衩缝制工序正确、完整，袖开衩长度符合局部制作要求。

②袖开衩里、面平服，无毛露现象，首尾回针牢固。

（3）其他要求：

①外观，袖开衩平服、外形美观。

②线迹，各部位线迹顺直、针距适当，无跳线现象。

③整烫，整烫平整，无烫黄、烫焦现象，无水花。

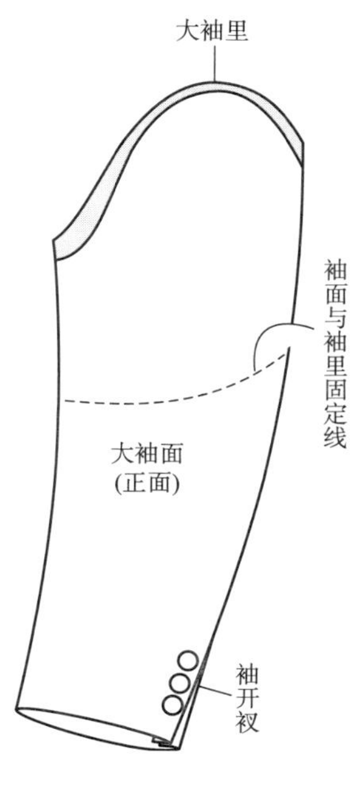

图5-60　整烫、钉扣

学习任务二　三开身平驳领男西服成衣缝制工艺

一、款式图

三开身平驳领男西服款式图，如图5-61所示。

图5-61　三开身平驳领男西服款式图

二、款式说明

这是男西服的基本型，也是一款在日常生活中应用较广泛的男西服，该款式为单排两粒扣平驳头西服，前衣身设计有两个双袋牙的大袋，左前衣身有一个手巾袋，在前衣身的里侧有两个里袋。

三、裁剪

1. 面料裁剪

三开身平驳领男西服面料裁剪，如图5-62所示。

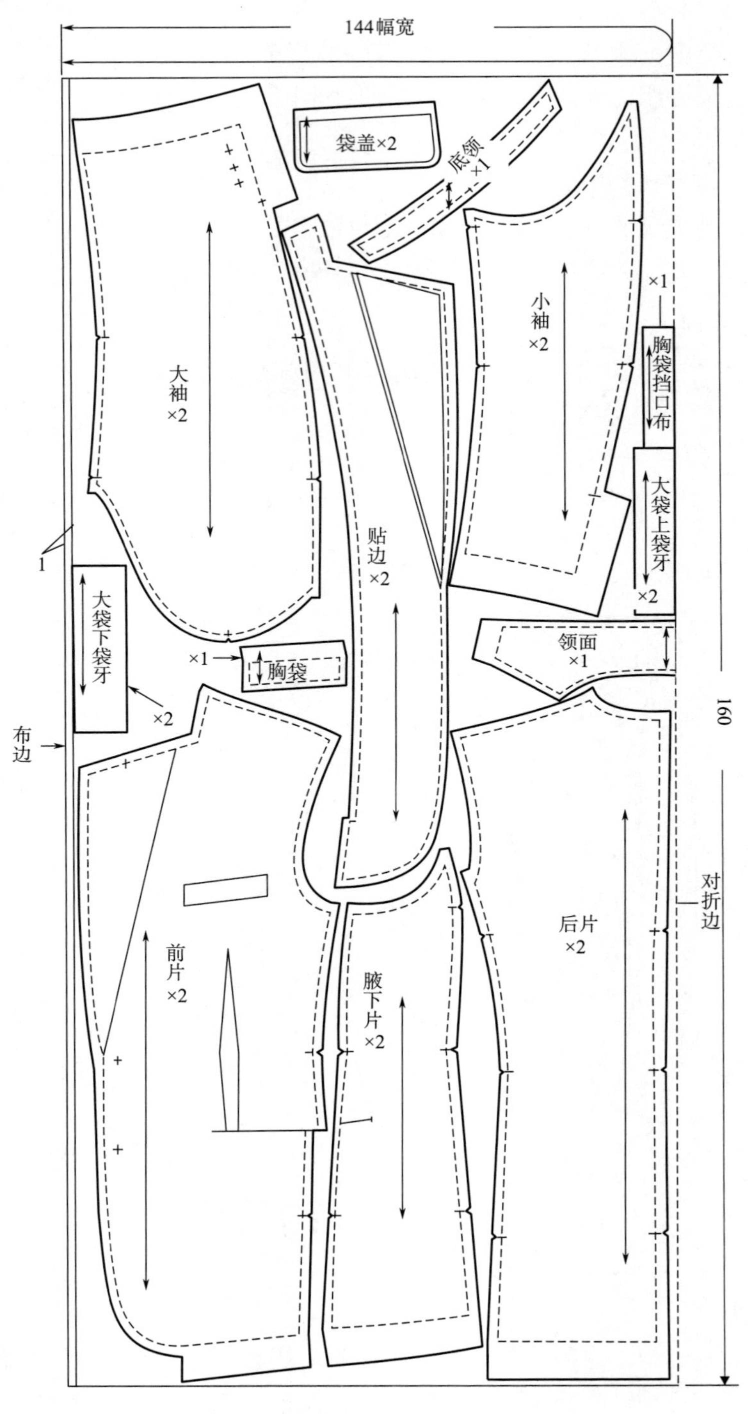

图5-62　面料裁剪

2. **里料裁剪**

里料、袋布裁剪，如图5-63所示。

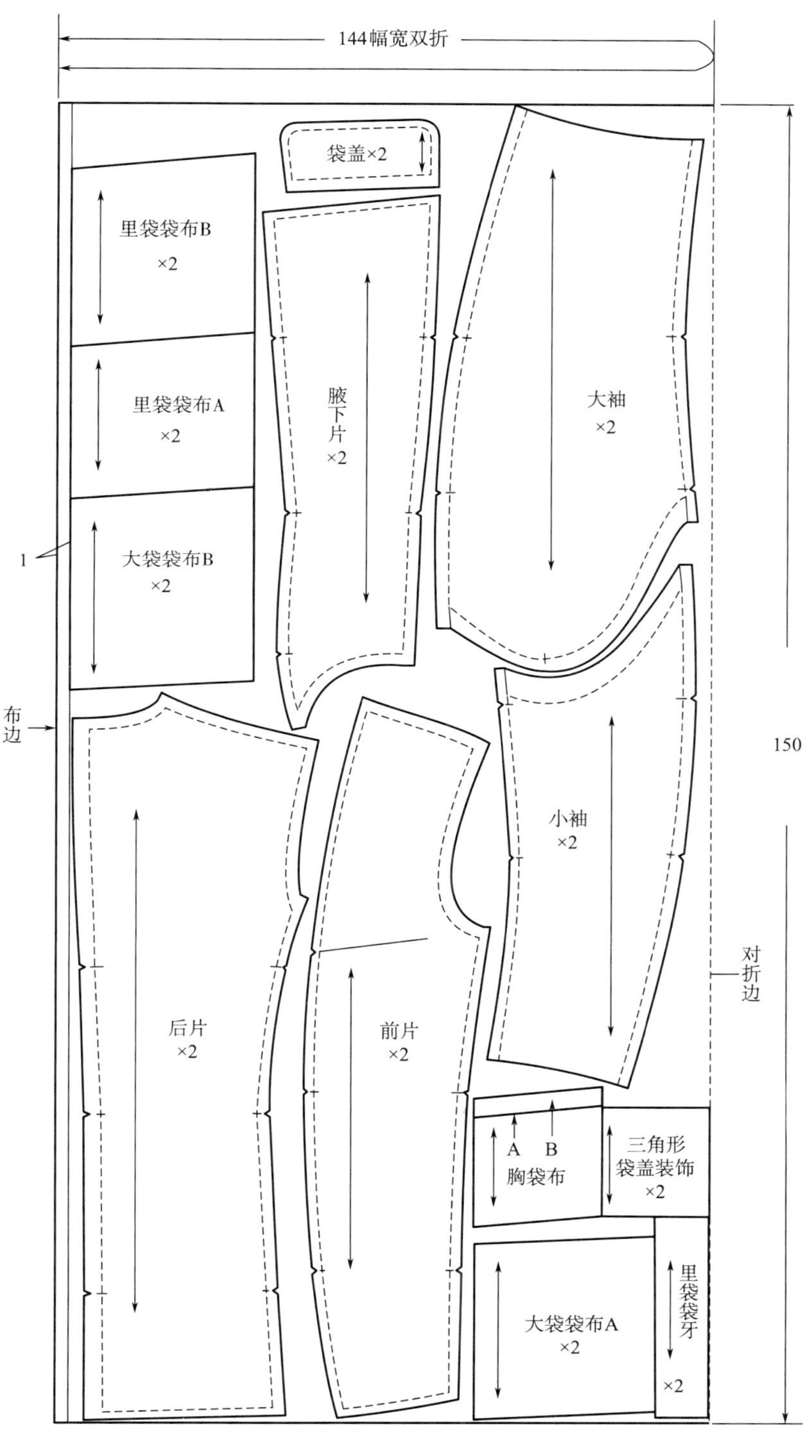

图5-63　里料裁剪

3. **衬料裁剪**

前身衬、贴边衬、零部件衬裁剪，如图5-64所示。

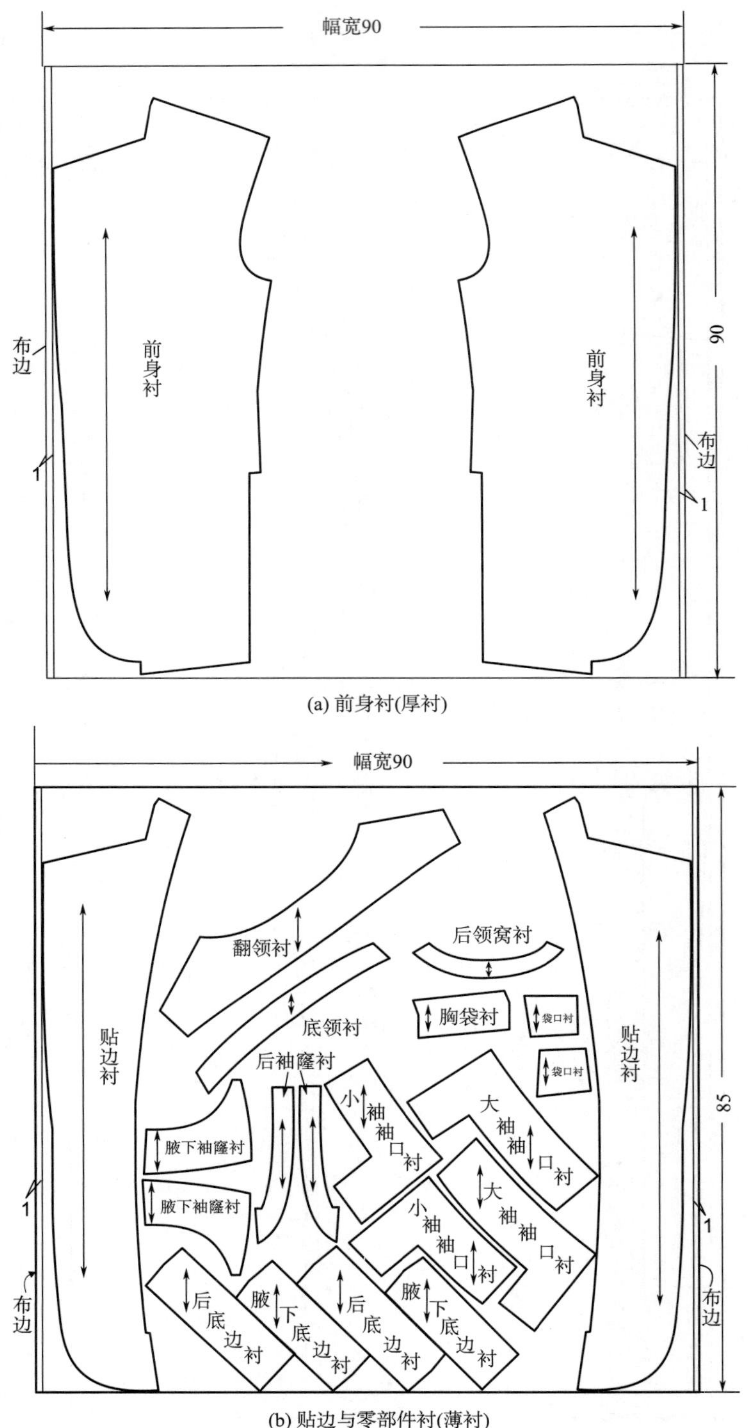

(a) 前身衬(厚衬)

(b) 贴边与零部件衬(薄衬)

图5-64 衬料裁剪

四、缝制工艺工程分析及工艺流程

男西服缝制工艺工程分析及工艺流程，如图5-65所示。

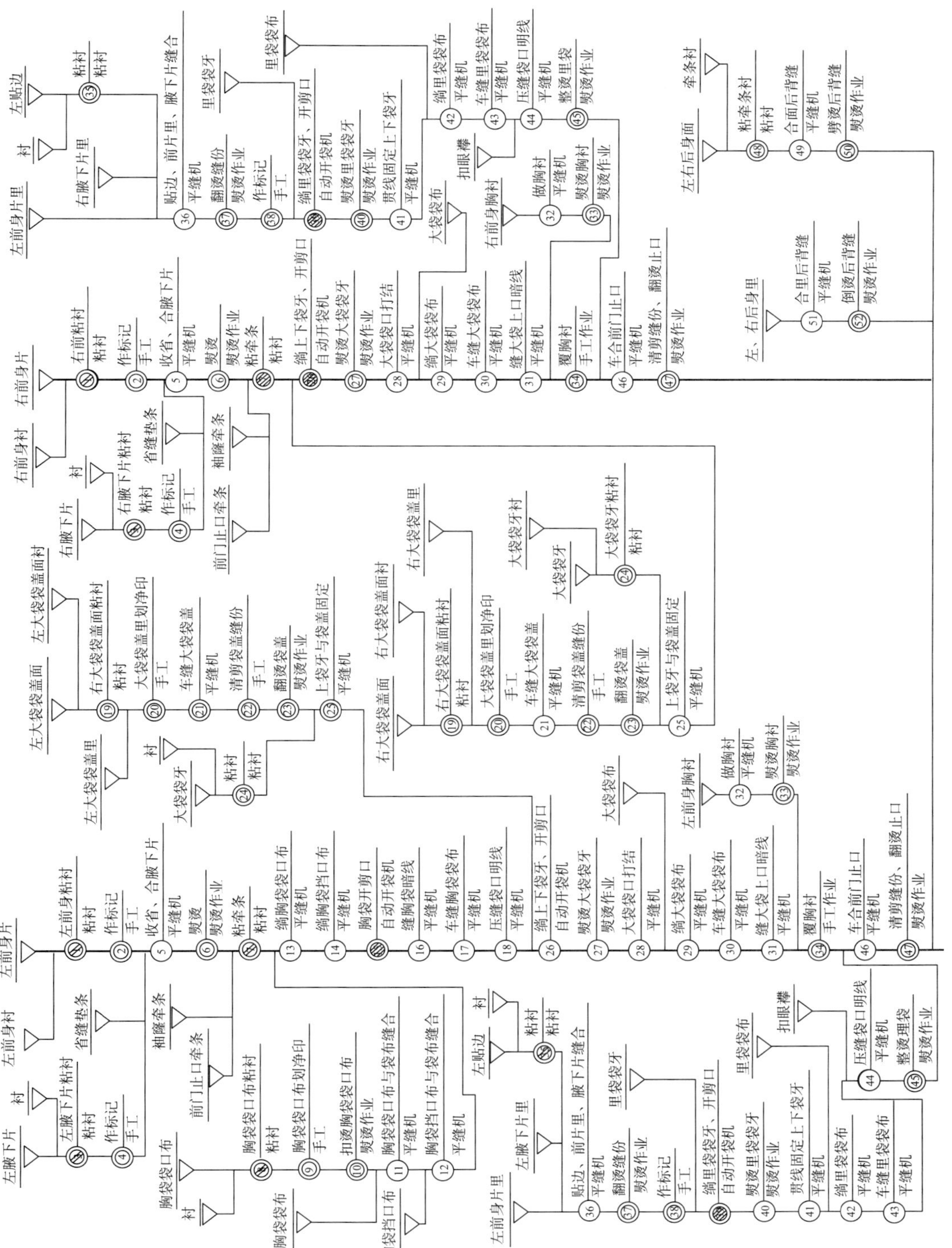

图5-65

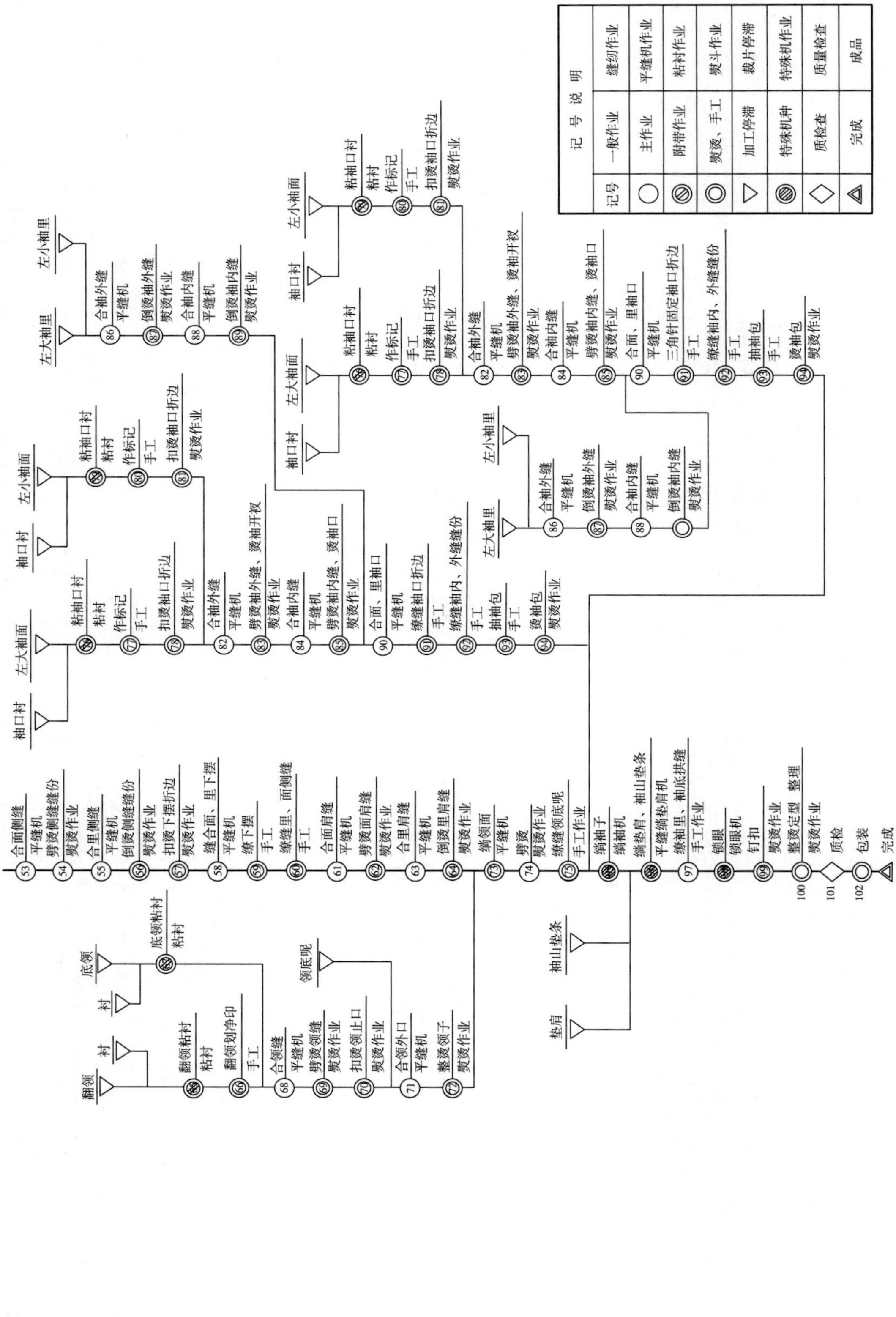

记号	记号说明	
记号	一般作业	缝纫作业
○	主作业	平缝机作业
⊘	附带作业	粘衬作业
◎	熨烫、手工	熨斗作业
▽	加工停滞	裁片停滞
◉	特殊机种	特殊机作业
◇	质检查	质量检查
◬	完成	成品

图5-65 男西服缝制工艺工程分析及工艺流程

五、缝制工艺操作过程

1. 粘衬

左、右前身片粘衬，腋下片、后身片袖窿粘衬，挖袋位置粘垫衬，作标记，如图5-66所示。

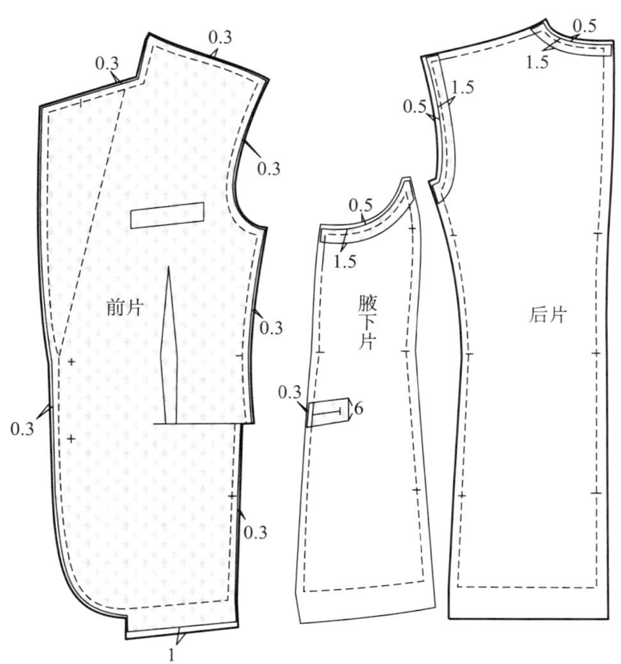

图5-66 粘衬、作标记

2. 前身片收省

左、右前身片收省并劈烫，如图5-67所示。

3. 前身片与腋下片缝合

左、右前身片与腋下片缝合并劈烫；前门止口、袖窿、驳头粘牵条衬；粘牵条衬时驳头部位牵条略拉紧，下摆圆角处在牵条内侧打剪口，如图5-68所示。

4. 左前身做胸袋

左前身胸袋的制作方法参照男马甲局部制作中的口袋制作方法，在此略。

5. 前身大袋制作

左、右前身做大袋，大袋正、反面如图5-69所示。大袋的制作方法参照西服局部制作中的大袋制作方法，在此略。

6. 裁剪胸衬

胸衬裁剪包括裁剪黑炭衬、胸绒、肩头衬，如图5-70所示。

7. 胸衬制作

胸衬以黑炭衬为基础，把肩头衬放在黑炭衬与胸绒之间，黑炭衬在上，胸绒在下，用之字缝把黑炭衬与胸绒缝制在一起，然后归拔熨烫胸衬，左、右胸衬方法相同，如图5-71所示。

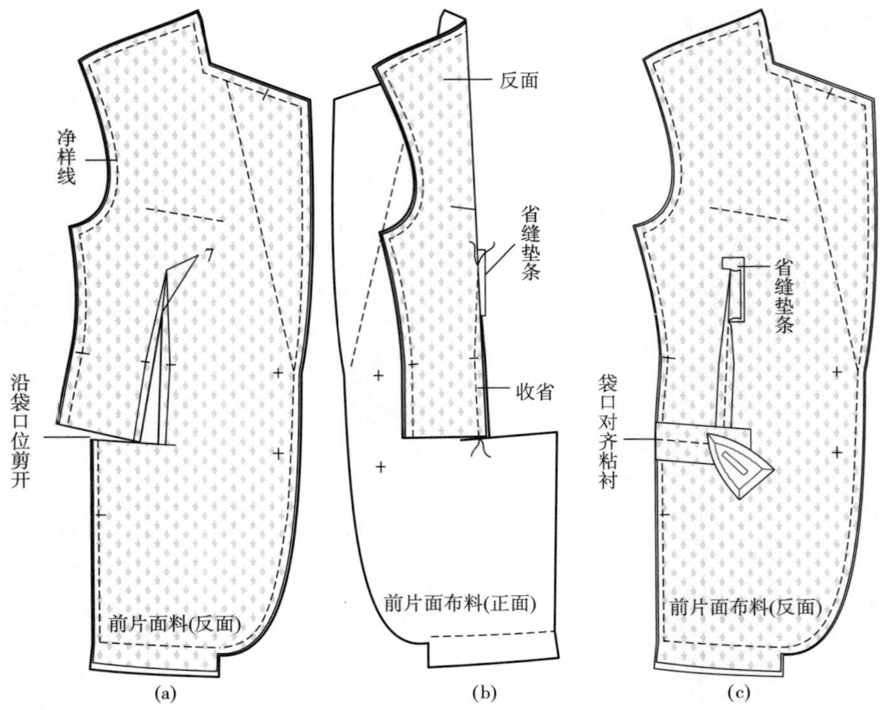

图5-67 前身收省

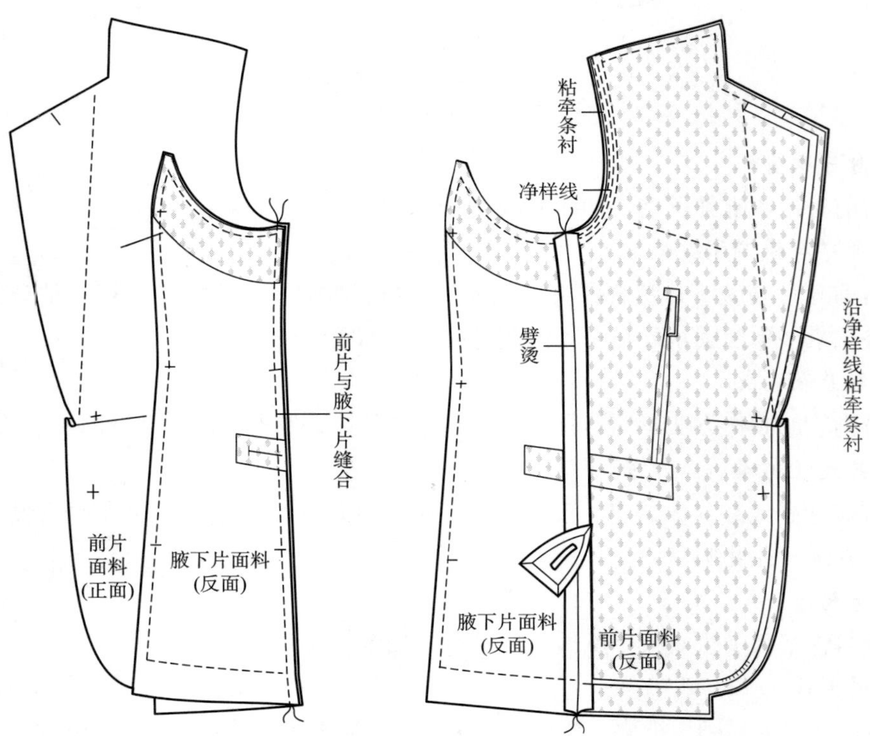

图5-68 前身片与腋下片缝合

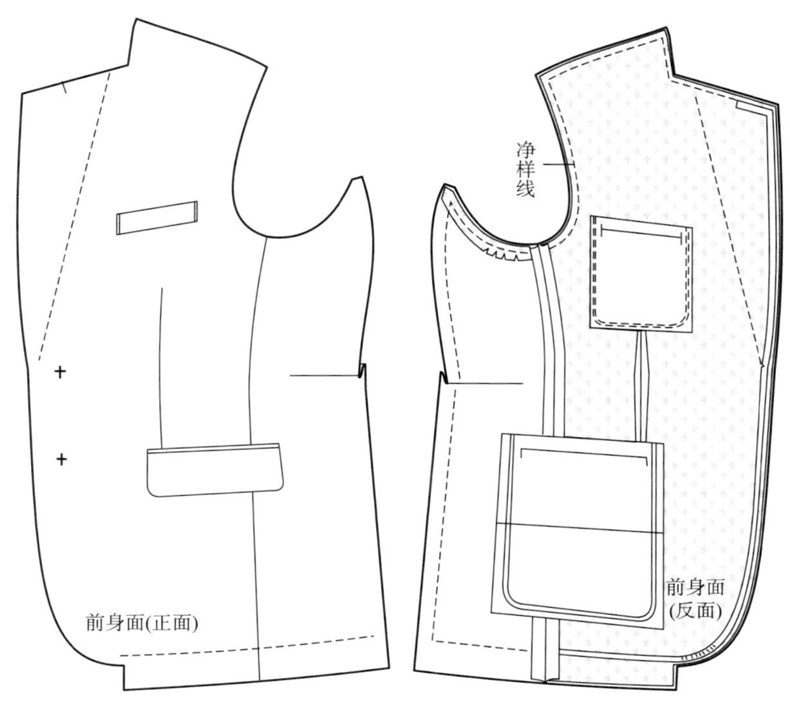

图5-69　胸袋、大袋正反面图

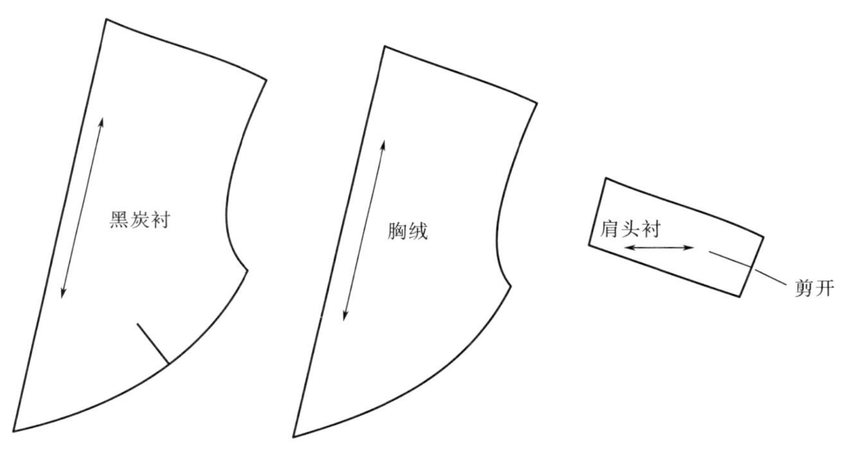

图5-70　裁剪胸衬

8. **覆胸衬**（图5-72）

（1）距翻折线向里1cm的位置，把归拔定型后的胸衬缝上牵条覆到胸部，用三角针固定，左、右胸衬方法相同。

（2）在前身面料正面按图示的步骤及箭头方向覆衬。

9. **前身里制作**

贴边与前身片里料缝合并倒烫，在里袋位置粘衬；前身片里料与腋下片里料缝合并倒烫，留0.2~0.3cm的活动量，如图5-73所示。

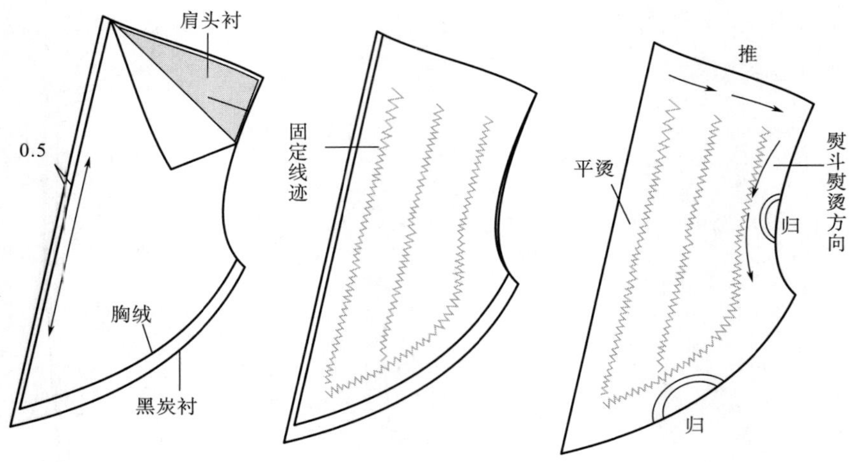

图5-71　胸衬制作

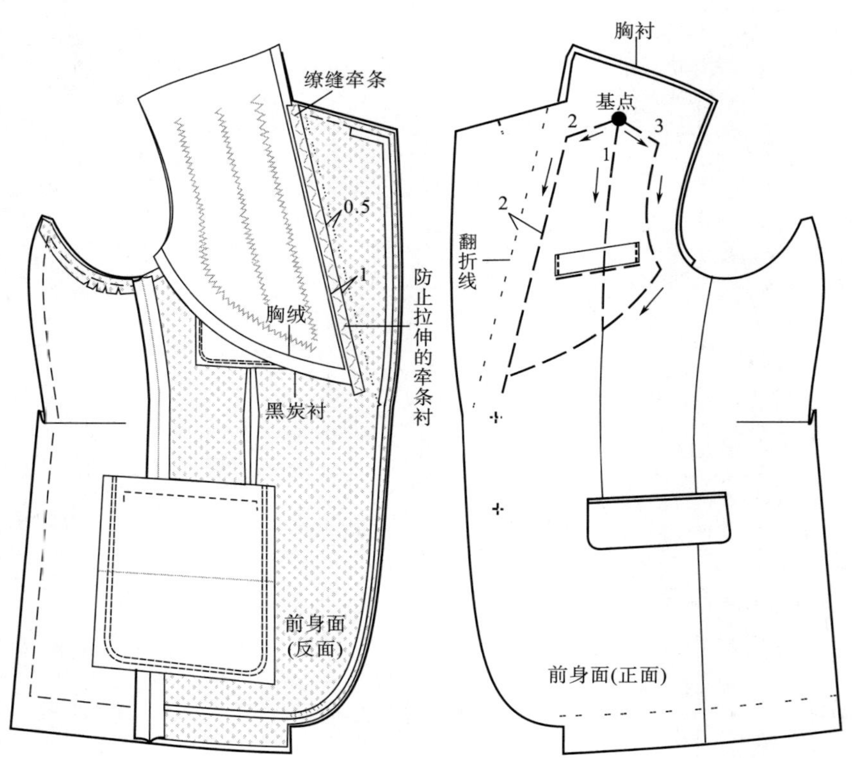

图5-72　覆胸衬

10. **里袋的制作**

里袋的制作请参照男西服局部制作中的里袋制作（图5-74），正文讲述略。

11. **制作前门止口**

（1）覆贴边，在覆贴边时，要保证领台角部（贴边）、下摆圆角处（面料）留有足够的余量，如图5-75所示。

（2）车缝前门止口，在车缝时前门翻折线向上驳头部分，缝线要沿牵条边，下半部分缝线要在牵条外0.2~0.3 cm的位置，如图5-76所示。

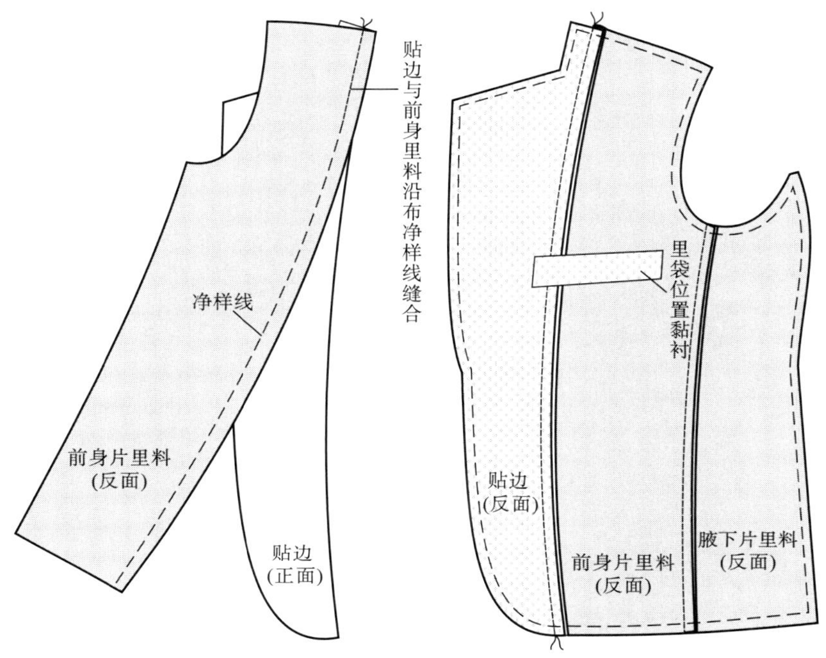

图5-73　前身里制作

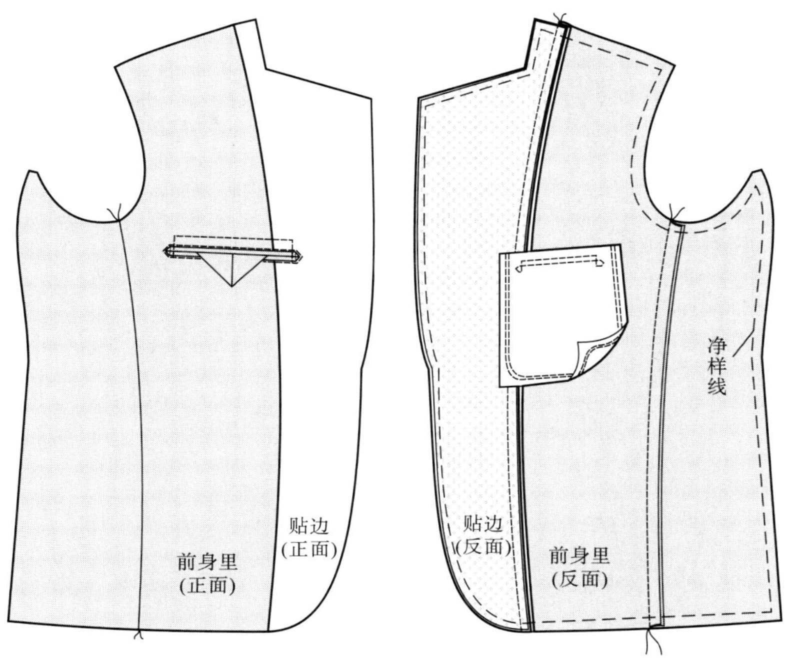

图5-74　里袋的制作

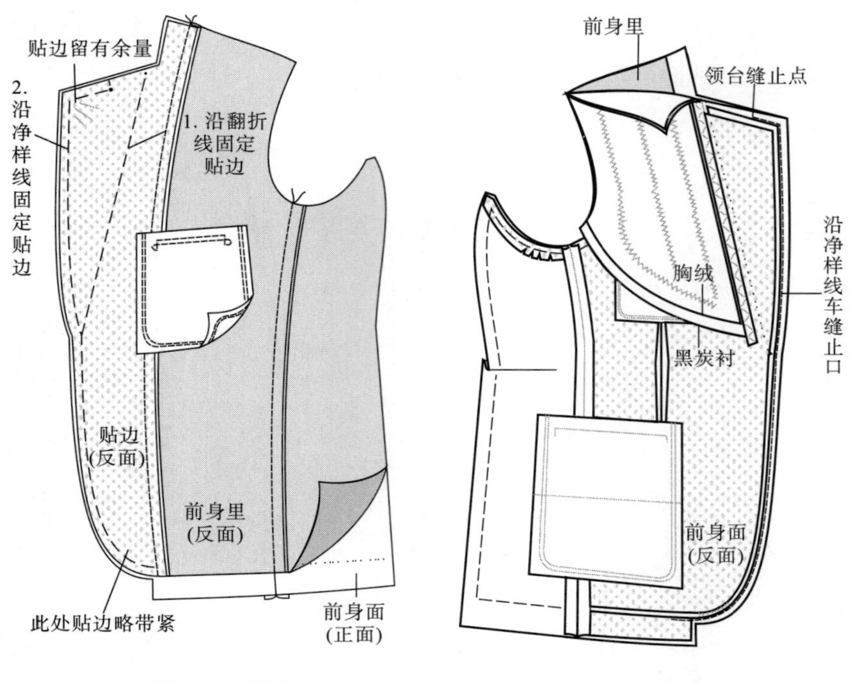

图5-75 覆贴边　　图5-76 车缝止口

（3）清剪缝份，驳头部分清剪前身缝份，留缝份0.5cm；驳头以下前门止口部分清剪贴边缝份，留缝份0.5cm。

（4）翻烫止口，缝份清剪后，先扣烫再翻到正面熨烫，驳头部分贴边向外吐0.1cm的止口量，驳头以下前门止口部分前身向外吐0.1cm的止口量，如图5-77所示。

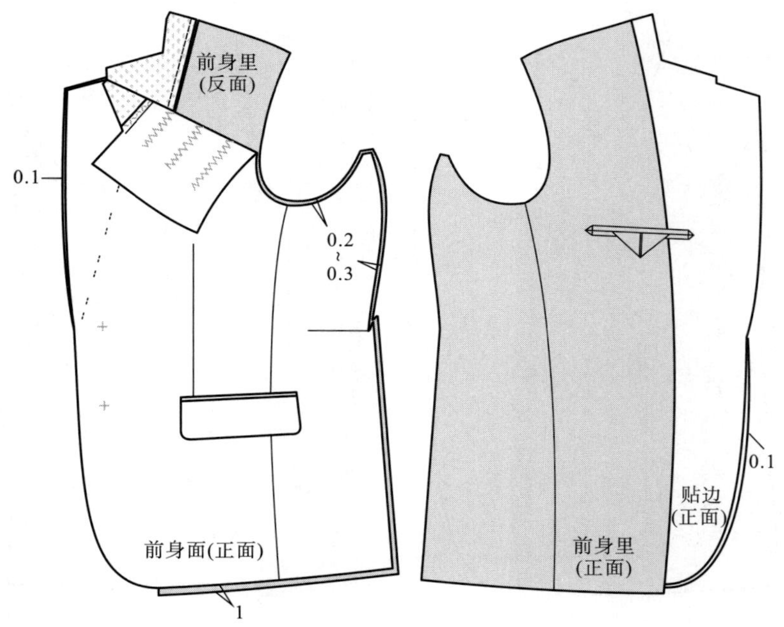

图5-77 翻烫止口

12. **后身片打线丁**

后身片面料领口、袖窿处粘牵条衬，底摆净样线上打线丁，如图5-78所示。

13. **缝后中缝**

缝合后身片面料的后中缝并劈烫，如图5-79所示。

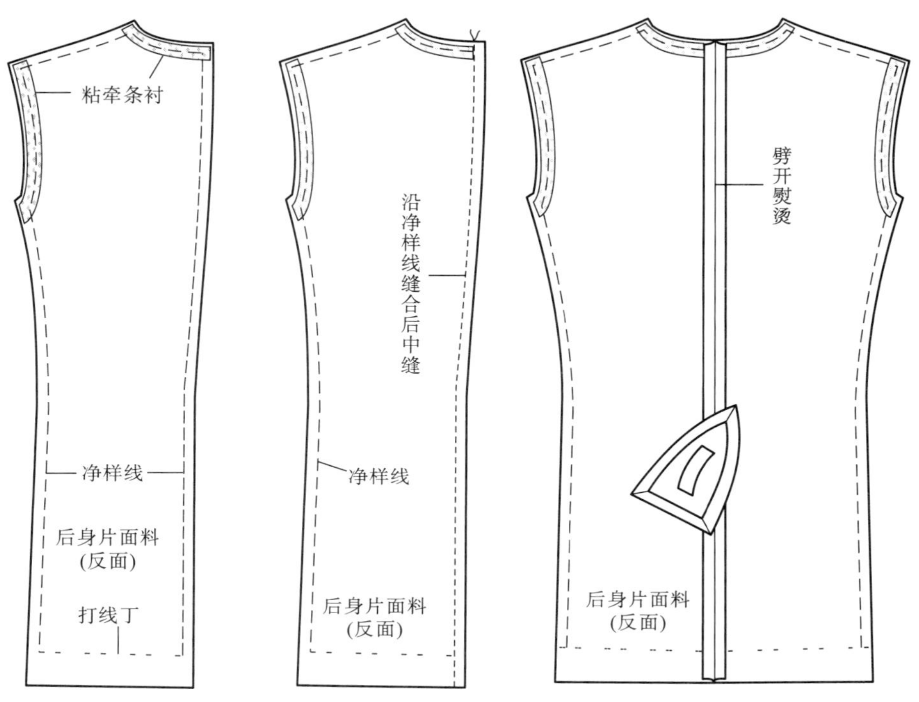

图5-78　后身片打线丁　　　　图5-79　缝后中缝

14. **后片里料缝合**

按图中缝制方法缝合后身片里的后中缝，然后按照净样线倒向左身片熨烫，如图5-80所示。

15. **缝面料侧缝**

面料的腋下片侧缝与面料的后片侧缝缝合，如图5-81所示，缝份劈烫，如图5-82所示。左、右两边缝制方法相同。

16. **缝里料侧缝**

里料腋下片侧缝与里料后片侧缝缝合，缝份倒向后身熨烫（左、右两边制作方法相同），如图5-83所示。

17. **扣烫底边折边**

如图5-84所示，扣烫衣身面底边折边。

18. **衣身里子下摆与衣身面料底边折边缝合**

（1）把衣身里子的底边进行修剪，按图把里子与面料底边折边对齐，在反面缝合，距折边边缘1cm，缝到距贴边2~3cm的位置停下，用三角针缝面料的底边，如图5-85所示。

（2）把里子盖下来整烫后，再把剩余的部分暗扦。贴边外露的部分暗扦，如图5-86所示。

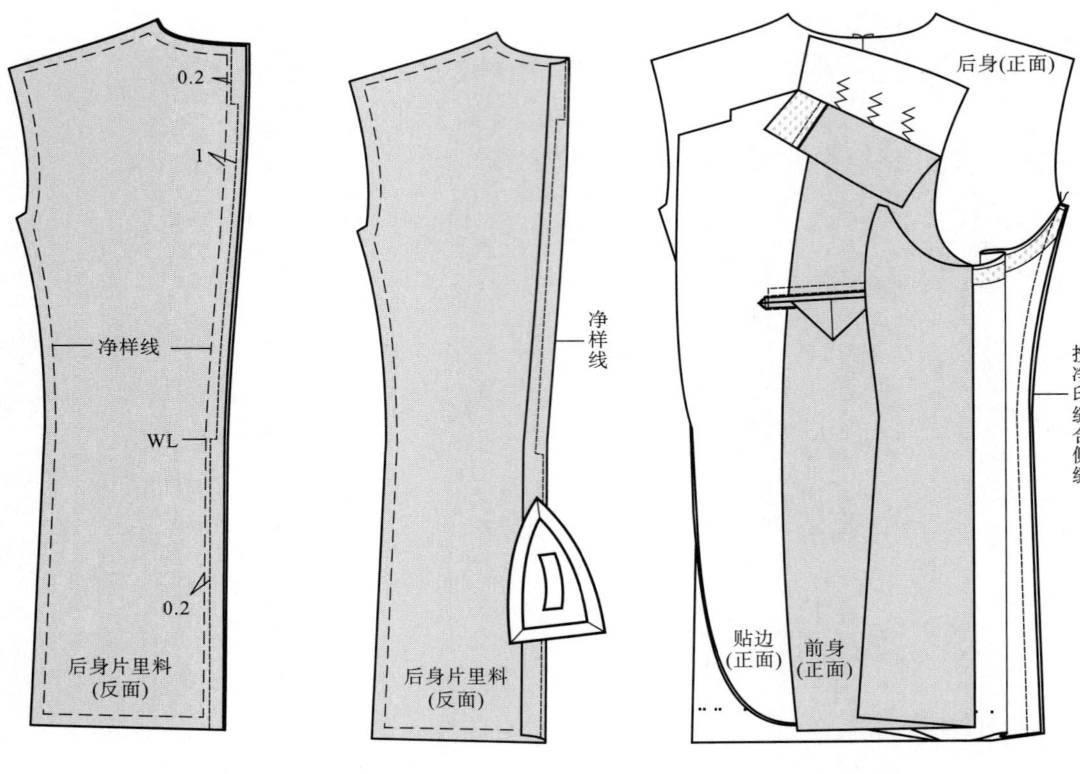

图5-80　后片里料缝合

图5-81　缝合面料侧缝

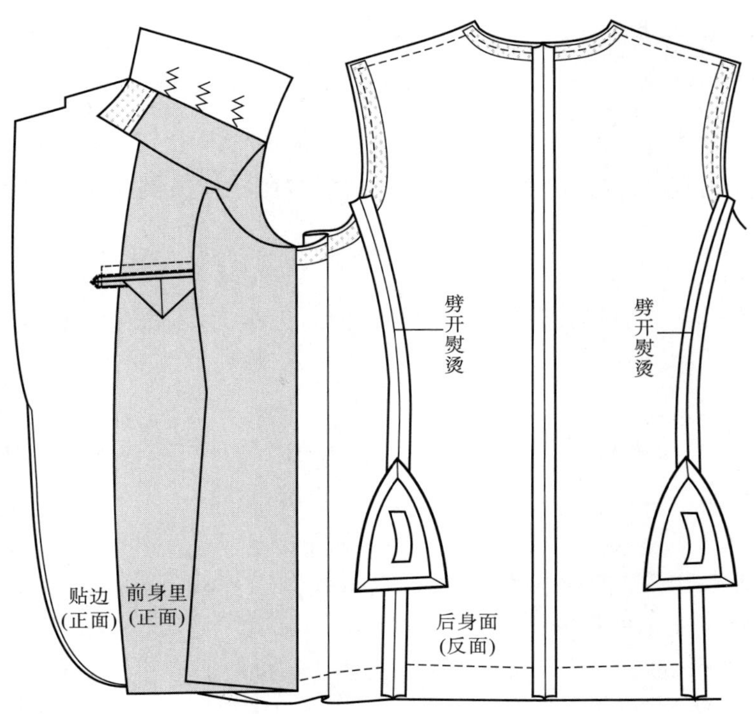

图5-82　劈烫面料侧缝

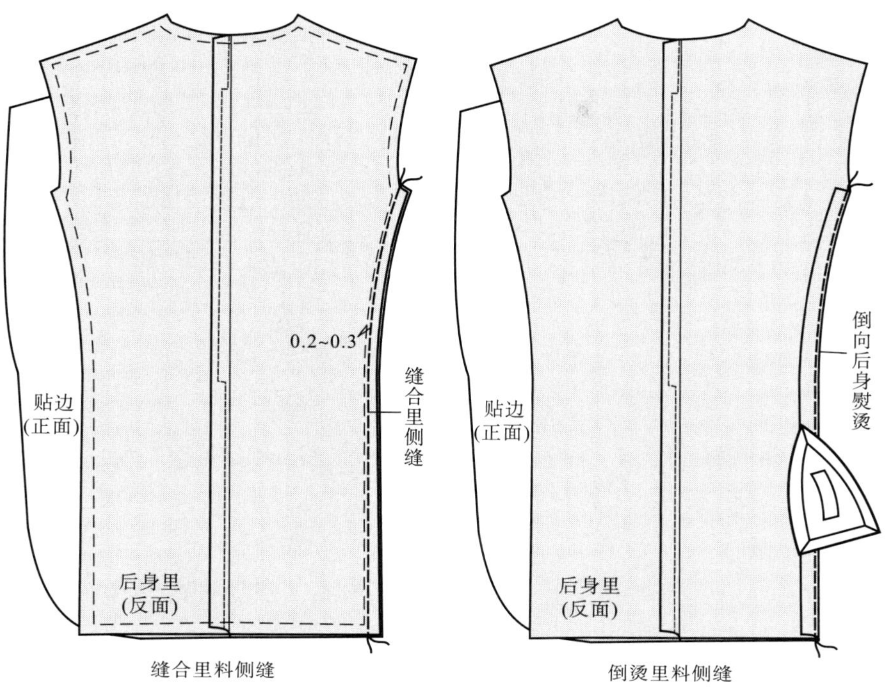

图5-83　缝里料侧缝

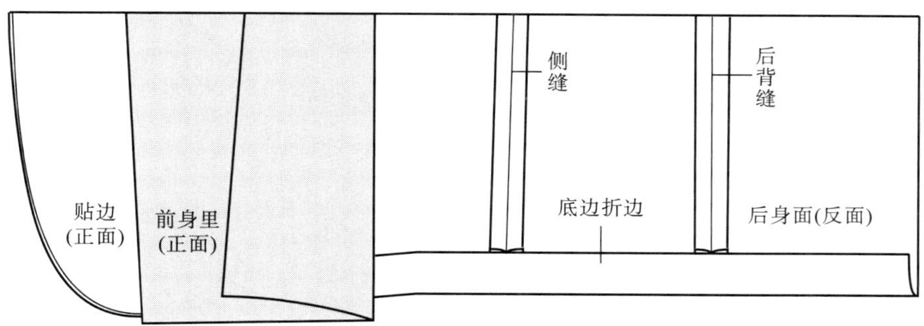

图5-84　扣烫底边折边

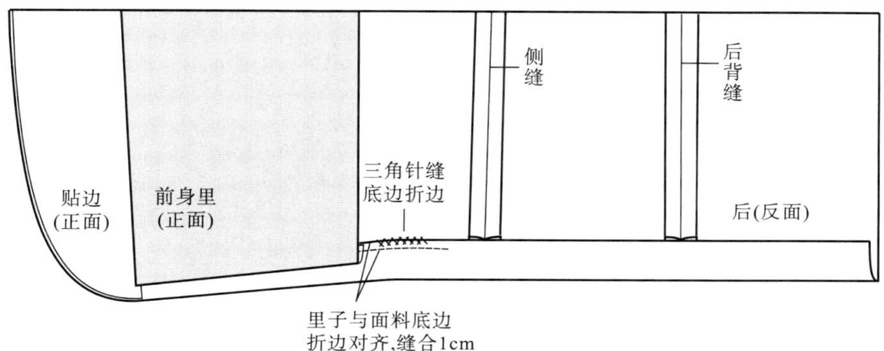

图5-85　三角针缝底边

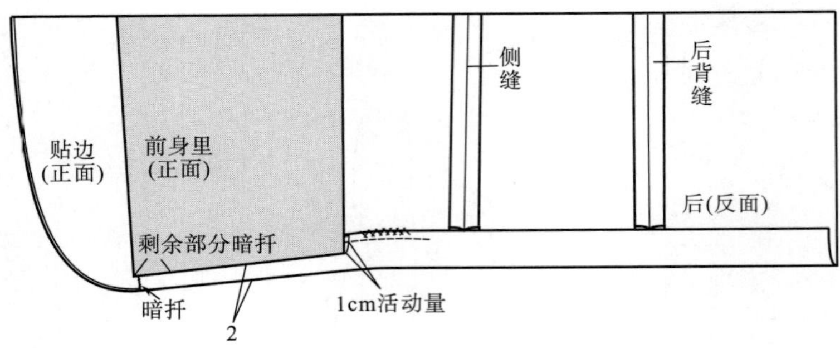

图5-86 暗扦贴边下摆处

19. **缝合肩缝**

缝合衣身面料的肩缝并劈烫，缝合衣身里料的肩缝并向后身倒烫，倒烫时留0.2~0.3cm的活动量。

20. **领子制作**

（1）领面制作，先缝合领面的翻领与底领的剪开线，然后进行劈缝熨烫，在翻领的正面接缝处压0.1cm的明线，如图5-87所示。

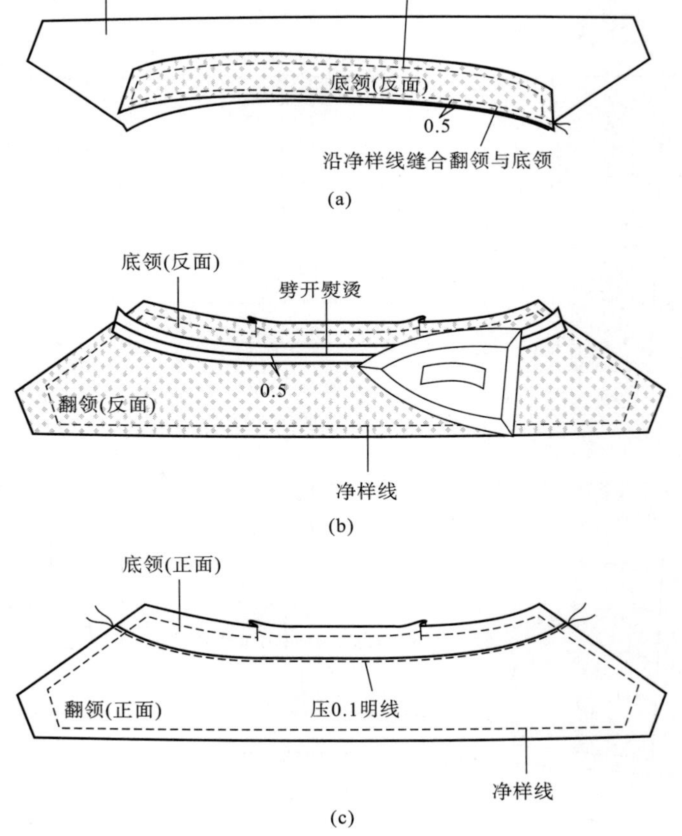

图5-87 领面制作

（2）扣烫领面，按领面上所画净样线扣烫领面，如图5-88所示。

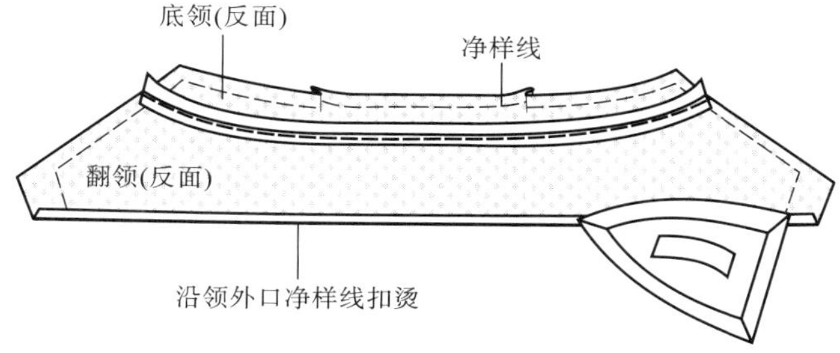

图5-88　扣烫领面

（3）领面与领底呢的领外口缝合，劈烫领面与领底呢的缝合处、压明线、整烫，如图5-89所示。

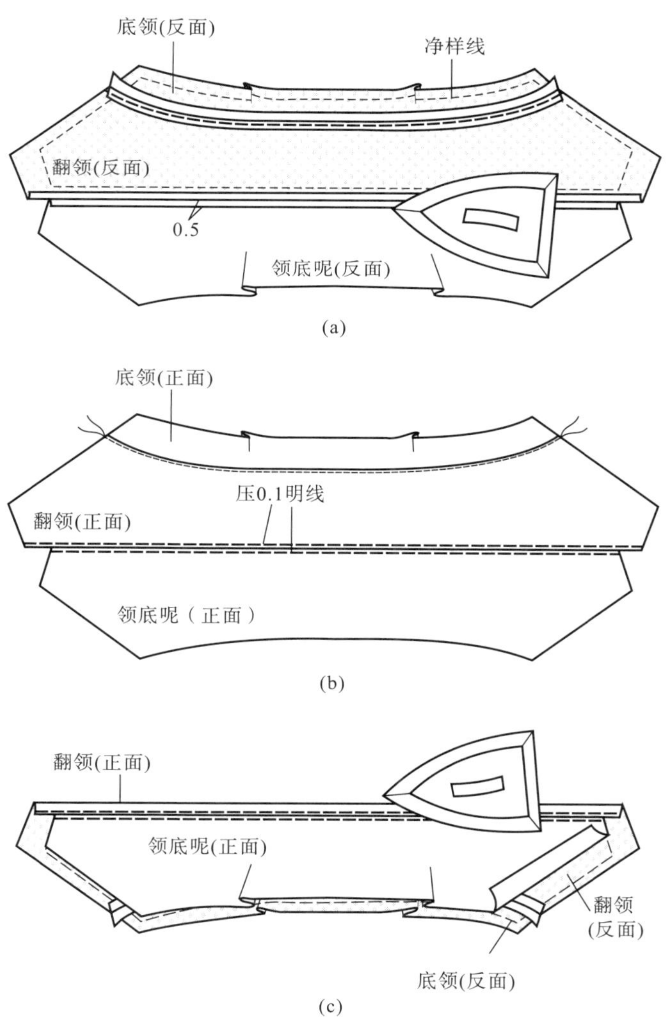

图5-89　领面与领底呢缝合

21. 绱领子

（1）把领子的下口线（绱领线）与衣身的领口（贴边与里子的领口）缝合并劈烫，如图5-90所示。

（2）领口与领子缝份固定，把大身领口的缝份与领子的缝份固定，如图5-91所示。

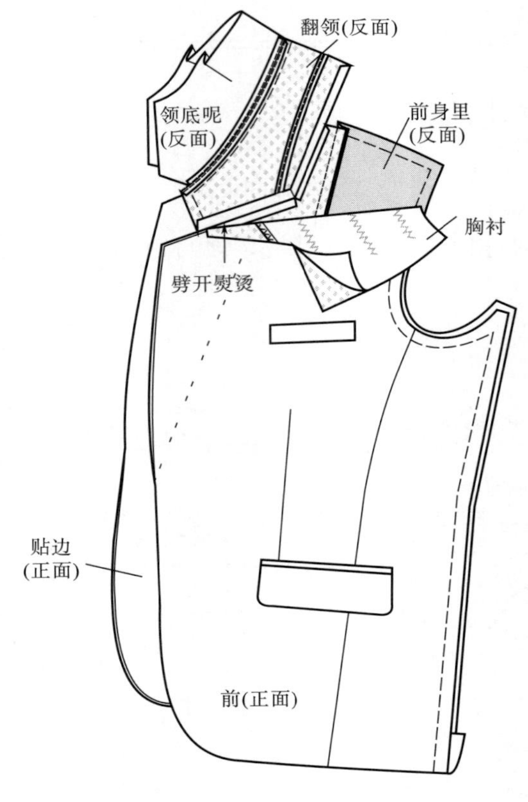

图5-90 绱领子

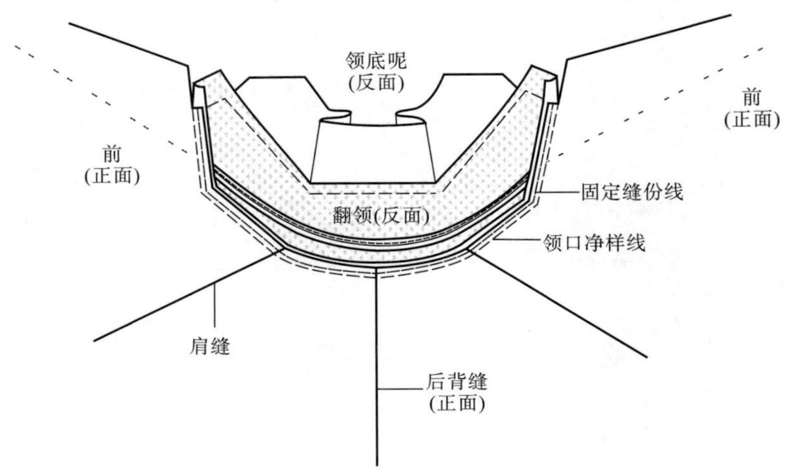

图5-91 领口与领子缝份固定

（3）缝领底呢，在领子的翻折线位置领底呢与领面先临时固定，再把领底呢的下口线与领口固定，领头的缝份量扣烫并固定，如图5-92所示。

（4）缝领底呢，如图5-93所示。

（5）在底领上压0.1cm的明线，固定领底呢，如图5-94所示。

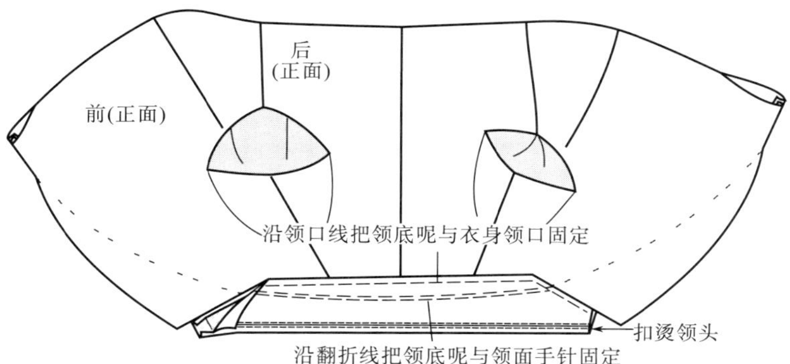

图5-92　缝领底呢

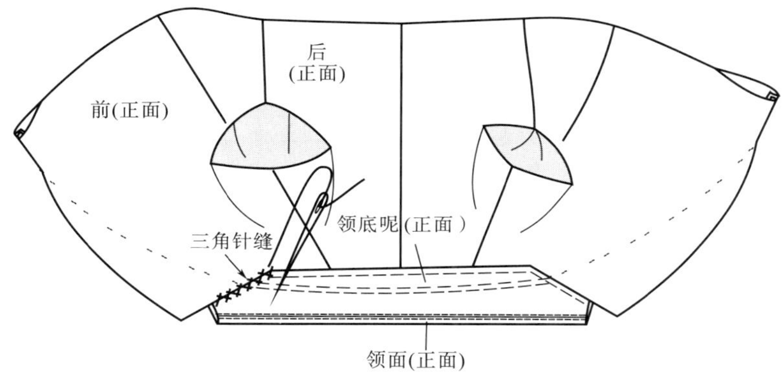

图5-93　三角针缝领底呢

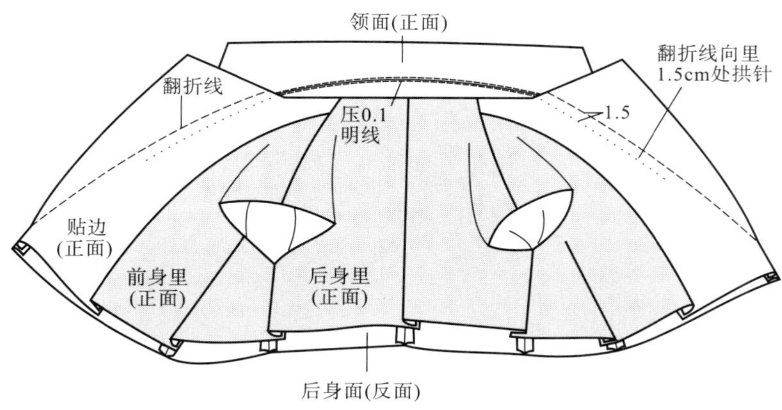

图5-94　底领压0.1cm明线

22. 袖子制作

做袖子、袖开衩，请参照局部缝制中的袖开衩制作方法，在此略。袖子抽袖包，烫袖包，如图5-95所示。

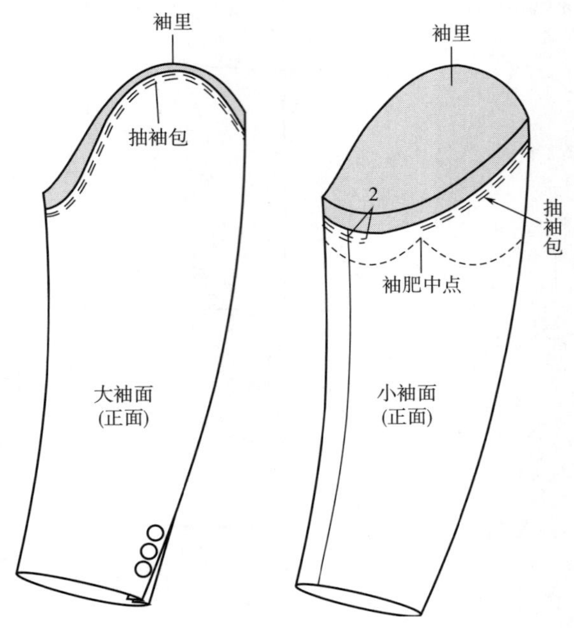

图5-95 抽袖包

23. 绱袖子

（1）先把袖面上的对位点与袖窿的对位点对齐，用别针固定，再用机缝固定，并绱袖山垫条，如图5-96～图5-98所示。

（2）绱垫肩，如图5-99、图5-100所示。

（3）缭缝袖里子，如图5-101所示。

24. 整烫，锁扣眼、钉扣

整烫，锁扣眼、钉扣。

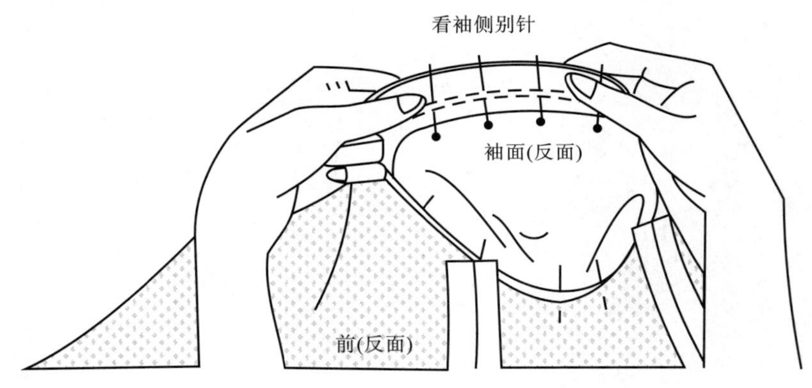

图5-96 别针固定袖子

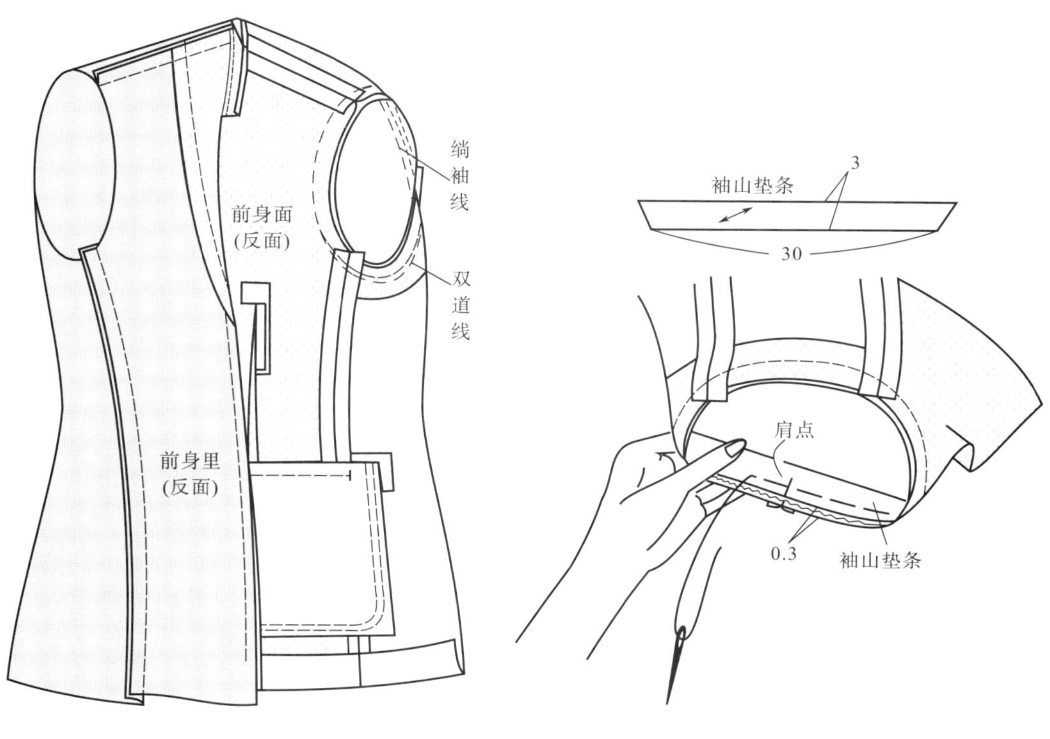

图5-97　绱袖子

图5-98　绱袖山垫条

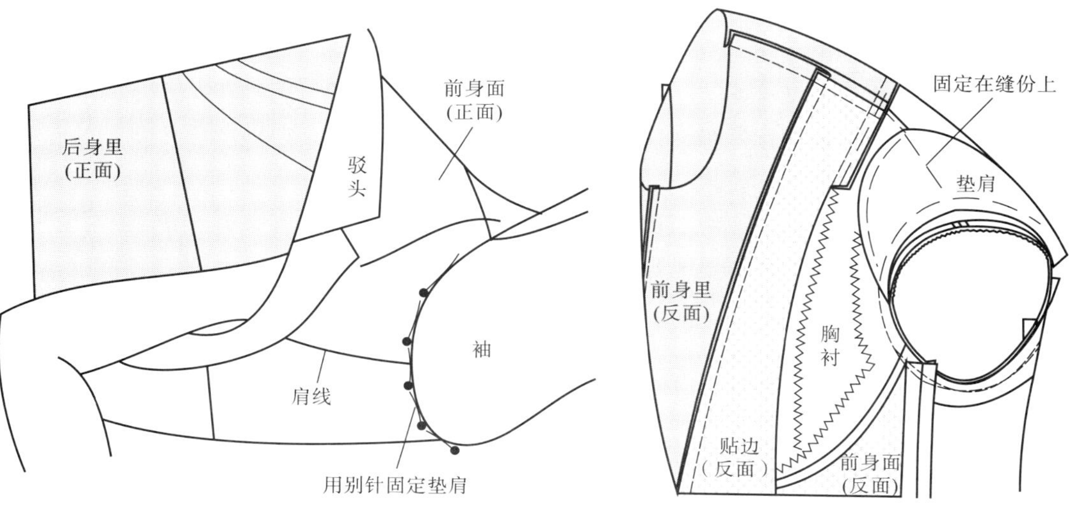

图5-99　别针固定垫肩

图5-100 手缝固定垫肩

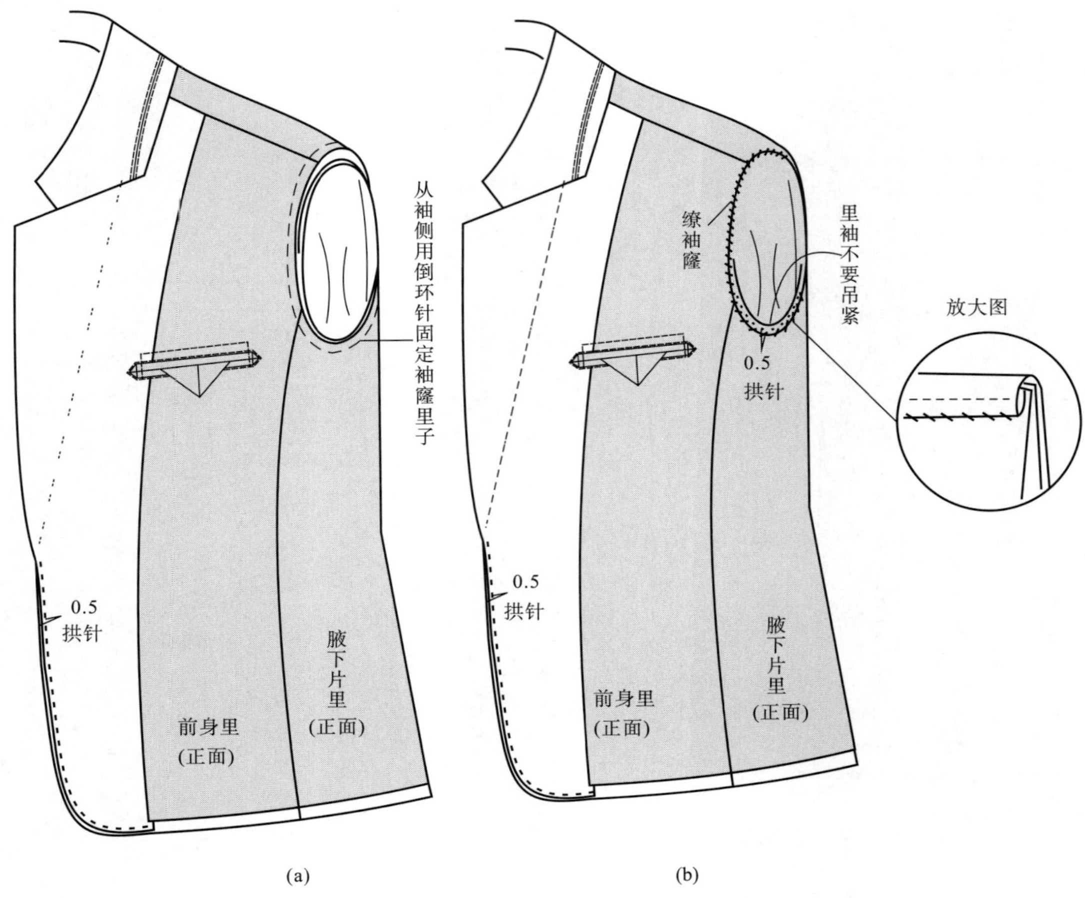

图5-101　缭缝袖里

六、质量检验标准

1. 主要部位规格尺寸要求

（1）衣长符合成衣制作要求，误差允许在 ± 1cm。

（2）胸围符合成衣制作要求，误差允许在 ± 1cm。

（3）袖长符合成衣制作要求，误差允许在 ± 0.5cm。

（4）肩宽符合成衣制作要求，误差允许在 ± 0.5cm。

2. 缝制工艺要求

（1）前片：

①左、右肩部平服，肩缝顺直，左、右后片肩部吃势均匀一致。

②胸部丰满，面、里、衬服帖、挺括，位置准确，左、右对称。

③手巾袋平服方正，袋口贴边宽、窄一致，纱向正确，开袋无毛露。

④胸省平服、顺直，左、右长短一致。

⑤左、右大袋对称，袋口方正、平服、无毛露现象，缝结牢固，纱向正确。

⑥贴边平服，缉线顺直。

⑦腋下片与前片接缝顺直、平服。

（2）后片：

①腋下片与后片接缝顺直、平服，不吃不拉。

②后背缝平服、顺直，缝份均匀。

③后肩背圆顺，熨烫平整。

④后领窝圆顺、平服。

（3）领子：

①领面平服，领口圆顺、抱脖，领外口顺直、平服、不反吐，串口顺直 ，领子左、右长短一致。

②领台、领角左、右对称，大小一致，驳头平服，驳口顺直，不反吐。

（4）袖子：

①袖子前、后位置适宜，不翻不吊，左、右对称，以大袋1/2前后1cm的位置为宜。

②袖山头圆顺，吃势均匀，部位准确，垫肩窝势符合人体。

③袖内、外缝缝线顺直，平服，不吃不拉，两端打结牢固。

④袖口平服，两袖口大小一致。

⑤袖开衩整洁、顺直，袖扣位置准确，整齐牢固。

⑥袖里与袖面平服，袖里不松不紧。

（5）门、里襟止口：

①门、里襟平服不反吐，不起翘，不搅不豁，止口顺直，长短一致，下摆圆角一致。

②扣眼位置准确，扣眼与扣相对，扣与眼的大小相适应。

（6）底边：

底边折边宽窄一致，熨烫平整，与身片服帖，用三角针固定。

（7）里子：

①里子各拼合缝顺直，熨烫时留有0.2~0.3cm的活动量。

②里子熨烫平整，无折痕。

③里子底摆留有1cm的活动量。

④里袋袋口整齐，袋牙宽窄一致，封口牢固、整洁。

（8）外观：

①款式新颖，美观大方，轮廓清晰，线条流畅，外观平服，外形效果良好。

②整体结构与人体规律相符，局部结构与整体结构相称，各部位比例合理、均称。

课后延学：根据学习任务，完成实训操作

实训任务一：男西服局部缝制工艺——大袋制作实训练习（按制单要求协作完成）

实训任务二：男西服局部缝制工艺——胸袋制作实训练习（按制单要求协作完成）

实训任务三：男西服成衣制作实训练习（按制单要求协作完成）

本单元微课资源（扫二维码观看视频）

60. 男西服——大袋盖制作工艺
61. 男西服——大袋制作工艺
62. 男西服——胸袋制作前的准备
63. 男西服——胸袋制作工艺
64. 男西服——里袋工艺工程分析
65. 男西服——里袋制作工艺：制作前的准备
66. 男西服——里袋制作工艺
67. 男西服——袖开衩制作工艺
68. 男西服——面料裁剪
69. 男西服——里料裁剪
70. 男西服——衬料裁剪
71. 男西服——粘黏合衬工艺
72. 男西服——打线丁部位及工艺
73. 男西服——前身制作：实际操作
74. 男西服——胸衬制作
75. 男西服——前身敷胸衬、粘牵条
76. 男西服——前门贴边与里子缝合
77. 男西服——前门止口制作工艺
78. 男西服——后身制作工艺
79. 男西服——袖面制作工艺
80. 男西服——袖里及袖口制作工艺
81. 男西服——袖子手缝工艺
82. 男西服——领子制作工艺
83. 男西服——侧缝、底边的制作工艺
84. 男西服——肩缝缝合工艺
85. 男西服——绱领子工艺
86. 男西服——袖窿圈缝与整烫
87. 男西服——绱袖子：面料工艺1
88. 男西服——绱袖子：面料工艺2
89. 男西服——绱袖子：面料工艺3
90. 男西服——绱袖子：擦缝袖窿里料
91. 男西服——绱袖子：擦缝袖子里料
92. 男西服——手缝工艺
93. 男西服——锁眼、钉扣工艺
94. 男西服——整烫工艺
95. 男西服——成品质量检验

学习单元六　旗袍缝制工艺

课前导学：以服装企业高级时装定制生产项目为依托，提出学习任务，服装生产任务单见表6-1。

学习任务一：旗袍局部缝制工艺

学习任务二：旗袍成衣缝制工艺

表6-1　服装生产任务单

<table>
<tr><td>客户名称</td><td>×××</td><td>款号</td><td>×××</td><td>款名</td><td>短袖旗袍</td><td rowspan="4">成衣主要规格表
号型：165/84A　　单位：cm
<table><tr><td>部位</td><td>后中长</td><td>胸围</td><td>腰围</td><td>肩宽</td><td>领围</td><td>袖长</td><td>袖口</td></tr><tr><td>尺寸</td><td>114</td><td>90</td><td>70</td><td>38</td><td>37</td><td>20</td><td>28</td></tr></table>注：未标注尺寸的部位，可根据订单要求、款式图及样板确定。

工艺要求：
1. 面料裁剪纱向正确，经、纬纱垂平，达到丝缕平衡，符合成本要求。
2. 针距为3cm，14～15针，缉线要求宽窄一致，缝型正确，无断线、脱线、毛漏等不良现象。
3. 缝份倒向合理，衣缝平整；毛边处理光净整洁，方法得当。
4. 工艺细节处理得当，衣面与衣里缝线松紧适宜，层次关系清晰。
5. 具体缝型、工艺方法，根据订单要求及款式图及样板确定。
6. 纽扣、线等辅料符合订单要求。
7. 后整理：烫平冷却后挂装，不可烫脏、渗胶等。
8. 装箱方法：单色单码</td></tr>
<tr><td>产量</td><td>×××</td><td>面料</td><td>×××</td><td>工期</td><td>×××</td></tr>
<tr><td colspan="6">款式图：
正面　　背面</td></tr>
<tr><td colspan="3">款式特征：
1. 前衣身：由上前、下前两片构成。门襟通襟，钉9对盘纽。前身片左、右分别收一个腰省和一个腋下省。
2. 后衣身：左、右分别收一个腰省和一个肩省。
3. 衣领：立领，领外口绲边。
4. 衣袖：合体式半袖，袖口绲边。
5. 开衩：两侧缝设有摆衩，绲边制作</td><td colspan="3">外观造型要求：
1. 整体：工艺设计符合造型要求，辅料配置合理，服装里外整洁。
2. 衣身：胸腰松量适中；肩部服帖，有活动量，无不良折痕。
3. 衣领：松紧适中，止口平顺。
4. 衣袖：肩、袖衔接平顺，袖体圆顺，无不良皱褶。
5. 开衩：绲边精致美观，底摆不起吊，不外翻。
6. 扣子：排布均匀，缝线结实、美观。
7. 工序流畅合理，工艺方法结实、美观精致</td></tr>
</table>

依据旗袍款式风格及结构特点，设计梳理本单元学习技能，见表6-2。

表6-2 本单元应掌握的技能及学习目标

职业面向	技能点	学习目标		
		知识目标	能力目标	素质目标
1.手工技艺传承人员 2.裁剪人员 3.样衣制作人员	旗袍扣子的手工制作技术；旗袍包边工艺	熟悉旗袍部件构成；了解旗袍文化；了解旗袍面料特点	能够掌握经典款扣子、包边工艺技法；能够将传统旗袍与现代旗袍技术创新应用	1.培养学生独立完成旗袍裁剪、排板、成衣制作的能力 2.培养学生运用所学旗袍技艺、面料款式等知识与客户洽谈接单的能力 3.培养爱岗敬业的工作作风和吃苦耐劳、精益求精、传承创新的精神
	旗袍成衣排板、裁剪	熟悉面、辅料裁剪、排板原则与方法	能够正确使用旗袍的面、辅料；能够进行单件旗袍的排板、裁剪	
	旗袍成衣制作	正确解读旗袍款式	能够应用镶、嵌、滚等传统工艺技艺及盘扣技术完成旗袍工艺设计；能够正确依据客户需求选取面料、完成假缝试穿补正及成衣缝制	

课中探究：围绕学习任务，进行技能学习

学习任务一　旗袍局部缝制工艺

一、包边

旗袍制作工艺除了款式造型、材料外，盘扣、包边、镶边、绲边等传统工艺也是旗袍或中国唐装最显著的特征。

1. 包边的种类

如图6-1所示，图6-1（a）、图6-1（b）为单层包边，包边的宽度可以宽也可以窄，按照要求或个人喜欢选择，包边布的颜色可与本布颜色自由搭配，与本布类似的颜色、或与本布的颜色明度相差较大的颜色皆可。图6-1（c）、图6-1（d）为双层或多层包边，如1cm宽的包边三条；1.5～3cm宽的包边两条；或者是宽度相同的重复包边，几条包边的颜色选择完全相同或是全部不同皆可。图6-1（e）、图6-1（f）为内侧加牙子的包边，外侧的边可以有各种变化，在其内侧添加了细细的牙子约0.2cm宽，有时在包边的外侧也添加牙子。总之，包边的方法有很多，在此基础上可以相互调配、组合。

2. 包边布宽度的确定及折叠方法

包边用布必须使用正斜纱裁剪，其使用宽度的计算以成品包边1.2cm的宽度为例说明。

图6-1　包边的种类

这里的计算仅供参考，不同的工艺有不同的计算方式，况且还有材料自身厚度的变化，如图6-2所示。

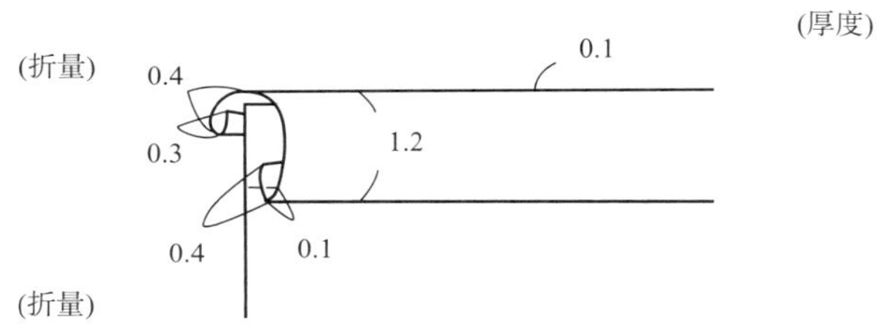

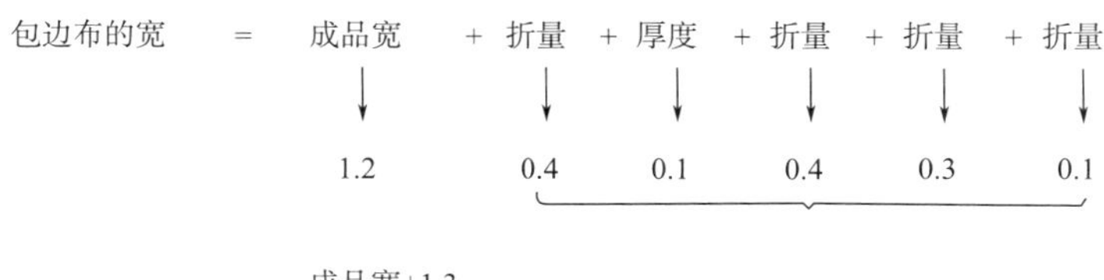

图6-2　包边布宽度的确定

（1）包条为0.15cm宽的细边包边，包边布宽度确定及包边折叠方法，如图6-3所示。

（2）包条为0.3cm宽的双层边包边，包边布宽度确定及包边折叠方法，如图6-4所示。

（3）包条为加牙子的包边，包边布宽度确定及包边折叠方法，如图6-5所示。

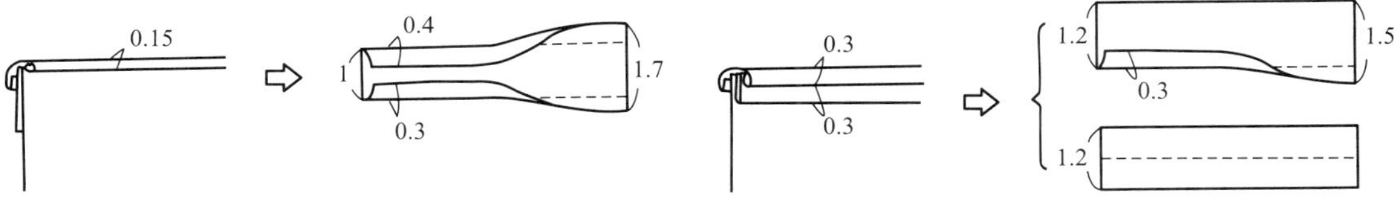

图6-3　细边包边方法　　　图6-4　双层边包边方法

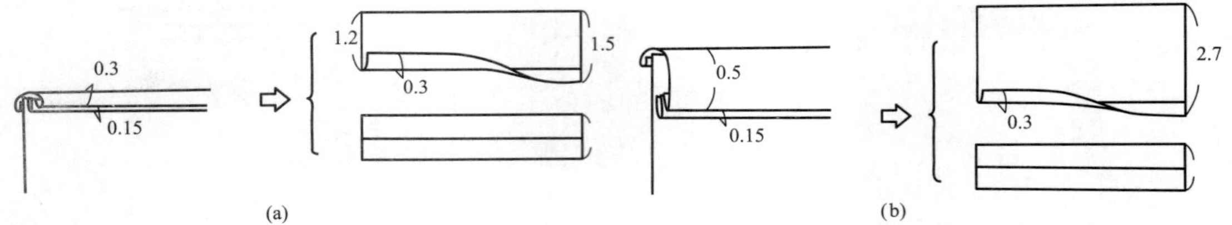

图6-5　加牙子包边方法

（4）包条为线式的包边，包边布宽度确定及包边折叠方法，如图6-6所示。外侧是包边，内侧添加一条或多条装饰线，起到衬托或强调包边的作用。

（5）包条为2cm以上的包边，包边布宽度确定及包边折叠方法，如图6-7所示。包边的宽度较宽，可以在包边布上绣花成装点图案等。

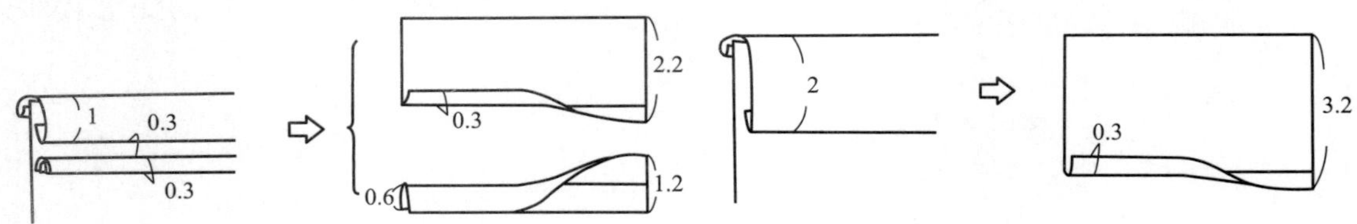

图6-6　线式包边方法

图6-7　2cm以上包条包边方法

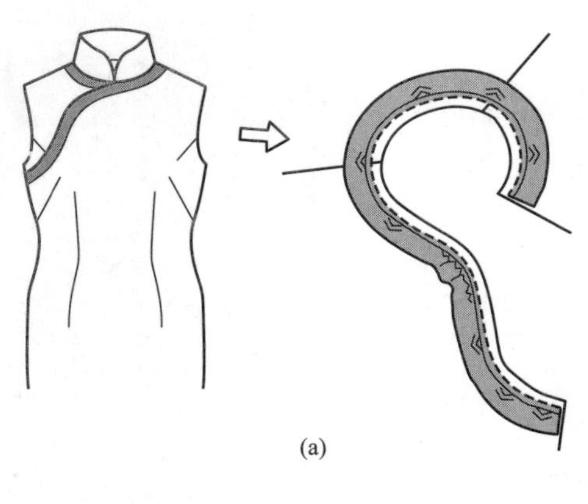

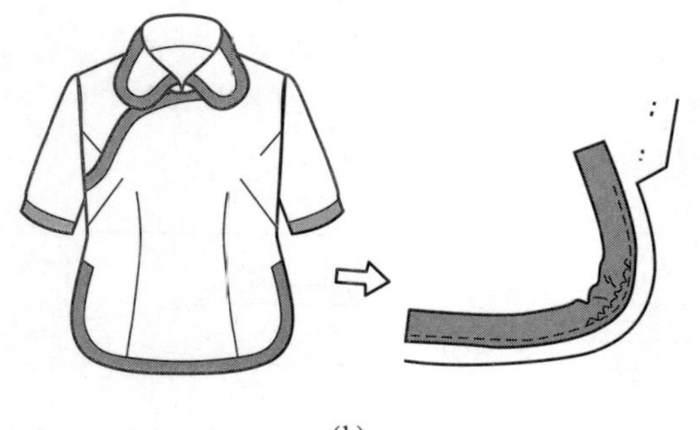

图6-8　包边布归拔处理

包边的宽度确定后，不管是窄边还是宽边，是单层还是多层，对其外观的要求是一样的，必须美观、平服、宽窄一致。特别是包宽边的时候，包边布需做归拔处理，如外口拉伸、内口归进等，否则包边就不可能平整，如图6-8所示。

二、盘扣

盘扣的种类很多，常见的有直线盘扣、蝴蝶盘扣、蓓蕾盘扣、缠丝盘扣、镂花盘扣等。不同的盘扣用在不同款式的服装上可以表达不同的服饰语言。立领配盘扣，氤氲着高贵和典雅；低领配盘扣，洋溢着20世纪90年代都市女性的浪漫和娇俏；短款长裙中间密密地缀一排平行盘扣，端丽之中见美感；斜带短衫缀上几对似花非花的缠丝盘扣，于古雅之中见清……

形形色色的盘扣中，尤以古老的手工盘扣最为精巧细致，它融入了制作者的心性和智慧，有极高的审美价值。盘扣不仅适用于旗袍类服装，也被许多服装设计师广泛用于各类时装作为点缀。因此，盘扣作为一项传统技艺，依然以极强的生命力丰富和美化着人们的生活。

在这里介绍直线盘扣的做法，如图6–9所示。

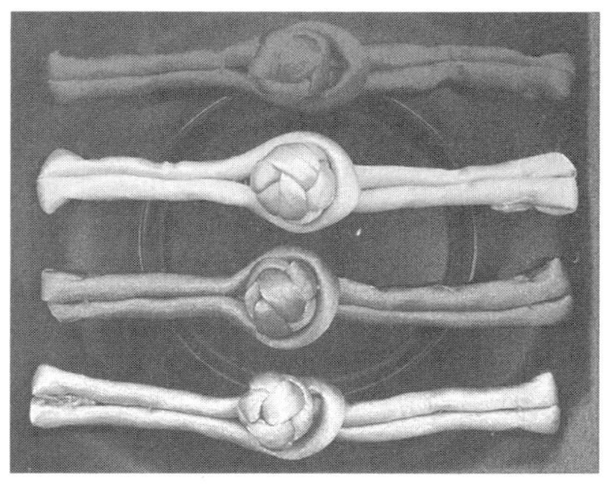

图6–9　直线盘扣

1. 盘扣条的制作

将制作盘扣用布的反面刮上浆糊（或刮浆），熨烫平整，然后裁剪成1.5cm宽的斜纱条，若材料较厚，斜纱条稍加宽。一组扣子约需40cm长度的斜纱条，若长度不足必须斜向拼接。准备几根粗线或细绳，将斜纱条的两边分别折进0.3～0.4cm，中间加入粗线或细绳，将加入细绳后的斜纱条两侧对折、捏住，前端3cm左右用针固定，然后用手针细细地缲牢也可用车缝，如图6–10所示。手针缝完后的盘扣条拉伸、按压扁平，使其坚实耐用、形态饱满。

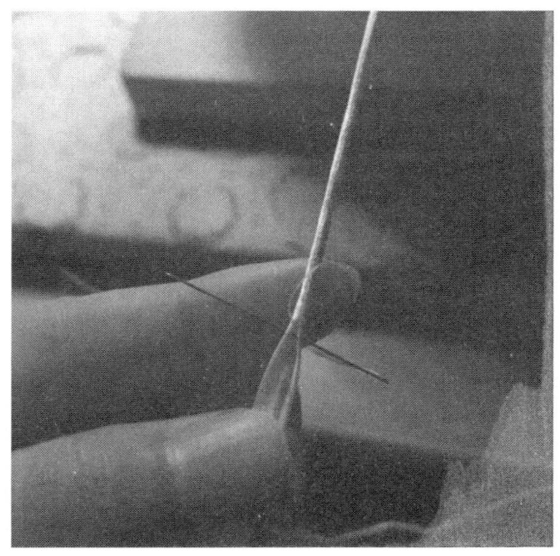

图6–10　盘扣条的制作

2. 盘扣的方法

先按盘扣所需纽条的长短留足盘扣条的长度，再进行编扣结，如图6–11（a）所示。左手捏住盘扣条一端，留10cm长，右手将盘扣条绕在左手指上，如图6–11（b）所示。将拇指的环脱下放在食指上，如图6–11（c）所示。将短头穿过食指中央引出，如图6–11（d）所示。将手翻过来，环从食指脱下，如图6–11（e）、（f）所示。分别将短头和长头插入中间方框，引出，如图6–6（h）～（k）所示。为逐一紧扣、调节、最终成形扣与扣环。

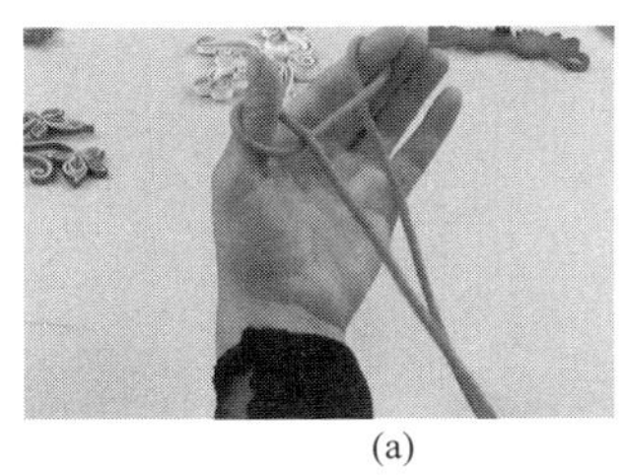

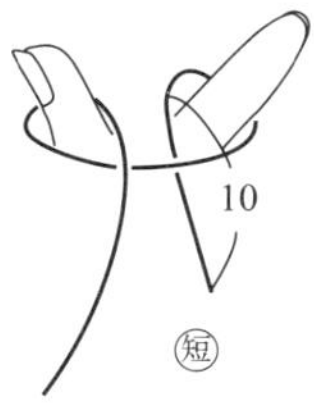

(a)

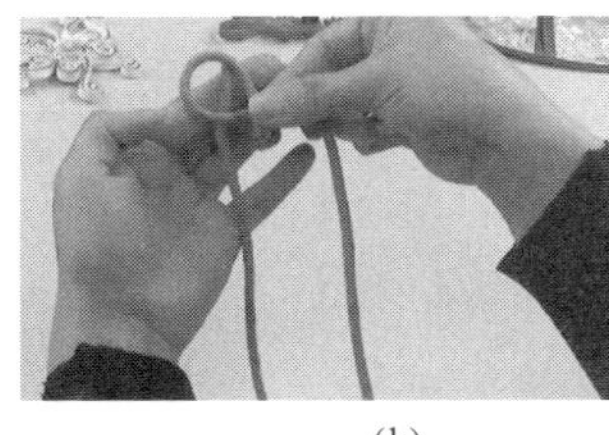

(b)

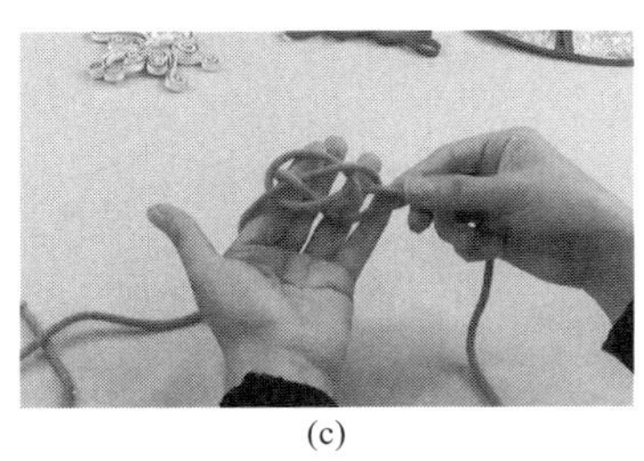

(c)

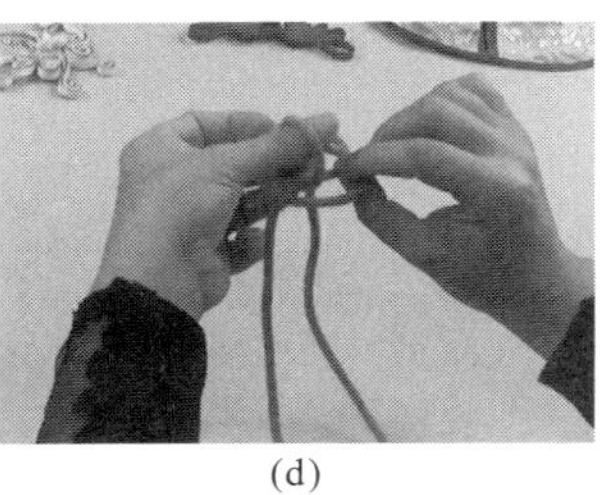

(d)

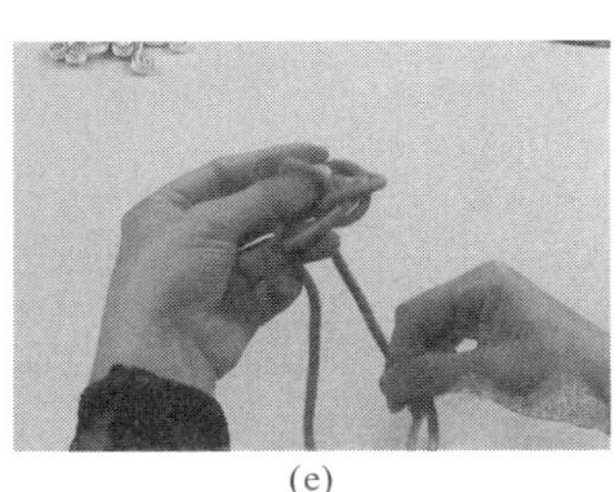

(e)

图6–11

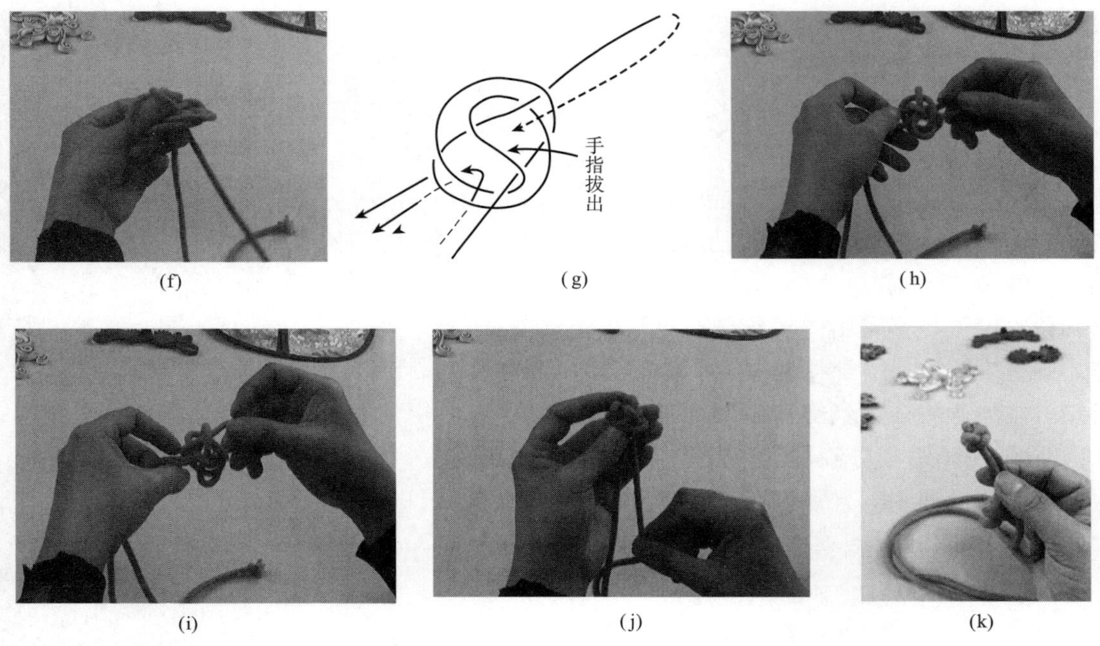

图6-11　盘扣方法

3. **盘扣长度的确定**

盘扣长度的确定，如图6-12所示。

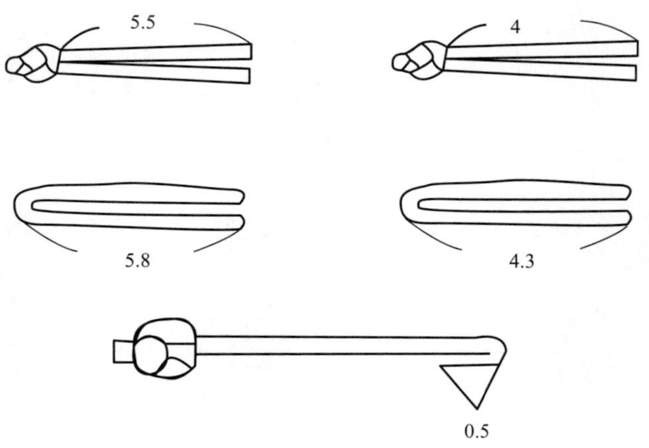

图6-12　盘扣长度的确定

学习任务二　旗袍成衣缝制工艺

一、款式图

基本型旗袍款式图，如图6-13所示。

二、款式说明

本款旗袍的设计要点是身片由上前身、下前身、后身三片构成。上前身片左、右分别收一个腰省和一个腋下省；后身片左、右分别收一个腰省和一个肩省；胸、腰、臀加放余量较小，恰到好处地展现着装者胸部的丰满、腰肢的纤细、臀部的丰腴；领子为高立领；袖子为普通半袖；两侧开衩，既便于步行，又若隐若现地展现女性修长的玉腿，增添了女性的魅力；古色古香的盘扣，衬托出旗袍的端庄与华贵。

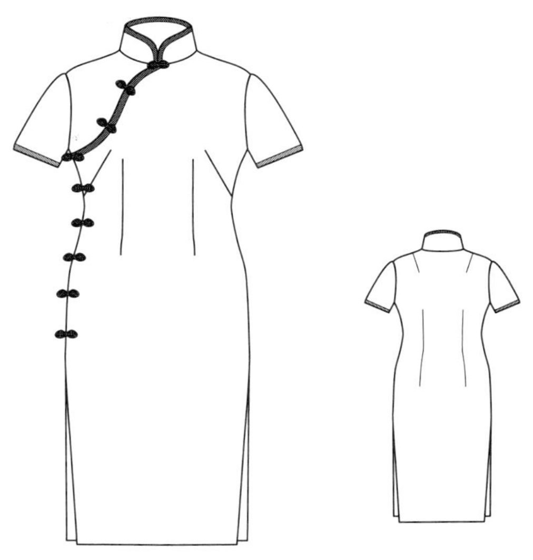

图6-13　基本型旗袍款式图

三、裁剪

1. 面料的裁剪

旗袍面料的裁剪，如图6-14所示。

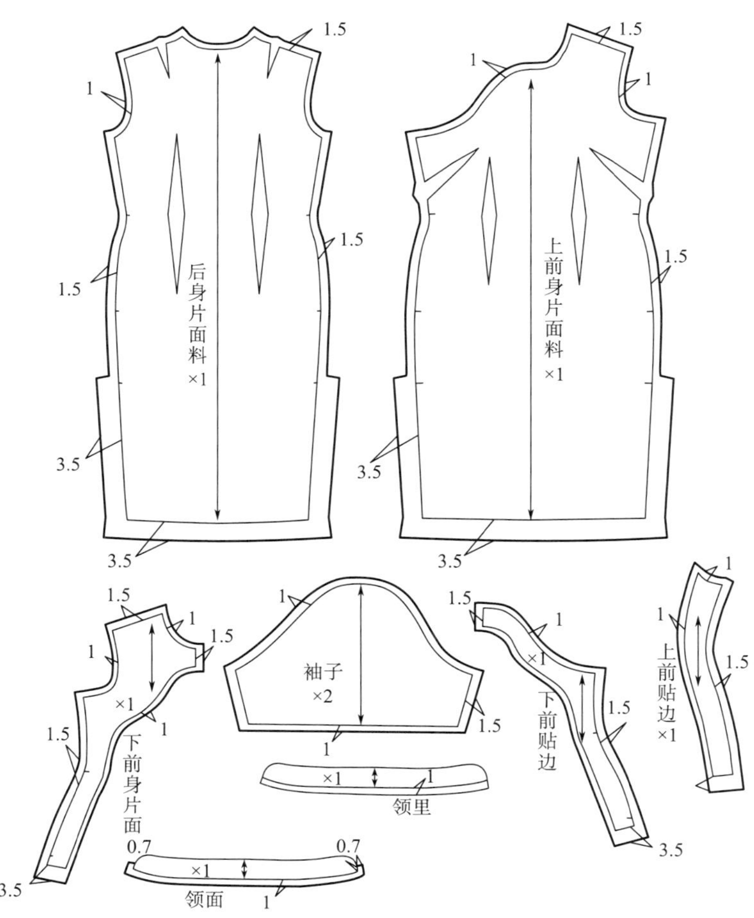

图6-14　面料的裁剪

2. 里料的裁剪

旗袍里料的裁剪，如图6-15所示。

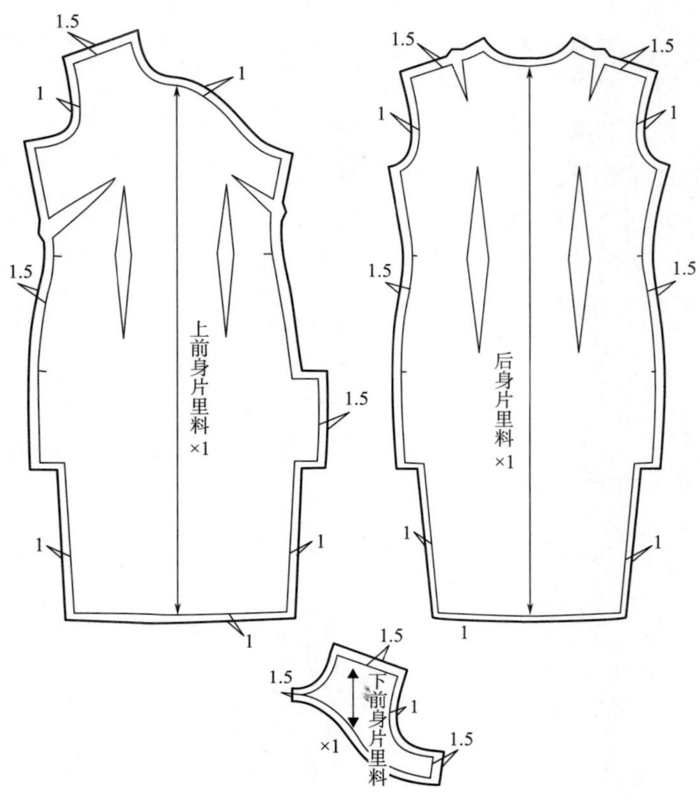

图6-15 里料的裁剪

3. 衬料的裁剪

领里、领面衬料以净样线为基础缩进0.1cm，如图6-16所示。

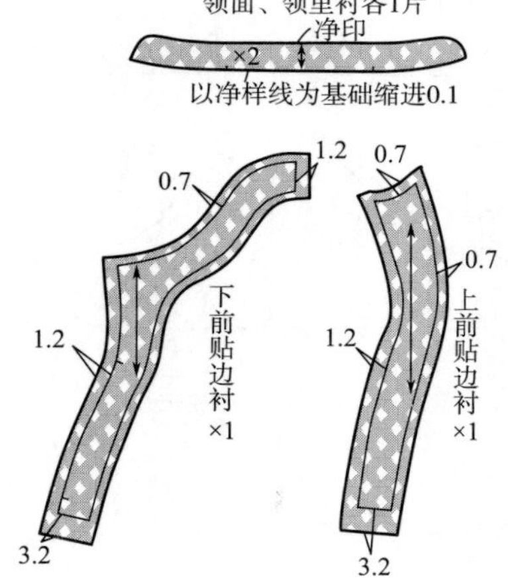

图6-16 衬料的裁剪

四、缝制工艺工程分析及工艺流程

旗袍成衣缝制工艺工程分析及工艺流程，如图6-17所示。

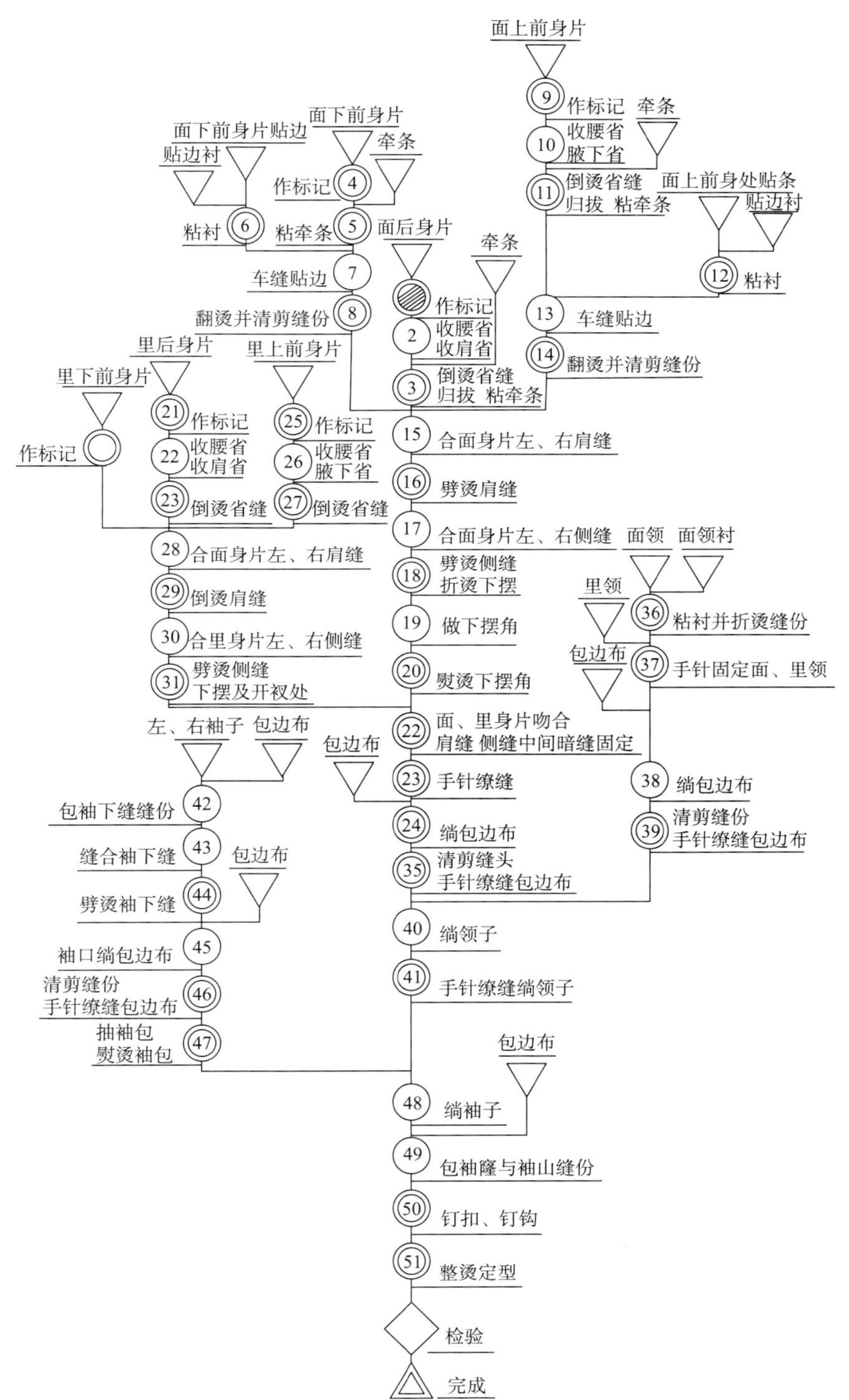

图6-17　旗袍成衣缝制工艺工程分析及工艺流程

五、缝制工艺操作过程

1. 缝合下前身片面与贴边

在下前身裁片上作完标记后，粘牵条，然后将下前身片面与其贴边车缝、翻烫并清剪缝份，如图6–18所示。

2.收省及合前、后身片肩缝

将上前身片面料与后身片面料收省缝并倒烫省缝，然后将衣身面料进行归拔处理，根据材料的状况酌情处理，之后粘牵条衬，粘牵条衬是为了防止拉伸，接着贴边粘衬，并绱贴边，最后将前、后身面料小肩对齐缝合、劈烫，如图6–19所示。

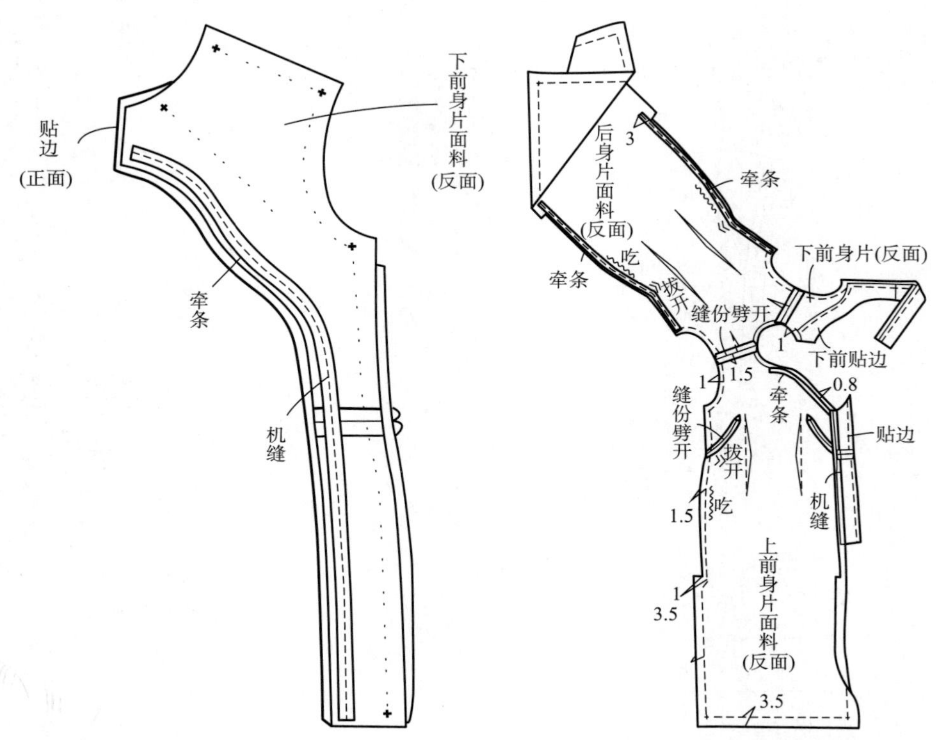

图6–18　下前身片面绱贴边　　　图6–19　收省及合前、后身片肩缝

3. 合下前身面与后身片面侧缝

下前身面料与后身片面料的侧缝对齐缝合，如图6–20所示。

4. 合上前身面与后身面侧缝

上前身面料与后身面料的侧缝对齐缝合，并劈烫侧缝缝份，然后进行下摆角的整理熨烫，如图6–21所示。

5. 制作旗袍里料

前后身里料作标记、收省、烫省。缝合里料的肩缝并倒烫肩缝。

6. 衣身面料、里料缝合

（1）手针缭缝固定衣身面料、里料的肩缝、开衩以及侧缝的缝份，如图6–22所示。

（2）手针缭缝里口前身片与其贴边；缭缝面下前身片贴边与里下前身片；缭缝面、里料开衩及下摆，如图6-22所示。

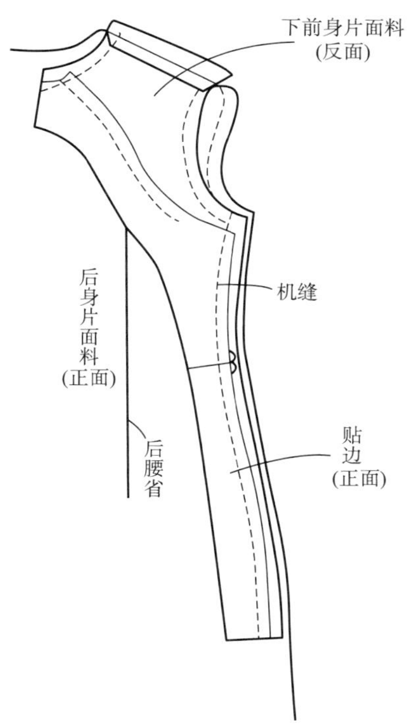

图6-20　车缝面料右侧缝

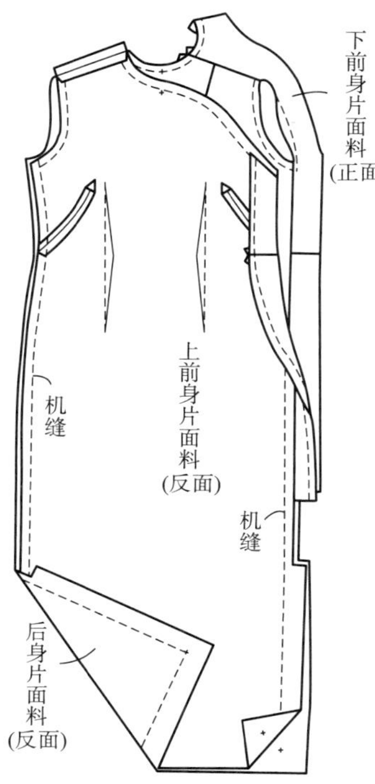

图6-21　车缝面料左侧缝

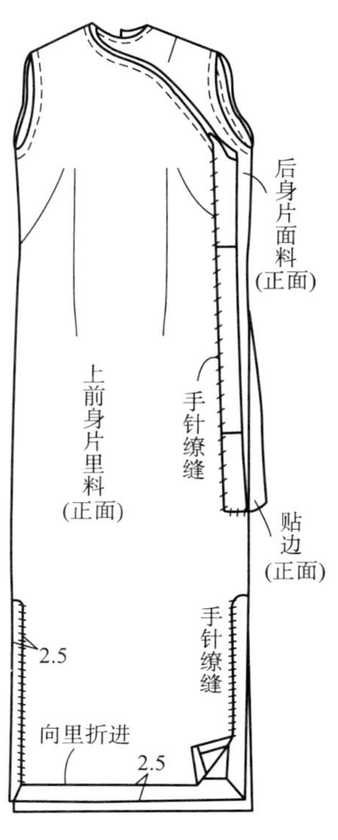

图6-22　固定面料、里料的肩缝、贴边、开衩及侧缝

7. **上前身门襟包边**

前开口圆襟的部位按净样线清剪缝份，之后绱包边的布（面料、里料、贴边与包边条一起缝合），如图6-23所示。

8. **缭缝包边条与里子**

将包边布整理修剪熨烫，折向衣身的里子一侧，用手针细细地将包边条与里子缭缝，包边布里外成品宽0.6～1.2cm，如图6-24所示。

9.**制作领子、绱领子**

（1）在领里的反面粘衬（厚衬或硬衬，粘净样），向领里反面净印内倒烫领里下口缝份，如图6-25所示。

（2）在领面的反面粘衬，领面粘完衬后，倒烫领面两端缝份，如图6-26所示。

（3）领面外口绱45°斜纱条第一道线，斜纱条宽2.4cm（依工艺标准定），缝线宽0.6cm，

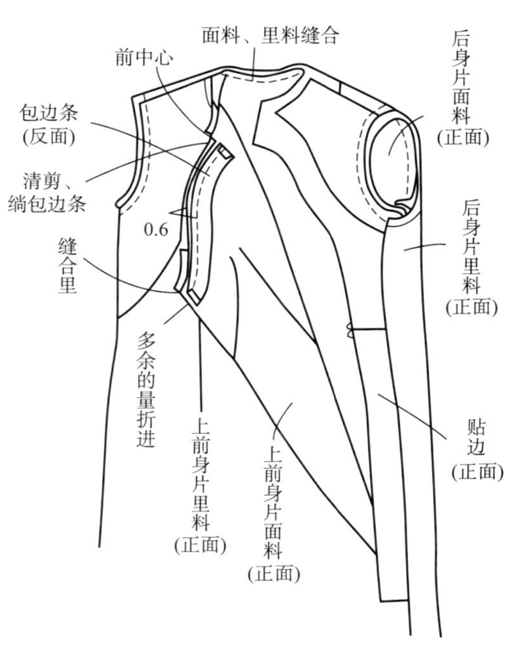

图6-23　前身门襟包边

斜纱条两头折光；领面与领里反面对反面，外口比齐，手针大针码绷缝固定领里、领面，如图6–27所示。

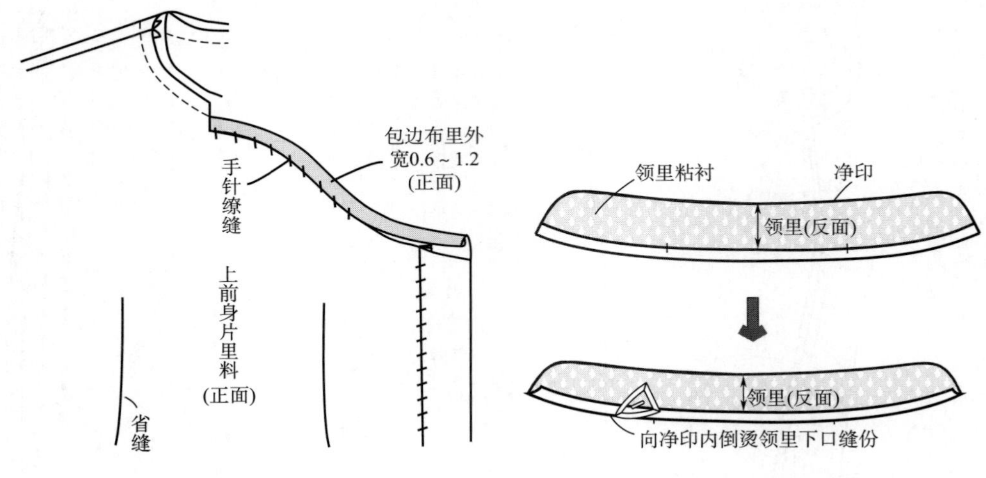

图6–24　缭缝包边条与里　　图6–25　领里反面粘衬、倒烫下口缝份

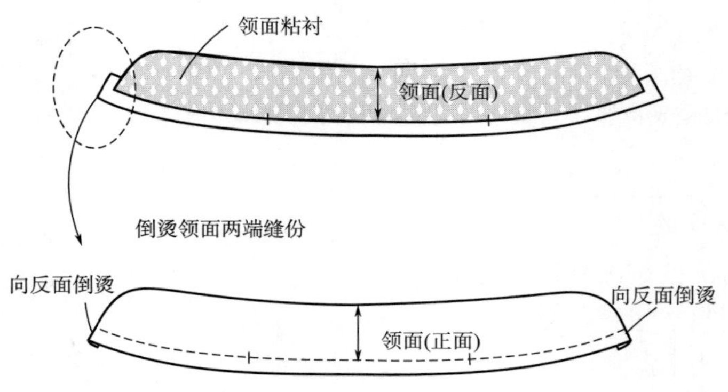

图6–26　领面反面粘衬、倒烫领子两端缝份

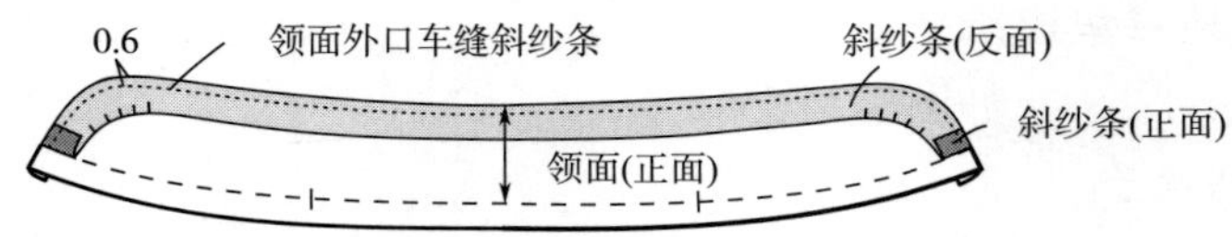

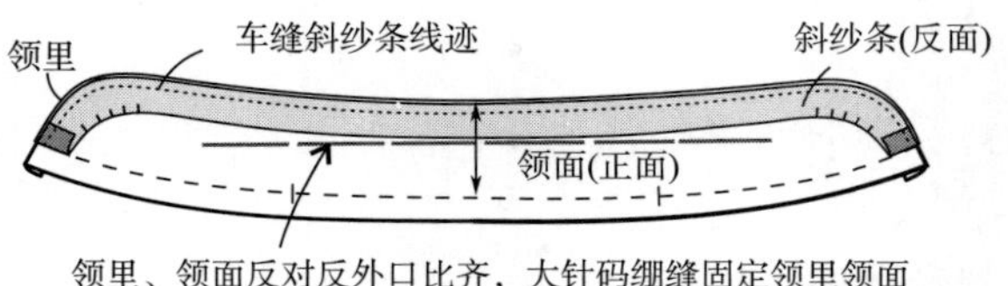

图6–27　领面外口绱斜纱条第一道线，绷缝领子

（4）绱领子。首先，将衣身里、面的领口处的缝份粗缝固定；其次，将领面与衣身领口正面对正面比齐，按净印线缝合领面下口与衣身领口，如图6–28所示。

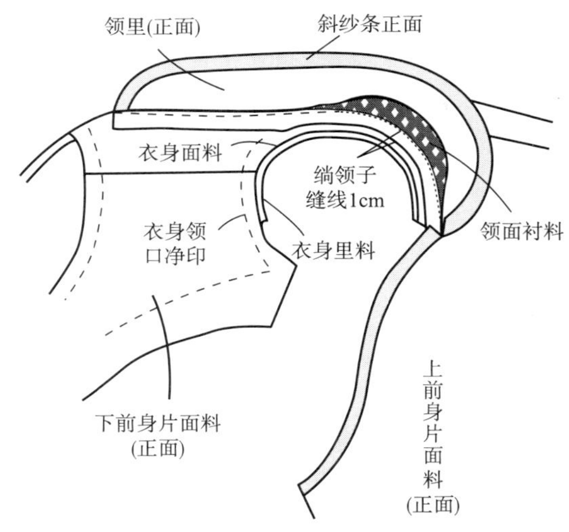

图6–28　绱领子

（5）手针缭缝领里下口、领外口斜纱条、整理校对。将领里下口与领口绱领缝线处仔细缭缝；然后，将领外口包边条折光，折向领里正面一侧，确保斜纱条在领里、领面两侧的宽度均为0.6cm，用手针细细地缭缝，此序也可机器车缝（依据工艺标准），如图6–29所示。

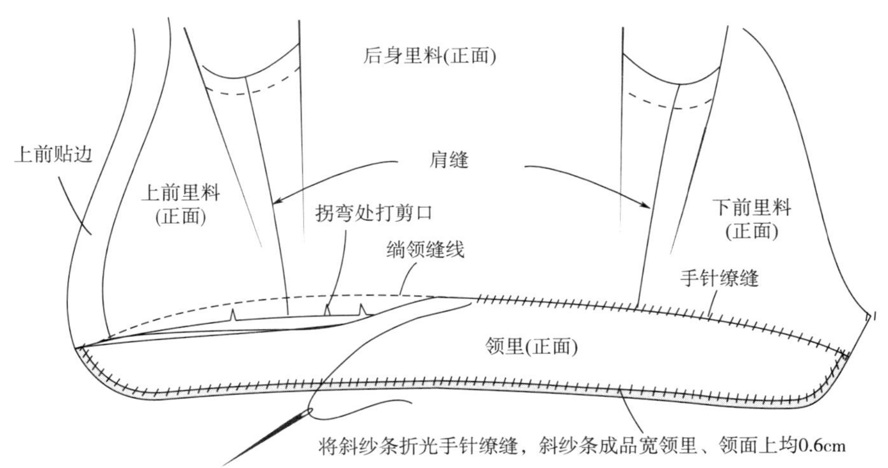

图6–29　手针缭缝领里下口、领外口斜纱条

10. 绱袖子，试穿整理校对

此款旗袍不带袖里。首先，袖底缝锁边缝，制作袖筒，劈烫袖底缝；袖口包边；袖山吃袖包；机缝绱袖子，衣身的里、面及袖子三层缝合；袖窿的缝份包边，如图6–30所示。

11. 钉扣、整烫

旗袍钉扣、整烫，制作完成如图6–31所示。

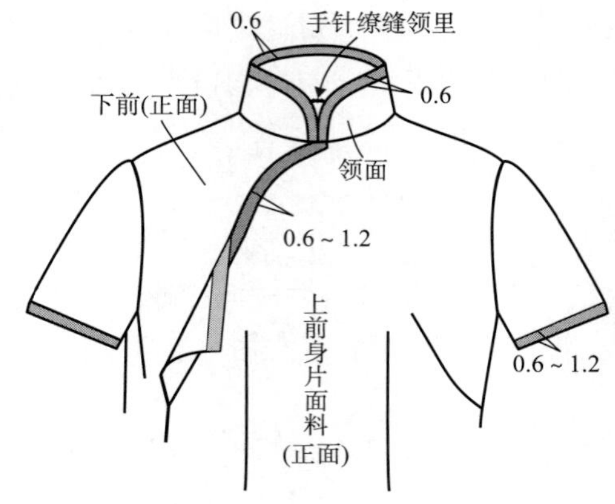

图6-30　试穿整理校对

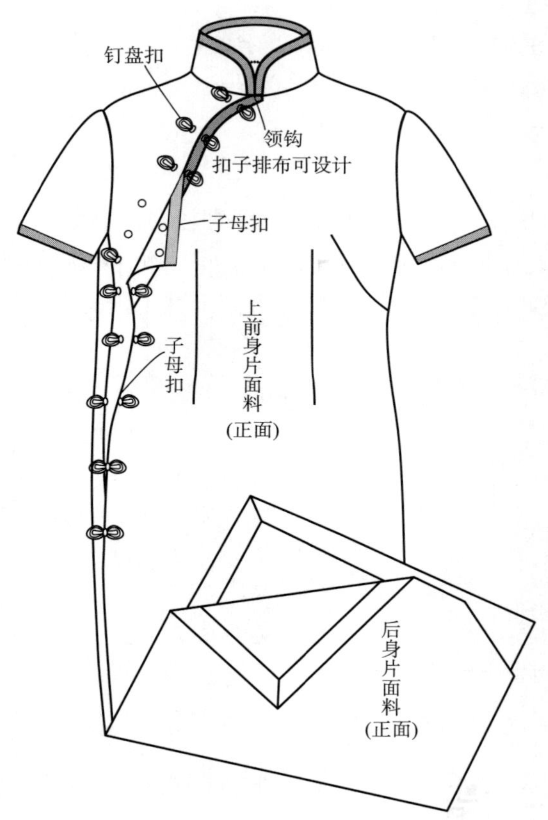

图6-31　旗袍制作完成

六、质量检验标准

（1）领子：领头左、右对称，两角圆顺、平整，绱领无歪斜。领窝平整圆顺，领钩左、右对称。

（2）肩部：肩缝顺直，左右对称、无皱褶。

（3）袖子：装袖圆顺、饱满，吃势均匀，左右袖对称一致。

（4）胸、腰、臀部：省缝顺直，胸高点位置正确，胸部饱满，着装平服，无浮余量。

（5）背部：后背平整，无皱褶，腰背顺直，符合人体的体型。

（6）开衩：摆缝顺直，摆衩平服，长短一致，不豁不搅，无起吊现象，面、里层次关系符合标准。

（7）底边：面料、里料底边平服，无起吊，线条圆顺美观。

（8）包边：包边布宽窄精致，顺直平服，无拉伸褶皱现象，面、里松紧适宜。

（9）扣子：盘扣精致紧密；钉扣位置正确，扣与环无错位，钉扣牢固，里、面松紧适宜，符合尺寸要求。

（10）规格、外型：各个部位尺寸规格正确，符合要求；外型美观、整洁，线条流畅，无极光、水花、污渍。

课后延学：根据学习任务，完成实训操作

实训任务一：旗袍局部缝制工艺——包边制作实训练习（按制单要求协作完成）

实训任务二：旗袍局部缝制工艺——盘扣制作实训练习（按制单要求协作完成）

实训任务三：旗袍成衣制作

本单元微课资源（扫二维码观看视频）

96. 旗袍——领子和包边小样制作工艺1

97. 旗袍——领子和包边小样制作工艺1

98. 旗袍——镶牙子开衩制作工艺

99. 旗袍——盘扣陀制作工艺

100. 旗袍——一字扣装钉工艺

101. 旗袍——工艺工程分析

102. 旗袍——省道的制作

103. 旗袍——缝合肩缝、熨烫肩缝

104. 旗袍——领子的制作

105. 旗袍——制作右侧缝、面里领口固定、绷缝边缘

106. 旗袍——左侧缝锁边，门襟、领子、开衩斜纱条包边第一步

107. 旗袍——缝合左侧缝，斜纱条包边第二步

108. 旗袍——袖窿处斜纱条包边

109. 旗袍——熨烫旗袍左侧缝、整个旗袍斜纱外边缘、半成品检验

110. 旗袍——装钉旗袍琵琶扣扣坨

111. 旗袍——装钉旗袍琵琶扣扣环

参考文献

[1] 日本东京文化服装学院．文化服装讲座新版③西服篇［M］．范树林，郝瑞闽，文家琴译．北京：中国轻工业出版社，1998.

[2] 日本东京文化服装学院．文化服装讲座新版⑥产业篇［M］．范树林，译．北京：中国轻工业出版社，1998.

[3] 日本东京文化服装学院．文化服饰大全服饰造型讲座④套装·背心［M］．张祖芳，潘菊琴，王明珠，译．上海：东华大学出版社，2005.

[4] 文家芹．服装制作工艺（下）［M］．石家庄：河北美术出版社，2008.

[5] 蒋晓文，周捷．服装生产管理与质量控制［M］．4版，上海：东华大学出版社，2018.

[6] 王瑞芹，文家芹，王丽霞．服装制作工艺——基础篇［M］．北京:中国纺织出版社，2022.